DENIZ AYTEKIN
ANDREAS ENGELEN

SOUVERÄN ENTSCHEIDEN UND FÜHREN

REDLINE | VERLAG

DENIZ AYTEKIN
ANDREAS ENGELEN

SOUVERÄN ENTSCHEIDEN UND FÜHREN

Was Führungskräfte von Top-Schiedsrichtern lernen können

BWL-Professor trifft Schiedsrichter des Jahres

Bibliografische Information der Deutschen Nationalbibliothek:
Die Deutsche Nationalbibliothek verzeichnet diese Publikation in der Deutschen Nationalbibliografie; detaillierte bibliografische Daten sind im Internet über http://d-nb.de abrufbar.

Für Fragen und Anregungen:
info@m-vg.de

4. Auflage 2025

Türkenstraße 89
D-80799 München
Tel.: 089 651285-0

Die gewählte männliche Form bezieht sich immer zugleich auf weibliche, männliche und diverse Personen. Auf konsequente Doppelbezeichnung wurde aufgrund besserer Lesbarkeit verzichtet.

Redaktion: Marijke Leege-Topp
Umschlaggestaltung: Marc-Torben Fischer
Umschlagabbildung: Billion Photos/Trainingsstrategie-Hintergründe Schulung Blackboard/ shutterstock.com
Satz: abavo GmbH, Buchloe
Druck: GGP Media GmbH, Pößneck
Printed in Germany

ISBN Print 978-3-86881-889-5
ISBN E-Book (PDF) 978-3-96267-427-4
ISBN E-Book (EPUB, Mobi) 978-3-96267-428-1

Wir produzieren nachhaltig
www.m-vg.de

Weitere Informationen zum Verlag finden Sie unter

www.redline-verlag.de

Beachten Sie auch unsere weiteren Verlage unter www.m-vg.de

Inhalt

Einführung

Die Schiedsrichter-Perspektive

Mein erstes Bundesligaspiel habe ich im September 2008 gepfiffen, das war das Heimspiel von Hertha BSC Berlin gegen Energie Cottbus. Ich war am Ziel angekommen. Was gibt es Größeres, als in der höchsten deutschen Spielklasse Spiele leiten zu dürfen? Aber dann folgte für mich die große Ernüchterung. In diesen ersten Jahren in der Bundesliga stand ich in diversen Rankings am unteren Ende der Skala. 2011 wurde ich in einer Umfrage unter den Bundesligaspielern zum unbeliebtesten Unparteiischen gewählt. Ein Drittel aller abgegebenen Stimmen entfiel dabei auf mich. Ein Internet-Portal bezeichnete mich in einem Saison-Rückblick auf alle Schiedsrichterleistungen als »Problem-Schiri«. Auch die Fans nahmen mich in dieser Zeit unterschiedlich wahr. In Mönchengladbach beispielsweise wurde ich aufgrund einer umstrittenen Entscheidung in einem vorangegangenen wichtigen Spiel so laut und gnadenlos ausgepfiffen, dass ich mich über das Mikro nicht mehr mit meinem Team verständigen konnte.

Seitdem folgten über 200 Bundesligaspiele und die Wahrnehmung meiner Leistung hat sich glücklicherweise komplett geändert. 2019 und 2022 wurde ich vom DFB zum Schiedsrichter des Jahres gewählt und zudem mehrere Male von den Bundesligaspielern zum besten beziehungsweise beliebtesten Schiedsrichter. 2019 bekam ich in einer *Kicker*-Befragung 43,3 Prozent der Stimmen aller Bundesligaspieler. Neben diesen offiziellen Auszeichnungen erfahre ich seit Ende der 2010er-Jahre auf verschiedenen Wegen viel Anerkennung. Als ich in der Saison 2020/21 aufgrund einer Verletzung einen Großteil der Hinrunde pausieren musste, wurde ich von einigen Trainern und Managern mit sehr netten Genesungswünschen kontaktiert, sehr oft verbunden mit der Frage, wann ich wieder fit sei und der Bundesliga zur Verfügung stehe. Die *Westfälischen Nachrichten* schrieben beispielsweise über mich: »Deniz Aytekin ist einer der beliebtesten Schiedsrichter der Bundesliga – und eine schillernde Persönlichkeit.« Heute begrüßen mich die Fans teilweise mit Applaus und netten Sprüchen, etwa beim Derby Mönchengladbach gegen Köln in der Saison 2021/22.

Interessanterweise unterscheiden sich meine objektiven Leistungsdaten seit dem Beginn meiner Bundesligakarriere bis heute insgesamt nicht wesentlich. Kleine Verbesserungen gibt es sicherlich durch meine gewachsene Erfahrung und der Videoassistent wurde in der Bundesliga eingeführt. Aber die objektiven Leistungsdaten erklären nicht die Wandlung vom unbeliebtesten zu einem der beliebtesten Schiedsrichter und einer akzeptierten Autorität auf dem Fußballplatz zwischen 22 professionellen Fußballspielern auf allerhöchstem Niveau. Ich habe mir viele Gedanken darüber gemacht und mit vielen Leuten gesprochen. Was sich geändert hat, ist nicht mein Wissen über das Regelwerk. Denn ohne dieses Wissen wäre mein Aufstieg in die Bundesliga gar nicht möglich gewesen. Was sich jedoch seither geändert hat, ist meine Einstellung – zum Bundesligaspiel, zu den einzelnen Spielern und zu ihren Aufgaben. Ich habe an meiner Art der Ausübung des Schiedsrichterjobs gearbeitet und insbesondere meine Art der Kommunikation mit den Spielern geändert. Ich nehme meine Führungsaufgabe auf dem Platz nun anders wahr, respektvoll und empathisch. Ich habe verstanden, dass es nicht nur auf die objektive Leistung ankommt, die sich aus der Einhaltung der Regelkunde ergibt und die messbar ist. Mindestens genauso wichtig ist der Umgang mit den Menschen um mich herum auf dem Platz. An diesen Fähigkeiten habe ich in den mehr als zehn Jahren meiner bisherigen Bundesliga- und internationalen Karriere gearbeitet und schreibe meinen neu entwickelten Fähigkeiten die Veränderung in der Wahrnehmung meiner Leistung zu.

Nach meinen ersten schwierigen Jahren in der Bundesliga stellte ich fest: Ich musste mir neue Fähigkeiten aneignen, um meine Akzeptanz bei allen Akteuren auf dem Platz zu erhöhen. Das war zwar auch schon in den unteren Fußball-Ligen wichtig gewesen, aber die Bundesliga und die europäische Bühne sind nochmal ganz anders. Die Spiele sind deutlich schneller, die Spieler Vollprofis, die entsprechend behandelt werden wollen und für sich und ihre Mannschaft ausreizen, was möglich ist. Von den einzelnen Spielen hängt noch viel mehr ab, auch finanziell und emotional.

Zudem beobachten mich inzwischen nicht mehr nur Dutzende, Hunderte, maximal wenige Tausend bei meinen Einsätzen wie in den unteren Ligen, sondern Zehntausende im Stadion und noch deutlich mehr, in vielen Fällen mehrere Millionen Zuschauer, zu Hause vor dem Bildschirm.

Zu Beginn meiner Karriere in der Bundesliga habe ich unterschwellig auch gedacht, dass ich als Schiedsrichter die Macht hätte, sehr viel zu entscheiden. Die Spieler und Trainer müssten tun, was ich bestimme. Ich wende das Regelwerk an und alle anderen müssen nach meiner Pfeife tanzen – im wahrsten Sinne des Wortes. Aber so einfach ist es nicht, wie ich in unzähligen Spielen gelernt habe.

Im November 2008, in den Anfängen meiner Bundesliga-Zeit, habe ich am 14. Spieltag der Saison 2008/09 das Spiel des 1. FC Köln gegen die TSG Hoffenheim geleitet. Beide Mannschaften waren vor der Saison in die Bundesliga aufgestiegen. Das Stadion war voll und es herrschte von Anfang an eine hektische Stimmung. Hoffenheim erzielte nach etwa einer halben Stunde das 1:0. Nach der Halbzeit wuchs die Hektik weiter. Nach einem Foul an der Mittellinie habe ich den Kölner Kevin McKenna ohne Zögern mit Rot vom Feld geschickt und wenig später den Hoffenheimer Luiz Gustavo mit Gelb-Rot des Platzes verwiesen. Die Hektik blieb jedoch konstant und ich verlor in der Folgezeit teilweise die Kontrolle über das Spiel. Hoffenheim schlug Köln schließlich mit 3:1. Am Ende hatte ich sechs Gelbe Karten und zwei Platzverweise gegeben und das Spiel quasi mit Gelben und Roten Karten geleitet. In meiner Anfangszeit war mir der legendäre Schiedsrichter Aron Schmidhuber zur Seite gestellt worden, dreimaliger Schiedsrichter des Jahres in Deutschland und 1992 sogar Weltschiedsrichter. Er kam nach dem Spiel auf mich zu und kritisierte: »Das war nix heute! Du kannst ein Spiel nicht nur durch Gelbe und Rote Karten leiten.« Er sagte mir damit etwas ganz Wesentliches: Zwar habe ich die kurzfristige Entscheidungsmacht, aber ich muss meine Einstellung hierzu ändern. Ich muss eine respektierte und akzeptierte Führungskraft auf dem Platz werden, die es durch ein nachvollziehbares und konsequentes Auftreten erst gar nicht so weit kommen lässt, dass ihr ein Spiel entgleitet.

Daraus habe ich gelernt, Demut vor meinen eigenen Entscheidungen zu entwickeln und mich tiefgehend und selbstkritisch damit auseinanderzusetzen. Ich habe gelernt, dass ich authentisch wirken muss. Wenn ich mich verstelle, so wie ich es zu Beginn meiner Bundesligakarriere teilweise getan habe, dann funktioniert das nicht. Empathisches Verhalten und ein

Verständnis für die Situation der anderen Beteiligten sind wichtig. Denn das Regelwerk schreibt zwar vor, dass die Spieler und Trainer meinen Entscheidungen folgen müssen. Aber das ist nur die kurzfristige Sicht. Mittel- und langfristig folgen mir Spieler und Trainer nur aus Überzeugung, wenn ich Spiel für Spiel einen Rahmen schaffe, in dem alle Beteiligten, inklusive ich als Schiedsrichter, respektvoll miteinander umgehen. Dann habe ich echte Autorität gewonnen und mache meinen Job gut, nur dann werde ich zur Führungskraft auf dem Spielfeld. Das Regelwerk ist dabei nur ein erster Schritt, die Grundlage. Je mehr ich diese Einsicht verinnerlicht hatte, desto stimmiger wurde mein Auftreten. Meine objektiv nahezu gleich guten Leistungen wurden nun wesentlich positiver wahrgenommen.

Die folgende Anekdote verdeutlicht diese Veränderung: Nach dem Relegationsspiel des HSV gegen Hertha BSC Berlin in Hamburg in der Saison 2021/22 kam der Schiedsrichterbeobachter Uwe Kemmling zu mir in die Kabine und klopfte mir auf die Schulter. Dabei sagte er mit einem leichten Grinsen, dass ich ja »immer die einfachen Spiele« bekäme. In der Tat war das Spiel gut gelaufen, völlig ohne Auffälligkeiten und Probleme. Alle Spieler hatten sich fair verhalten, untereinander und auch mir gegenüber, obwohl bei dieser Begegnung viel auf dem Spiel stand. Beide Mannschaften und ihre Trainer konnten sich ganz auf den Fußball konzentrieren. Die Anmerkung von Uwe Kemmling gab mir dennoch zu denken. Tatsächlich wurden meine Spiele über die Jahre meiner Schiedsrichter-Karriere in der Bundesliga einfacher, nämlich als Resultat meiner Einsicht, dass ich Entscheidungen mit Demut treffen muss, authentisch wirken sollte und mich empathisch auf Spieler und Trainer einlassen muss. Genau das hat mein Ansehen bei Spielern wie Trainern verändert. Mir wurde bewusst, dass mich Spieler nun anders wahrnehmen und die Presse wohlwollender über mich berichtet. Das ist zwar angenehm, aber wichtiger ist der Effekt auf meine Arbeit und die Entscheidungssituationen im Spiel. Meine Arbeit auf dem Platz wurde leichter und ich hatte *einfachere* Spiele eben durch mein verbessertes Auftreten und die dahinterstehende Entwicklung. Spieler und Trainer nahmen mich nicht mehr nur als Schiedsrichter wahr, der das Regelwerk kennt und anwendet, sondern als nahbare Führungskraft und respektable Persönlichkeit auf dem Spielfeld.

Perspektiven in der Managementliteratur

Ausbildungen und Studiengänge bereiten Absolventen schwerpunktmäßig auf fachliche Herausforderungen vor. Im Studium der Betriebswirtschaftslehre lernen Studenten beispielsweise die Grundzüge der Buchhaltung, des Controllings, des Marketings oder des strategischen Managements. Sind die Absolventen nach dem Studium mit diesen Themen konfrontiert, dann verfügen sie über das fachliche Handwerkszeug, diese Herausforderungen anzunehmen. Tatsächlich helfen diese Fähigkeiten in vielen Fällen, die ersten Karrierestufen zu meistern. Von diesen Absolventen wird inhaltliche und analytische Arbeit erwartet. Das ist ähnlich wie bei einem Schiedsrichter, der das Regelwerk kennt und erste Erfahrungen auf dem Platz gesammelt hat. Stehen dann jedoch Beförderungen an, beispielsweise in Team-, Projekt- oder Abteilungsleitungen, dann spüren die fachlich häufig sehr gut vorbereiteten Absolventen, dass ihnen Fähigkeiten fehlen, die ihnen typischerweise nicht in Ausbildung oder Studium vermittelt werden und theoretisch auch bestenfalls nur in Ansätzen vermittelt werden können.

Sobald sie Führungsverantwortung übernehmen und die eigene Arbeit ins Scheinwerferlicht des Top-Managements rückt, wird von aufstrebenden Führungskräften mehr erwartet als fachliche Kompetenz. Diese ist grundlegend notwendig, um mit Mitarbeitern und Vorgesetzten, Kunden und Lieferanten fachliche Probleme zu lösen. Kaum jemand würde es einem Schiedsrichter auf Bundesliganiveau verzeihen, wenn er das Regelwerk nicht bis ins kleinste Detail kennt. Aber es kommen weitere wesentliche Herausforderungen hinzu, die in der Entscheidungsfindung und -übermittlung sowie der Führung von Mitarbeitern liegen. Der Bestsellerautor Marshall Goldsmith hat diesem Phänomen seine Karriere gewidmet und stellt in seinen Projekten mit angehenden und aufstrebenden Führungskräften fest, dass der Weg von einem fachlich sehr guten Mitarbeiter zu einer akzeptierten Führungskraft dadurch gekennzeichnet ist, dass dieser erkennen muss, dass die Fähigkeiten, die zur Beförderung in diese Führungsposition geführt haben, nun nicht mehr ausreichen, um den nächsten Schritt zu gehen. Er beschreibt diese Beobachtung mit »What got you here, won't get you there«[1]. Michael E. Porter, Harvard-Professor für Strategie, berichtet aus seinen Workshops für Führungskräfte in Top-Positionen, dass diese in den ersten Wochen ihrer Tätigkeit in der neuen Rolle häufig feststellen müssen, wie wenig sie auf ihre neuen Aufgaben und Herausforderungen vorbereitet sind.[2] Denn es steht für viele angehende Führungskräfte in den Jahren vor der ersten großen Führungsaufgabe zunächst die inhaltliche Arbeit an eng umgrenzten Themengebieten auf der Agenda. In der neuen Rolle kommen dann aber verschiedenste neue Aufgaben und Verpflichtungen hinzu, die letztlich zeigen, ob sie eine gute Führungskraft sind und in der neuen Rolle Erfolg haben oder nicht. Einige Führungskräfte berichten, dass sie »komplett neu anfangen« mussten und ihre altbewährten Tools kaum mehr anwenden konnten, sondern vielmehr ihren Job noch einmal neu lernen mussten.

In der gemeinsamen Arbeit an diesem Buch haben wir – der Bundesligaschiedsrichter und der Universitätsprofessor für Management-Themen – diesen ganz wesentlichen Entwicklungsschritt analysiert. Und zwar genau aus diesen beiden Perspektiven: einerseits aus der Erfahrung als Bundesligaschiedsrichter, der sich vom wenig beliebten zu einem der meistgeachteten Schiedsrichter entwickelt hat. Andererseits aus der Perspektive der Managementliteratur und -Praxis, die sich ebenfalls genau mit diesem Phänomen des Übergangs vom fachlichen Experten zur erfolgreichen Führungskraft beschäftigt.

Man könnte einwenden, dass ein Schiedsrichter auf Bundesliga- und internationalem Niveau und eine aufstrebende Führungskraft nicht miteinander zu vergleichen sind. In der Tat sind die Umstände verschieden. Wir haben jedoch in vielen Diskussionen festgestellt, dass es eine ganze Reihe von Gemeinsamkeiten gibt. So entscheiden beide Personen unter Druck und häufig, ohne dabei immer alle notwendigen Informationen vorliegen zu haben. Der Schiedsrichter hat zwar inzwischen den Videoassistenten, den er jedoch nicht in jeder Situation nutzen kann. Und auch beim Einsatz des Videoassistenten sind nicht immer alle Informationen verfügbar, weil vielleicht doch eine wesentliche Perspektive fehlt. Ohne Videoassistent ist der Schiedsrichter allein auf sich und sein Team gestellt und muss Situationen bewerten, die sich in Bruchteilen von Sekunden abspielen, möglicherweise bei schlechter Sicht auf das Geschehen. Dennoch erwarten alle auf und neben dem Platz Beteiligten ebenso wie die Zuschauer, dass er die richtigen Entscheidungen trifft, zur Not eben mit nicht vollständig verfügbaren Informationen. Ebenso muss auch eine Führungskraft Entscheidungen treffen, ohne dass ihr alle Informationen vorliegen: die Bewertung eines Mitarbeiters, ohne ihn die gesamte Zeit über beobachten zu können. Die Einführung eines neuen Produkts, ohne zu wissen, ob genau dieses Produkt die Präferenzen im Markt treffen wird. Generell ist jede Investitionsentscheidung mit Unsicherheiten behaftet.

Teilweise sind diese Entscheidungen in ihrem Zeithorizont unterschiedlich. Der Schiedsrichter muss immer unmittelbar sofort entscheiden. Eine Führungskraft kann zumindest in manchen Fällen über ihre Entscheidungen mehrere Stunden, Tage oder sogar Wochen nachdenken. Klarer werden die Parallelen, wenn man bedenkt, unter welchen Verzerrungen Entscheidungen getroffen werden müssen, und da sitzen Schiedsrichter und Führungskräfte tatsächlich in einem Boot. Beide müssen beispielsweise unter Umständen bestehende – oft unbewusste – Einstellungen und Meinungen, die in Entscheidungssituationen fehlleiten können, ablegen. Schiedsrichter müssen ausblenden können, dass ein bestimmter Spieler in der Vergangenheit als Schwalbenkönig bekannt war. Führungskräfte müssen bei Beförderungsentscheidungen persönliche Präferenzen oder Abneigungen ausblenden können, wenn sie für die Beförderung nicht relevant sind.

Eine weitere Gemeinsamkeit besteht darin, dass Entscheidungen dadurch erschwert werden, dass sie unter der Beobachtung dritter Personen getroffen werden und dass Druck auf dem Entscheidungsträger lastet. Der Schiedsrichter im Bundesligaspiel ist unter der Beobachtung von Tausenden Zuschauern im Stadion und noch weit mehr Beobachtern vor den Fernsehgeräten. Gleiches gilt für die Führungskraft. Zwar schauen deutlich weniger Personen auf ihre Entscheidungen. Dennoch sind es schon viel mehr als in einer vorangegangenen Karrierestufe, die durch fachliche und analytische Arbeit geprägt war. Mit höheren Hierarchiestufen steigt die Sichtbarkeit der Entscheidungen und ihrer Konsequenzen, und auch das kann Einfluss auf den Entscheidungsträger haben.

Des Weiteren müssen beide – Schiedsrichter und Führungskraft – nicht nur Entscheidungen treffen, sondern diese auch kommunizieren. Dabei sind viele kleine Entscheidungen möglicherweise von geringerer Bedeutung, aber sie können die Arbeit und manchmal sogar das Karriereschicksal der betroffenen Person wesentlich bestimmen. Ein Schiedsrichter, der in einem wichtigen Spiel, zum Beispiel um Aufstieg, Abstieg oder Titel, eine frühe Rote Karte gibt, muss sich nicht nur mit dieser Entscheidung beschäftigen, sondern sie auch übermitteln. In gleicher Weise treffen Führungskräfte Entscheidungen über Beförderungen oder auch Entlassungen, die wesentlichen Einfluss auf die Arbeit und den Karriereweg der Betroffenen haben.

Entscheidungen zu treffen und zu übermitteln sind wesentliche Aufgaben von Schiedsrichtern und Führungskräften. Aber Gemeinsamkeiten gibt es nicht nur bei Entscheidungen. Beide müssen auch führen. Ein Schiedsrichter muss die 22 Spieler auf dem Platz, die Spieler, Trainer und Betreuer neben dem Platz und sogar die Zuschauer führen. Eine bestimmte Entscheidung gegen ein Team kann je nach Führungsstil des Schiedsrichters von den Beteiligten unterschiedlich wahrgenommen werden. Hier die richtigen Ansätze zu finden, die die Beteiligten abholen und so Akzeptanz für die Entscheidung schaffen, ist eine wesentliche Führungsaufgabe von Bundesligaschiedsrichtern. Gleiches gilt für die Führungskraft. Während wir manche Führungskräfte beispielsweise als charismatisch, führungsstark und fair wahrnehmen, werden andere Führungskräfte als ausstrahlungsarm, führungsschwach und unfair angesehen. Dies liegt oft nicht notwendigerweise an ihren fachlichen Fähigkeiten. Denn ohne diese wäre eine Führungskraft meist nicht in ihre Führungsposition gekommen. Die Unterschiede liegen vielmehr darin, wie diese Führungskraft führt – also mit Mitarbeitern um- und auf sie eingeht. Sowohl Schiedsrichter als auch Führungskräfte müssen verschiedene Charaktere mit unterschiedlichen Emotionen verstehen und auf sie eingehen können. Für beide gilt, dass Entscheidungen – selbst wenn sie objektiv richtig sind – nicht automatisch von allen Beteiligten verstanden und akzeptiert werden. Diesen Zustand herzustellen oder sich ihm zumindest anzunähern, ist die wesentliche Führungsaufgabe von Schiedsrichtern auf Top-Niveau und von aufstrebenden Führungskräften.

Beide haben in ihrer Position die Entscheidungsmacht. Der Schiedsrichter darf einen Spieler vom Platz stellen und der Spieler wird der Entscheidung in den allermeisten Fällen folgen. Eine Führungskraft kann gegenüber einem Mitarbeiter eine Sanktion aussprechen oder ihm eine positive Bewertung verwehren. Die Autorität und die Berechtigung dazu haben Schiedsrichter beziehungsweise Führungskräfte in einem gewissen Rahmen gleichermaßen. Mittel- und langfristig führt diese Sicht jedoch bei beiden nicht zum Erfolg. Beide müssen akzeptieren, dass ihre Position ihnen zwar das Recht zu kurzfristigen Sanktionen gibt, ihre Position und ihre Befugnisse alleine führen aber keinesfalls zu Loyalität und Wertschätzung durch die Spieler beziehungsweise Mitarbeiter. Diese werden nicht durch ein reines Agieren innerhalb der Regeln erreicht, sondern nur durch ein zielgerichtetes Führungsverhalten. Die ultimative Autorität muss in jedem Spiel beziehungsweise jeden Tag im Unternehmen neu erarbeitet und verdient werden. Beide müssen empathisch auf die Spieler beziehungsweise Mitarbeiter eingehen, sie verstehen und sie für sich gewinnen.

Marshall Goldsmith betont, dass es ab einer gewissen Karrierestufe nicht mehr primär auf fachliche Fähigkeiten ankommt.[3] Ab dieser Stufe werden sie einfach vorausgesetzt. Dann kommt vornehmlich das Verhalten des Entscheiders gegenüber den von den Entscheidungen betroffenen Personen zum Tragen. Es wird zur zentralen Aufgabe, die Akzeptanz der Beteiligten für die getroffenen Entscheidungen zu gewinnen, ebenso wie der Umgang des Entscheiders in der Zusammenarbeit. Goldsmith stellt die gewissermaßen rhetorische Frage, welche Führungskraft der bessere Vorgesetzte ist: eine Person mit herausragenden fachlichen Fähigkeiten, aber Mängeln im Umgang mit Mitarbeitern, oder eine Person mit sehr guten, möglicherweise aber nicht herausragenden fachlichen Fähigkeiten, dafür aber mit der ausgeprägten Fähigkeit, Menschen für ihre Entscheidungen zu gewinnen und sie zielgerichtet im Alltag zu führen. Nahezu jeder würde sich für die zweite Person entscheiden. Die fachlichen Fähigkeiten sind wesentlich für den Einstieg in den Job. Beim Aufstieg im Unternehmen und dem Brillieren auf oberen Hierarchiestufen treten verhaltensbezogene Fähigkeiten und der Umgang mit Menschen in den Vordergrund.

Entscheidungen zu treffen und zu übermitteln sowie das Führen der von diesen Entscheidungen Betroffenen ist in vielerlei Hinsicht der gemeinsame Nenner der Arbeit von Top-Schiedsrichtern und Führungskräften. Aber letztlich sind diese Anforderungen und Verhaltensweisen in allen Führungssituationen wiederzufinden. Auch Erzieher im Kindergarten müssen sie anwenden, nur eben bei Kindern. Auch Kinder wollen Entscheidungen verstehen und müssen geführt werden. Auch der Trainer im Nachwuchsfußball, der eine Mannschaft von Jugendlichen trainiert, muss entscheiden, wer spielen darf und wer nicht, und auch er benötigt Führungskompetenzen, um die Disziplin in der Gruppe herzustellen. Auch Eltern müssen in ihrer Familie Entscheidungen treffen, welches Kind auf welche Schule gehen soll, oder im Kleinen, welches Geschenk es bekommt. Kinder werden vom Führungsverhalten ihrer Eltern beeinflusst und Eltern werden ihre Ziele in der Erziehung nur erreichen, wenn die Kinder ihre Vorgaben und Entscheidungen akzeptieren. Lehrer treffen in der Schule ebenfalls Entscheidungen über Kinder, beispielsweise bei Noten oder Empfehlungen für den weiteren Schulweg. Jeder kennt aus seiner Schulzeit Lehrer, deren Führungsverhalten man als Schüler akzeptierte, aber auch Lehrer, bei denen das nicht der Fall war. Möglicherweise nennen wir bei diesen Beispielen außerhalb des Fußballplatzes oder eines Unternehmens diese Phänomene zwar nicht Entscheidungs- oder Führungsverhalten. Im Grunde handelt es sich jedoch um genau jene Tätigkeiten und Herausforderungen.

In diesem Buch wollen wir aus zwei Perspektiven – der des Bundesligaschiedsrichters und der der Managementliteratur und -Praxis – Erfahrungen und etabliertes Wissen für diese wesentlichen Tätigkeiten anschaulich und wissenschaftlich fundiert beschreiben. Auf fachliches Wissen wie das Regelwerk für Schiedsrichter oder das erworbene Wissen zu verschiedenen Aufgaben im Unternehmen gehen wir hier nicht ein. Es ist in Regelwerken für Schiedsrichter oder Standardwerken der Managementlehre hinreichend beschrieben. Eine Beschreibungslücke sahen wir jedoch in der Art und Weise, wie Entscheidungen getroffen und übermittelt werden und wie die von diesen Entscheidungen Betroffenen geführt werden. Diese Hebel haben es einem Autor dieses Buch ermöglicht, von einem mit objektiven Leistungsdaten gut performenden Schiedsrichter zu einem vollauf akzeptierten und bei Spielern und Trainern beliebten Schiedsrichter zu werden, und zwar ohne Leistungsverluste. Das beweisen auch verschiedene Belege aus der Managementliteratur, die diese Hebel beschreiben und konkretisieren.

In der gemeinsamen Arbeit an diesem Buch haben wir aus unseren Erfahrungen in unterschiedlichen Bereichen heraus festgestellt, dass es bei der Entwicklung von Entscheidungs- und Führungsfähigkeiten einen wesentlichen Erfolgsfaktor gibt, und zwar Respekt. Zu respektieren, dass das Gegenüber, über das man entscheidet, sich in einer persönlich belastenden Situation befinden kann. Zu respektieren, dass das Gegenüber, über das man entscheidet, grundsätzlich eine positive Absicht bei seinen Handlungen hat. Zu respektieren, dass man über das Gegenüber nur faire Entscheidungen treffen kann, wenn man sich mit seiner Situation beschäftigt und seine Position zu verstehen versucht. Respektvoll zu entscheiden und zu führen ist der Hebel, um sich von einem Schiedsrichter, der gerade in der Bundesliga angekommen ist und schlechte Bewertungen erhält, zu einem akzeptierten Schiedsrichter zu entwickeln. Respektvolles Entscheiden und Führen ist ein hochaktuelles Thema der Managementlehre und viele Top-Führungskräfte haben erkannt, dass respektvolles Führen von Mitarbeitern, aber auch ein respektvoller Umgang mit Kunden wesentliche Erfolgsfaktoren für einzelne Karrieren und ganze Unternehmen sind.

Donald und Charles Sull publizierten 2021 eine Studie, die belegt, wie wichtig Mitarbeitern ein respektvoller Umgang ihrer Arbeitgeber bei der Bewertung ihrer Leistung ist.[4] Dazu wurden über 1,4 Millionen Mitarbeiter-Bewertungen auf der weltweit größten Arbeitgeber-Bewertungsplattform Glassdoor ausgewertet. Dort können Arbeitnehmer ihre Arbeitgeber in Freitextfeldern bewerten, insbesondere auch zur vorherrschenden Unternehmenskultur. Dabei kristallisierte sich die Aussage »Mitarbeiter fühlen sich respektiert« als mit großem Abstand wichtigster Treiber einer positiv wahrgenommenen Unternehmenskultur heraus. Dieser Erfolgsfaktor war den Mitarbeitern etwa doppelt so wichtig wie der nächstwichtige, nämlich »unterstützendes Führungsverhalten«. Respektvolles Verhalten war ihnen sogar knapp dreimal so wichtig wie »monetäre Entlohnung«. Kristie Rogers kommt bei ihrer Befragung von mehr als 20 000 Mitarbeitern verschiedener Unternehmen weltweit zu einem ähnlichen Ergebnis.[5] Auch in ihrer Studie bewerteten die befragten Mitarbeiter »respektvolles Verhalten« als wichtigste Eigenschaft ihrer Führungskräfte.

Wenn Menschen erstmals eine bedeutende Führungsrolle übernehmen, ist die Gefahr für ein wenig respektvolles Verhalten gegenüber den Personen, für die sie nun Verantwortung tragen, besonders hoch. Eine Studie des Psychologieprofessors Dacher Keltner Studie zeigt, dass der Aufstieg in eine Führungsrolle das Verhalten dieser Person verändert, meist zum Negativen in Bezug auf nun hierarchisch unterstellte Mitarbeiter.[6] In einem Experiment gibt er drei Probanden eine Gruppenaufgabe und weist einem der drei Probanden nach dem Zufallsprinzip die Führungsrolle zu. Diese Person darf im Zweifel entscheiden und diese Zuweisung wird allen drei Probanden mitgeteilt. Nach einer halben Stunde Arbeit erhält die Gruppe vier frisch gebackene Kekse, für jedes Gruppenmitglied einen, und einer bleibt übrig. In nahezu allen Gruppen nimmt sich jedes Gruppenmitglied einen Keks und die zufällig ausgewählte Führungsperson beansprucht den vierten Keks für sich. Die Führungsperson findet es demnach völlig in Ordnung, dass ihr nun mehr zusteht als den anderen. Zudem tendieren die Führungspersonen deutlich häufiger dazu, mit offenem Mund zu essen und Krümel fallen zu lassen als die beiden Nicht-Führungspersonen. Das Experiment veranschaulicht beeindruckend, wie die willkürliche Zuweisung einer Führungsrolle in einer spezifischen Situation das Verhalten gegenüber den anderen Personen im Raum verändern kann.

Weitere Studien zeigen, dass Führungskräfte andere deutlich häufiger beim Sprechen unterbrechen, in Meetings abgelenkt sind oder Beleidigendes sagen als Mitarbeiter, die keine Führungsrolle innehaben. Dieses Verhalten von Führungskräften tritt insbesondere dann auf, wenn sie erst vor Kurzem in diese Rolle befördert wurden. Diese Anfangszeit scheint besonders anfällig für negatives Verhalten gegenüber Mitarbeitern zu sein.[7]

In den folgenden Kapiteln legen wir detailliert aus unseren Perspektiven dar, was respektvolles Entscheiden und Führen bedeutet. Vorab jedoch eine Klarstellung: Es bedeutet gerade nicht, unreflektiert das zu tun, was der von der Entscheidungen Betroffene will. Respektvolles Entscheiden und Führen bedeutet, die Entscheidungen, die der Entscheider zum Entscheidungszeitpunkt für objektiv richtig hält, so durchzusetzen, dass sich der Betroffene respektvoll behandelt fühlt und die Entscheidung akzeptiert. Bei dieser Art des Entscheidens und Führens geht es keinesfalls um manipulatives Verhalten, sondern darum, die als objektiv richtig angesehenen Entscheidungen so zu treffen und zu übermitteln, dass die Situation des Gegenübers mitbedacht und die Art und Weise der Übermittlung respektvoll gestaltet werden.

Respektvolle Beziehungen zu und zwischen den Mitarbeitern entstehen, wenn Mitarbeiter Vertrauen in die Qualität der Entscheidungen der Führungskraft (fundierte Entscheidungslogik) haben, wenn sie fühlen, dass sie mit einer Führungskraft interagieren, die sich nicht verstellt (authentische Führung) und wenn Mitarbeiter den Eindruck haben, dass die Führungskraft sich ernsthaft für sie und ihr Wohlergehen interessiert (empathische Führung).

Eine fundierte Entscheidungslogik ist die Grundlage respektvollen Managements. Von den Entscheidungen einer Führungskraft ist typischerweise eine ganze Reihe von Mitarbeitern und Externen wie Kunden betroffen, ebenso wie die Spieler, Trainer und indirekt auch die Zuschauer von den Entscheidungen eines Schiedsrichters. Respekt bedeutet, dass jede einzelne Entscheidung fundiert getroffen werden muss. Respektvoll zu entscheiden heißt nicht, so zu entscheiden, wie es unsere Gegenüber gern hätten, sondern die für die jeweilige Sachlage möglichst objektiv richtige Entscheidung zu treffen. Da wir einer Fülle von Verzerrungen unterliegen, von denen einige in Teil I dieses Buches vorgestellt werden, ist eine gewisse Demut vor dem Entscheidungsprozess erforderlich. Mangelnde Demut widerspricht einem respektvollen Management. Aber die Entscheidungslogik ist nur der Beginn. Respektvolles Management bedeutet auch, sich gegenüber den von der Entscheidung Betroffenen angemessen zu verhalten. Dies beinhaltet, sich im Rahmen authentischer Führung so zu geben, wie man wirklich ist. Sich zu verstellen, ist weder zielführend, wie in Teil II thematisiert wird, noch zeigt es Respekt. Unser Gegenüber – der Mitarbeiter im Unternehmen oder der Spieler auf dem Fußballplatz – hat ein Recht darauf, zu wissen, wie die Führungskraft wirklich ist, insbesondere, wenn von ihnen Vertrauen erwartet wird. Denn es gehört zu einem respektvollen Management dazu, die von der Entscheidung Betroffenen zu verstehen und sie dementsprechend zu behandeln. Nicht nur die Perspektive des Entscheidenden ist relevant, sondern auch die des Gegenübers. Welche Sicht und welche Probleme hat der Mitarbeiter beziehungsweise der Spieler? Was beeinflusst sein Verhalten? Zwar sollten all diese Überlegungen die objektive Entscheidung in vielen Fällen nicht dominieren, sie sind jedoch wesentlich für den Umgang miteinander, wie Teil III verdeutlicht. Empathisch agierende Führungskräfte zeigen in der Entscheidungsfindung und insbesondere in der Entscheidungskommunikation ein respektvolles Verhalten, erreichen eine hohe Akzeptanz für ihre Entscheidungen und sind zudem deutlich erfolgreicher.

Eine fundierte Entscheidungsfindung, authentisches Verhalten und empathische Führung sind wissenschaftlichen Studien zufolge die drei Haupttreiber für Vertrauen.[8] Mitarbeiter gewinnen Vertrauen in Führungskräfte, wenn diese fundiert entscheiden, sich zeigen, wie sie wirklich sind, und die Fähigkeit haben, sich in die Position der Mitarbeiter hineinzuversetzen. Gleiches gilt für Schiedsrichter auf Bundesliganiveau: Wenn die Spieler im Nachgang der Spiele feststellen, dass ein Schiedsrichter mit seinen Entscheidungen recht hatte, wächst das Vertrauen in ihn. Wenn sie darüber hinaus das Gefühl haben, der Schiedsrichter gibt sich, wie er wirklich ist, fördert das das Vertrauen in die Verlässlichkeit seiner Handlungen. Interessiert sich der Schiedsrichter zudem ernsthaft für die Perspektive der Spieler und erkennt an, dass diese ebenfalls unter Druck stehen, dann wächst das Vertrauen noch weiter.

Die Effekte eines respektvollen Entscheidens und Führens können beeindruckend sein, auch für die eigene Weiterentwicklung und Karriere. Aber auch alle anderen Beteiligten, die respektvolles Entscheiden und Führen erfahren, profitieren grundlegend davon. Der Fußballspieler, der respektvoll behandelt wird, kann seine Energie ganz auf die tatsächliche Aufgabe fokussieren und verliert keine Energie durch wenig zielführende Beschwerden oder aufgestauten Ärger. Der Mitarbeiter, der im Job respektvoll behandelt wird, kann auch notwendige negative Entscheidungen für sich weniger emotionsgeladen aufnehmen und dadurch die Auswirkungen, beispielsweise auf sein Familienleben, reduzieren. Darüber hinaus profitiert das *große Ganze*. Die Zuschauer und Fans im Stadion können sich auf das Fußballspiel konzentrieren. Der Spielfluss wird gefördert, wenn ein Schiedsrichter nicht mit umstrittenen Entscheidungen im Mittelpunkt steht oder gar aggressives Verhalten unter den Spielern fördert. Unternehmen, in denen Führungskräfte ihre Mitarbeiter respektvoll behandeln, auch und gerade bei objektiv notwendigen negativen Entscheidungen gegenüber Mitarbeitern, haben höhere Zufriedenheitswerte und eine geringere Abwanderung von Mitarbeitern. Auf der Unternehmensebene sind respektvoll behandelte Kunden loyaler und wandern weniger schnell ab, was sich unmittelbar auf das Unternehmensergebnis auswirkt. In den letzten Jahren hatten Unternehmen, die in Mitarbeiterrankings sehr gut abgeschnitten haben, auch sehr hohe Kundenzufriedenheitswerte. Der US-amerikanische Einzelhändler Costco war einige Jahre lang sowohl der beste Arbeitgeber in den Forbes-Rankings als auch der Händler mit der höchsten Kundenzufriedenheit im »American Customer Satisfaction Index«.[9]

Ein Forscherteam um Blake Ashford und Kristie Rogers fand heraus, dass Mitarbeiter, die mit Respekt behandelt werden, deutlich mehr Ideen ausprobieren und selbstbewusster versuchen, neue Wege in ihrem Job zu gehen.[10] Respekt fördert auch das Individuelle Wachstum der Mitarbeiter und die Unternehmen profitieren von ihren innovativen Ideen. Respekt verschafft den Mitarbeitern die Sicherheit und das Selbstvertrauen, freier zu handeln.

Umgekehrt führt ein respektloses Führungsverhalten zu erheblichen Kosten.[11] Die Forschung zeigt, dass 80 Prozent der Mitarbeiter, denen der Respekt durch

Führungskräfte fehlt, signifikant viel Arbeitszeit, Energie und Nerven investieren, um sich über dieses Verhalten bei Kollegen zu beschweren. Zudem übertragen sich das respektlose Verhalten und die daraus entstehende schlechte Stimmung auf andere Mitarbeiter und möglicherweise sogar auf Externe wie Kunden, mit denen eben dieser Mitarbeiter in Kontakt steht.

Die gute Nachricht ist: Respektvolles Entscheiden und Führen sind lernbar. Der Management-Vordenker Simon Sinek bezeichnet Führungsfähigkeiten als einen »Muskel, der trainiert werden kann«.[12] Das gilt auch für die in diesem Buch vorgestellten Hebel respektvollen Entscheidens und Führens. Die folgenden Kapitel zeigen, welche konkreten Hebel auf dem Fußballplatz bei einem Bundesligaspiel funktionieren, ergänzt um Geschichten und Anekdoten anderer getroffener Entscheidungen. Darüber hinaus stellen wir Instrumente aus der Managementliteratur und -Praxis vor, die ebenfalls ein respektvolles Entscheiden und Führen fördern. Diese Hebel sind einander sehr ähnlich. Respektvolles Entscheiden und Führen ist ein generelles Konzept, das in zahlreichen Situationen, in denen Menschen von Entscheidungen und Führungsverhalten betroffen sind, Anwendung findet.

Eine weitere gute Nachricht: Respektvolles Entscheiden und Führen sind gar nicht aufwendig. Ein Forscherteam aus Yale und der University of Michigan fand heraus, dass schon kleine Handlungen wie das Grüßen, das Wählen bestimmter Worte oder das Erklären von Sachverhalten dazu führen können, dass sich Mitarbeiter respektvoll behandelt fühlen.[13] Ihre Studie zeigt, dass Reinigungskräfte in einem Krankenhaus einen deutlichen Motivationsschub bei ihrer Arbeit erlebten, wenn Ärzte sie grüßten, sich (wenn auch nur kurz) nach ihrem Wohlbefinden erkundigten oder ihnen die Tür aufhielten.

Die dritte gute Nachricht: Respekt ist nicht begrenzt. Gehaltssteigerungen sind notwendigerweise irgendwann durch die Ressourcen begrenzt. Kaum ein Unternehmen kann allen Mitarbeitern immer wieder mehr Gehalt bezahlen. Einem bestimmten Mitarbeiter mehr Gehalt zu bewilligen, heißt meist, anderen eben nicht mehr Gehalt zu geben. Mit Respekt verhält es sich anders: Wenn eine Führungskraft einem bestimmten Mitarbeiter gegenüber Respekt zeigt, dann begrenzt das nicht den Respekt, den diese Führungskraft auch anderen Mitarbeitern gewähren kann. Respektvolles Verhalten kann eine Führungskraft jedem Mitarbeiter erweisen.

Und die vierte gute Nachricht: Respektvolles Verhalten erfordert keine zusätzliche zeitaufwendige Aktivität, denn es bezieht sich darauf, wie gewisse Dinge getan werden, die eine Führungskraft sowieso tun muss. Jane Dutton von der

Michigan University erklärt, dass respektvolles Verhalten in grundsätzlich notwendige Aktivitäten integriert werden kann und sich darauf bezieht, wie Führungsverhalten gelebt und geformt wird.[14] Selbst wenn es in Ausnahmefällen mal ein wenig länger dauert (etwa, nach dem Wohlbefinden eines Mitarbeiters zu fragen), so spart respektvolles Verhalten dennoch viel Zeit. Christine Porath von der Georgetown University hat errechnet, dass Führungsverhalten ohne Respekt Nachwirkungen und Korrekturen auslösen kann, die die Top-Manager von Fortune 1000-Unternehmen in den USA etwa sieben Wochen Zeit pro Arbeitsjahr kosten.[15]

Unsere gemeinsame Arbeit hat uns gezeigt, dass die Phase der Etablierung als respektierte Führungskraft sehr wesentlich ist und häufig unterschätzt wird. Das trifft nicht nur für Führungskräfte im Unternehmen zu, sondern für jede Person, die die Regeln ihres fachlichen Handwerks gelernt hat und nun Verantwortung für immer mehr Menschen übernimmt. Es trifft auch auf einen Schiedsrichter zu, der in der Bundesliga nun die Regeln des Fußballspiels auf höchstem Level anwenden soll. Die Regeln sind ihm wohlbekannt, die Aufgabe ist fachlich klar umrissen. Aber letztlich startet die Führungskraft auf diesen Grundlagen mit neuen Aufgaben, die vorher zumeist unterschätzt worden sind. Das erfolgreiche Bewältigen dieser Aufgaben wollen wir in diesem Buch beschreiben und klare Handlungsempfehlungen für die Phase des Übergangs von der Fach- zur Führungskraft geben. Sowohl die Erfahrungen des Bundesligaschiedsrichters als auch die aktuellsten Erkenntnisse der Managementliteratur und -Praxis zeigen, dass ein respektvolles Entscheiden und Führen für diese Phase wesentlich ist. Daher stehen respektvolles Entscheiden und Führen im Mittelpunkt dieses Buches.

Wir sind von respektvollem Entscheiden und Führen überzeugt und glauben, dass dieses Konzept auf alle Führungskontexte anwendbar ist. Durch die Kombination beider Welten – der Fußball-Welt und der Welt der Managementliteratur und -Praxis – schaffen wir einen großen Mehrwert für angehende Führungskräfte. Der (Bundesliga-)Fußball zieht jedes Wochenende Hunderttausende in die Stadien und Millionen vor die Bildschirme. Fußball ist eines der wichtigsten, wenn nicht das wichtigste Hobby vieler Menschen. Wenn Führungskräfte sich Fußballspiele anschauen und dabei den Schiedsrichter beobachten, dann erleben sie das, was wir in diesem Buch beschreiben: wie ein Schiedsrichter auf höchstem Niveau die Regeln anwendet, aber auch Spieler, Trainer und Zuschauer für sich gewinnen muss, und zwar durch die richtigen Entscheidungen und eine zielgerichtete, respektvolle Kommunikation und Führung. Wir wollen die Herausforde rungen angehender Führungskräfte auf dieses beobachtbare Schiedsrichterverhalten beziehen. Wenn angehende Führungskräfte beobachten, wie ein Schiedsrichter mit einem Spieler spricht, eine schwierige Entscheidung trifft, sich mit Kritik in Interviews auseinandersetzt, dann sollten sie diese Beobachtungen mit ihrem Job in Verbindung bringen und das Verhalten des Schiedsrichters verstehen, möglicherweise auch kritisieren, idealerweise aber auch als Input für ihre eigenen Führungsaktivitäten im Umfeld des Unternehmens ansehen.

Die Schnittstellen zwischen beiden beleuchten wir in den folgenden Kapiteln für die drei Dimensionen, die wir für respektvolles Entscheidungen und Führen identifiziert haben: Entscheidungen treffen (Teil I), authentisch sein (Teil II) und empathisch führen (Teil III). In diesen Bereichen stellen wir jeweils fünf Verhaltensweisen vor, die wir aus den Erfahrungen eines erfolgreichen Bundesligaschiedsrichters ableiten. Wir verdeutlichen diese Überlegungen durch das Beschreiben konkreter Erfahrungen und spezifischer Spielsituationen. Anschließend stellen wir für die identifizierten Verhaltensweisen entsprechende Best Practices aus der Management-Praxis und -literatur vor. Die augenfälligen Überschneidungen verdeutlichen, wie sehr sich die jeweiligen Führungsherausforderungen ähneln. Daraus leiten wir Regeln ab, die angehende Führungskräfte, die Schiedsrichter im Unternehmen, ganz gezielt anwenden können.

TEIL I: ENTSCHEIDUNGEN TREFFEN

Führungskräfte, auf dem Fußballplatz wie im Unternehmen, müssen ständig Entscheidungen über andere treffen, die deren Leben beziehungsweise Karriere wesentlich beeinflussen können. Respektvolles Entscheiden bedeutet, objektiv richtige Entscheidungen zu treffen. Studien zeigen, dass Fußballschiedsrichter während eines Spiels mindestens 200 Entscheidungen treffen müssen.[16] An einem einzigen Arbeitstag wird die Anzahl der Entscheidungen für eine Führungskraft schnell vierstellig. Dazu sind je nach Betätigungsfeld unterschiedliche Fachkenntnisse erforderlich. Aber sie allein reichen nicht aus. Die Forschung zeigt, dass emotionale und kognitive Verzerrungen im Entscheidungsprozess, das heißt bei der Anwendung der Fachkenntnisse, dazu führen können, dass falsche Entscheidungen getroffen werden. Eine McKinsey-Studie belegt, dass Führungskräfte bei über 70 Prozent aller wichtigen Entscheidungen mit dem Prozess und dem Ergebnis ihrer Entscheidungsfindung im Nachhinein unzufrieden sind.[17] Von solchen Fehlentscheidungen können Mitarbeiter, aber auch Kunden betroffen sein. Respektvoll zu entscheiden bedeutet, sich dieser emotionalen und kognitiven Verzerrungen bewusst zu werden und sie so weit wie möglich auszuschalten oder zumindest zu reduzieren. Respektvolle Entscheider begegnen ihren Entscheidungsprozessen mit einer gewissen Demut und reflektieren sie. Im Folgenden beschreiben wir detailliert, wie sich solche Verzerrungen bei Entscheidungen von Schiedsrichtern, aber auch bei Entscheidungen im Unternehmen zeigen und wie man ihnen entgegentreten kann.

Kapitel 1

Beeinflusse die Entscheidungssituation und denke einen Schritt voraus

Die Schiedsrichter-Perspektive

Bei Entscheidungen auf dem Platz habe ich vor allem die Situation, die gerade gespielt wurde, vor Augen, nach der ich meine Entscheidung treffen muss. Ich habe in meiner Karriere gelernt, dass ich dem Spielverlauf jedoch nicht einfach ausgeliefert bin, sondern mit einer vorausschauenden Vorbereitung Entscheidungen erleichtern kann. Dadurch habe ich auf die Umstände, unter denen ich meine Entscheidung treffe, einen proaktiven Einfluss, indem ich voraussehe, was passieren könnte, und mich dementsprechend vorbereite.

In der Saison 2020/21 habe ich das Relegationsrückspiel zwischen Holstein Kiel und dem 1. FC Köln geleitet. Das Hinspiel hatten die Kieler in Köln mit 1:0 gewonnen. Damit standen die Kölner vor dem Rückspiel mit dem Rücken zur Wand. Ich bemerkte bei einem der Kölner Spieler eine extreme Nervosität. Auch fiel mir auf, dass einige Kieler Spieler, vielleicht aus der Sicht eines Fußballers wegen der Wichtigkeit des Spiels nicht ganz überraschend, sehr engagiert zu Werke gingen. Diese Mischung ist aus Schiedsrichtersicht sehr gefährlich. Eine gewisse Aggressivität auf der einen Seite, ausgeprägte Nervosität, möglicherweise sogar Angst, auf der anderen Seite, und das vor dem Hintergrund des für die kommenden Monate, ja vielleicht sogar Jahre für beide Vereine richtungsweisenden Charakters des Spiels. Ich sprach daher früh im Spiel den besonders nervösen Spieler der Kölner an und machte ihm klar, dass er sich auf das Spiel konzentrieren solle, dass ich mir der Wichtigkeit des Spiels bewusst sei und ich mich um die intensiven Zweikämpfe und auch die Gesundheit aller Beteiligten kümmern werde. Durch vorausschauendes und proaktives Verhalten gelang es mir in dieser Situation, die Gemüter zu beruhigen und eine aus Schiedsrichtersicht ruhige Atmosphäre zu schaffen. Hätte ich dies nicht getan, hätte es möglicherweise ein Aufeinandertreffen von Aggressivität und Nervosität gegeben, das zu frühen Verwarnungen, möglicherweise sogar Platzverweisen mit negativen Konsequenzen für den weiteren Spielverlauf geführt hätte. Die Aufmerksamkeit für verschiedene Stimmungen und ein entsprechendes Reagieren haben es mir ermöglicht, die Rahmenbedingungen für meine im Laufe des Spiels zu treffenden Entscheidungen zu verbessern und schwierige Entscheidungssituationen erst gar nicht entstehen zu lassen beziehungsweise ihre Wahrscheinlichkeit zu reduzieren.

Schon im Vorfeld können sich Verantwortliche Gedanken darüber machen, welche Entscheidungssituationen sich im Spiel möglicherweise ergeben werden. Im November 2021 habe ich mit meinem Team das WM-Qualifikationsspiel zwischen Malta und Kroatien geleitet. Beide Mannschaften pfeift man nicht jeden Tag, daher war es wichtig, genau zu verstehen, wie sie ihr Spiel aufziehen. Spielt eine Mannschaft beispielsweise immer zügig aus der Abwehr heraus mit langen Bällen, dann muss ich beim Abstoß deutlich weiter vorne stehen. Dorthin kommt der Ball mit einer großen Wahrscheinlichkeit und ich bin unmittelbar am Ort des Geschehens, wenn das Spiel weitergeht. Bei der Spielvorbereitung fiel mir auf, dass die Nationalmannschaft von Malta konsequent aus der Abwehr langsam nach vorne aufbaut, die kroatische Nationalmannschaft hingegen früh stört. Daher war abzusehen, dass es im Spielaufbau von Malta zu vielen frühen Pressing-Situationen kommen würde und ich mich entsprechend gut positionieren sollte, um diese genau beobachten zu können. Kroatien hat dann 7:1 gewonnen und vier der Gegentore fielen unmittelbar nach frühen Pressing-Situationen im Spielaufbau von Malta. Die Vorbereitung hat mir geholfen, so zu stehen, dass ich die relevanten Informationen (wie Foulspiel beim Pressing) unmittelbar beobachten und somit die Rahmenbedingungen für meine Entscheidungen verbessern konnte.

Generell schaue ich bei Eckbällen nie auf den den Eckball ausführenden Spieler. Bei ihm passiert sowieso fast nie etwas Relevantes, bei dem ich eingreifen müsste. Das häufigste Szenario, das nach einem Eckball einen Schiedsrichtereingriff erfordert, sind Fouls und Haltevergehen im Strafraum, oft schon, bevor der Ball überhaupt in der Luft ist. Daher konzentriere ich mich nicht darauf, wo der Ball aktuell ist, sondern darauf, wo der Ball mit größter Wahrscheinlichkeit in den nächsten Sekunden sein wird. Ich verschaffe mir dadurch einen Positionsvorteil und bin besser darauf vorbereitet, das zu sehen, was ich sehen muss.

Diese Beispiele verdeutlichen einen wesentlichen Eckpfeiler meiner Arbeit: Ich bin mir darüber bewusst, während des Spiels zahlreiche Entscheidungen treffen zu müssen. Wir alle wollen jedoch lieber einfache Entscheidungen treffen als schwierige. Auf dem Platz können wir natürlich nicht alles beeinflussen, aber ich habe während meiner Karriere gelernt, dass ich viele Situationen so beeinflussen kann, dass zukünftige Entscheidungen tendenziell einfacher werden. Die beste Entscheidungssituation ist die, auf die ich mich schon vorbereitet habe.

In der Vorbereitung nutzen wir Schiedsrichter ein Tool, das uns Videoaufnahmen von allen Spielen und Mannschaften zur Verfügung stellt und eine sehr einfache Suche nach bestimmten Spielsituationen ermöglicht. So kann ich mir mit wenigen Klicks zum Beispiel die letzten Ecken der Mannschaften ansehen, auf die ich bald in einem Spiel treffen werde. Ich weiß beispielsweise, wer die Ecken schießt und mit welchem Fuß. Mit diesem Wissen kann ich abschätzen, ob Ecken im Spiel eher vom Tor weg oder aufs Tor geschossen werden. Dann kann ich mich vorbereiten und mich dementsprechend auf dem Spielfeld platzieren. Wird eine Ecke vom Tor weg geschossen, dann ist ein Haltevergehen zwischen Feldspielern wahrscheinlich. Wird ein Ball zum Tor gedreht, dann kommt es vermutlich zu einem Luftzweikampf zwischen Torwart und Feldspieler. Kann ich zumindest mit einer gewissen Wahrscheinlichkeit einschätzen, was passieren wird, dann positioniere ich mich entsprechend. Je nachdem, wo ich stehe, sehe ich im Pulk der vielen Spieler sehr viel besser, ob gehalten oder ob der Torwart zu hart angegangen wurde. Mein Blickwinkel und meine Beobachtungsmöglichkeiten werden besser, die Entscheidung wird einfacher. Konkret sehe ich mir in der Vorbereitung deshalb beispielsweise immer die letzten zehn Ecken der jeweiligen beiden Mannschaften an. Das verschafft mir ein sehr gutes Bild.

Ebenso schaue ich mir die Konter der Mannschaften vorher an. Konter sind immer heikle Situationen für Schiedsrichter. Das Spiel wird hektischer, es kommt zu taktischen Fouls und oft gefährlichen Torraumszenen.

Zudem sind viele Spieler sehr schnell. Wenn dann noch mit schnellen Pässen hinten herausgespielt wird, hat der Schiedsrichter keine Chance, hinterherzukommen. Damit darf ich mich jedoch nicht abfinden. Daher schaue ich mir vorher die Kontersituationen der vergangenen Spiele der beiden Mannschaften an, auf die ich treffe. Bei Frankreich ist es aktuell fast immer so, dass in Kontersituationen schnell auf Paul Pogba gespielt wird, der sehr häufig direkt vertikal nach ganz vorne passt, entweder zu Antoine Griezmann oder Kylian Mbappé. Solche Abläufe muss ich vor dem Spiel verstehen und mich in Richtung Mittelkreis bewegen, sobald es den Ansatz eines Konters für Frankreich gibt. Je näher ich am Geschehen dran bin, desto eher erkenne ich mögliche Vergehen. Was passiert, beeinflusse ich nicht, aber ich kann meine Situation, aus der heraus ich eine Entscheidung treffe, bis zu einem gewissen Grad gestalten. Damit beginnt die Entscheidungsfindung schon weit vor der räumlich und zeitlich eng begrenzten tatsächlichen Situation, über die es zu entscheiden gilt.

Perspektiven in der Managementliteratur

Der Grundgedanke, die Entscheidungssituation proaktiv zu beeinflussen und einen Schritt vorauszudenken, findet sich auch in der Managementliteratur wieder. Lange Zeit hat man sich auf Modelle konzentriert, die eine Situation (beispielsweise ein bestimmtes Wettbewerbsumfeld) als gegeben hinnehmen. Neuere Studien zeigen jedoch, dass gerade das Hinterfragen von Rahmenbedingungen wie dem Wettbewerbsumfeld oder anderen bisher als gegeben hingenommenen Faktoren (wie etwa seit Jahrzehnten bestehende Vertriebswege) großes Potenzial aufweist. Dabei haben wir die Tendenz, in Entscheidungssituationen die Rahmenbedingungen gerade nicht zu hinterfragen. Daher sprechen wir häufig von Entscheidungsproblemen, aber nur selten von Entscheidungschancen. Dahinter stecken zwei mögliche Erklärungen: Einerseits ist es manchen Menschen häufig gar nicht bewusst, dass sie Entscheidungssituationen zumindest bis zu einem gewissen Grad proaktiv beeinflussen können. Andererseits führt eine in vielen Menschen verankerte Verlustaversion zur Ablehnung der Idee, man könne die Entscheidungssituation positiv für sich beeinflussen. Denn die potenzielle Verbesserung einer Entscheidungssituation wird häufig weniger positiv bewertet als eine mögliche, wenn auch unwahrscheinliche Verschlechterung aufgrund dieser Aktivitäten. Studien zeigen, dass Menschen potenzielle Nachteile der Veränderung einer Entscheidungssituation etwa doppelt so stark bewerten wie mögliche Vorteile.[18] Daher verfolgen sie tendenziell den Wunsch, Entscheidungssituationen beizubehalten und nicht zu verändern, aus der unbegründeten Angst heraus, Veränderungen könnten die Situation (weiter) verschlechtern.

Dahinter steckt ein Status-quo-Bias, der besagt, dass Menschen lieber den Status quo beibehalten, selbst wenn dieser nicht komplett zufriedenstellend ist.[19] In einem Experiment haben Wissenschaftler Probanden in zwei Gruppen eingeteilt und jedem Probanden ein Geschenk gemacht.[20] Die erste Gruppe bekam eine Kaffeetasse, die zweite bekam Schweizer Schokolade mit einem vergleichbaren monetären Wert. Kurz darauf wurde den Probanden angeboten, mit der jeweils anderen Gruppe zu tauschen. Es waren jedoch nur etwa zehn Prozent der Probanden bereit, ihre Schokolade gegen die Tasse beziehungsweise ihre Tasse gegen die Schokolade zu tauschen. Das Ergebnis zeigt, dass bereits eine wenige Minuten zuvor geschaffene Situation eine Hingabe zu diesem Zustand – hier zu dem Geschenk – schaffen kann, die ein Verändern der Situation schwierig macht. Eine weitere Studie zeigt, dass Erben von Aktiendepots nur in seltenen Fällen Veränderungen an der Zusammensetzung des Depots vornehmen, selbst wenn

Anlagestrategien aus eigenen Investments eine völlig andere Anlagepräferenz vermuten lassen. In allen diesen Fällen führt der Status-quo-Bias dazu, dass Menschen es bevorzugen, nicht zu handeln.[21] Mit dem eigenen Handeln wächst die Verantwortung, die wegen einer Verlustaversion abgelehnt wird. Im Fall des Schiedsrichters bedeutet das, dass er als Spielleiter lieber die für ihn unübersichtlichen Spiele beibehält und weiterhin mit vielen schwierigen Entscheidungen kämpfen muss, und zwar aufgrund der Befürchtung, dass Änderungen, etwa im eigenen Verhalten den Spielern gegenüber, die Sache noch verkomplizieren könnten.

In vielen Industrien sind dadurch ganze Commodity-Branchen entstanden, in denen Unternehmen fast nur noch über den niedrigsten Preis mit vergleichbaren Produkten um die Kunden konkurrieren. In diesen Industrien ist es über die Zeit keinem Anbieter mehr gelungen, von diesem Status quo abzuweichen. Führungskräfte bevorzugen es häufig, in solchen Situationen im für das Unternehmen schädlichen Status quo zu verweilen und lieber gemeinsam mit der Industrie unterzugehen, statt den Mut aufzubringen und die nachteilige Situation durch innovative Aktionen zu verbessern. Der Status-quo-Bias ist bei vielen Innovationsaktivitäten von Unternehmen zu entdecken. Die ersten Autos sahen aus wie Kutschen, nur ohne Pferde.[22] Das Layout der ersten Online-Zeitungen wies große Ähnlichkeiten mit den gedruckten Pendants auf.

Die wissenschaftliche Forschung zeigt einen zentralen Hebel, der Entscheidungsträgern hilft, Entscheidungssituationen zu erweitern. Dieser besteht darin, kontinuierlich Warum-Fragen zu stellen. Ein Schiedsrichter könnte also fragen: Warum sehe ich oft Situationen nicht genau? Möglicherweise, weil ich schlecht antizipiere und mir dann die Sicht versperrt ist? Warum ist eine Situation, wie sie ist? Sind als gegeben angenommene Umstände wirklich fix? Insbesondere mittel- und langfristig sind die Rahmenbedingungen von Entscheidungssituationen selten gegeben. Ein Schiedsrichter, der das Gefühl hat, immer die schwierigsten Spiele des Bundesliga-Spieltags zu bekommen, sollte sich fragen, warum das so ist und welche Rolle er dabei spielt. Ebenso sollte sich eine Führungskraft, die viele Kündigungen im Team verkraften muss, fragen, woran das liegt. Dieses Hinterfragen lässt sich auch auf das einführende Schiedsrichterbeispiel und die Situation beim Relegationsspiel Kiel gegen Köln übertragen. Es muss nicht hingenommen werden, dass nervöse auf aggressive Spieler treffen und dem Schiedsrichter das Spiel möglicherweise entgleitet. Die Rahmenbedingung, dass ein Relegationsspiel immer schwierig zu leiten ist, kann proaktiv beeinflusst werden.

Die Erfolgsgeschichten einiger prominenter Unternehmen beruhen auf dem Hinterfragen angeblich gegebener Rahmenbedingungen in ihren Industrien. Bevor Body Shop in die Kosmetikindustrie eintrat, war es in der Branche praktisch Gesetz, horrende Kommunikations- und Werbeinvestitionen zu tätigen (bis zu 80 Prozent des Umsatzes einzelner Unternehmen) – immer in der Annahme, dass die Konsumenten das zu schätzen wissen und die Produkte ohne solche Abgrenzungen niemals kaufen würden. Body Shop hinterfragte und veränderte Etabliertes. Das gelang mit großem Erfolg und ohne ein immenses Werbebudget, indem sie den – bis zu diesem Zeitpunkt – ungekannten Fokus auf die Nachhaltigkeit der Produkte legten. Ähnlich lässt sich der Erfolg der Southwest Airlines, des ersten Low-Cost-Carriers in den USA, erklären.[23] Vor dem Markteintritt von Southwest war es praktisch unumstößlich, dass Fluglinien einen ausgezeichneten Service und eine kostenfreie Verpflegung an Bord anbieten. Hätte die Airline sich im bestehenden Wettbewerb und mit diesen Konventionen positioniert, dann wäre Southwest niemals so erfolgreich geworden. Im Ergebnis konnte Southwest sich als Low-Cost-Carrier einen *eigenen* Markt schaffen und dort mit deutlich weniger Wettbewerb agieren als die bestehenden, untereinander sehr ähnlichen Fluglinien. Um beim Bild des Schiedsrichters zu bleiben: Southwest hat sich ein einfach zu leitendes Spiel *geschaffen*, die anderen Fluglinien sind im schwer zu leitenden Spiel geblieben. Bestsellerautor Harry Beckwith fasst diese Vorgehensweisen so zusammen:[24] »The best strategy is to win without a fight« – das gilt für Unternehmen in ihren Märkten ebenso wie für Schiedsrichter, die aus einem potenziell aggressiven Derby durch gezielte Maßnahmen (wie den Aufbau interpersoneller Beziehungen zu den zentralen Spielern auf beiden Seiten) ein einfacher zu leitendes Spiel machen.

Renée Mauborgne und Chan Kim beschreiben, dass sich die meisten Unternehmen reaktiv im Markt verhalten. Sie analysieren, wie sich Wettbewerber aktuell positionieren und entwickeln ihre eigene Stellung relativ zu ihren Wettbewerbern.[25] Oft ergibt sich dadurch eine Situation, in der sich die einzelnen Unternehmen am Markt kaum voneinander unterscheiden und in einen Preiswettbewerb geraten, der für alle Unternehmen gleichermaßen die Margen erheblich reduziert. Mauborgne und Kim zeigen weiter, dass Unternehmen, die bestehende Marktrahmenbedingungen hinterfragen und selbst zu formen versuchen, oft wesentlich erfolgreicher sind.

Einen zentralen Hebel zur Adressierung der sogenannten Status-quo-Verzerrung benennt der Management-Berater Stephen Covey.[26] Er unterscheidet zwischen Entscheidungsträgern, die in einem *Circle of Concern* (Kreis der Besorgnis) oder in einem *Circle of Influence* (Kreis des Einflusses) agieren. Der *Circle of Concern* bezieht sich auf Themen eines Entscheiders, die er nicht beeinflussen kann, die praktisch gegeben sind – etwa die gesamtwirtschaftliche Entwicklung, neue Technologien oder Krisen wie beispielsweise die Coronapandemie. Solche Themen und Rahmenbedingungen können ein Entscheider oder ein einzelnes Unternehmen kaum oder gar nicht beeinflussen. Sind bei einem Fußballspiel beide Mannschaften im Abstiegskampf, dann wird diese Situation das Spiel bestimmen und der Schiedsrichter kann an dieser Rahmenbedingung nichts ändern. Ebenso ist ein schwer bespielbarer Rasen gegeben. Der *Circle of Influence* dagegen bezieht sich auf Themen, die beeinflussbar sind wie die strategische Positionierung des Unternehmens oder die technologische Weiterentwicklung eigener Produkte. Beim Schiedsrichter entspricht das seinem Umgang mit den Spielern, seinem Auftreten, seiner Kommunikation. Stephen Covey beschreibt, dass Entscheider ihre Arbeitszeit auf diese beiden Themenkomplexe aufteilen, dass sich die Gewichtung jedoch deutlich unterscheiden kann. Entscheider mit einem ausgeprägten Leadership-Fokus haben deutlich größere Anteile an *Circle-of-Influence*-Aktivitäten (proaktive Führung), während sich Entscheider mit geringem Leadership-Fokus auf *Circle-of-Concern*-Aktivitäten fokussieren (reaktive Führung). Dabei unterscheiden sich die beiden Typen von Entscheidern insbesondere in ihrer Kommunikation. Proaktive Entscheider nutzen eine positive Sprache und fokussieren sich auf Möglichkeiten (»Wir können die Krise für uns nutzen.«), während reaktiv Führende in ihrer Kommunikation auf die Probleme abstellen (»Da können wir nichts machen. Die Situation ist halt sehr schlecht für uns.«). Ein Schiedsrichter, der proaktiv überlegt, wie er die nächste Situation gut wahrnehmen kann (*Circle of Influence*), findet sich nicht damit ab, dass seine Sicht auf relevante Situationen oft schlecht ist (*Circle of Concern*).

Ein weiterer Hebel besteht darin, in Entscheidungssituationen die relevanten Parameter auf null zu setzen. Oliver Sibony berichtet von seiner Beratertätigkeit, dass ein hoch diversifiziertes Unternehmen alle zwei Jahre bei der Bewertung der verschiedenen Geschäftseinheiten grundsätzlich für jede Einheit die Frage stellt, ob man diese aktuell noch einmal akquirieren würde, wenn sich diese Situation ergäbe. Diese Frage bietet eine andere Perspektive als beispielsweise »Sind wir aktuell mit der Geschäftseinheit zufrieden?« oder »Welches Ziel weisen wir der Geschäftseinheit fürs nächste Jahr zu?«. Die Schaffung der künstlichen Situation, diese Einheit erneut kaufen zu können, hinterfragt grundlegende, aber oft unausgesprochene Annahmen. Im konkreten Fall, ob eine bestimmte Geschäftseinheit unbedingt zum Unternehmen gehören muss. Ähnlich kann bei Führungskräften und deren Bewertungen verfahren werden. Statt zu fragen, welche Ziele man der Führungskraft im nächsten Jahr zuweist und ob man mit ihrer aktuellen Leistung zufrieden ist, wäre die Frage »Würden wir diese Person wieder einstellen?« weitreichender und würde eine Status-quo-Verzerrung aushebeln. Ein Schiedsrichter könnte sich fragen, ob er seine ersten Bundesligaspiele wieder mit dem gleichen Auftreten wie damals bestreiten oder von vorneherein anders agieren würde.

Eine ähnliche Beobachtung aus der Managementliteratur zeigt, dass Entscheidungsträger im Unternehmen, aber auch generell Menschen in verschiedensten Situationen dazu tendieren, die Anzahl möglicher Optionen in Entscheidungssituationen zu unterschätzen. Dadurch nehmen sie ihre Entscheidungssituation enger wahr, als sie tatsächlich ist. Dabei können weitere Optionen eine Entscheidungssituation ganz erheblich verändern und meist verbessern. Oft verfolgen Menschen die erste Option, die ihnen in der Entscheidungssituation in den Sinn kommt. Dieses Phänomen heißt Spotlight-Effekt.[27] Ist das mentale Scheinwerferlicht erst einmal auf eine bestimmte Alternative gerichtet, dann neigen Menschen dazu, außerhalb liegende weitere, möglicherweise sogar bessere Alternativen zu vergessen. Der Entscheidungsforscher Paul Nutt beschreibt, dass dieser Effekt besonders in Führungssituationen in Unternehmen gefährlich ist, da Entscheidungsträger, die sich auf eine erste Alternative fokussieren, ab diesem Moment nur noch darüber nachdenken, sie durchzusetzen.[28] Wie können sie Kollegen und Mitarbeiter von dieser Alternative überzeugen? Was ist notwendig, um diese Alternative umzusetzen? Führungskräfte vernachlässigen in solchen Situationen mögliche bessere Alternativen.

Nehmen wir als Beispiel an, dass ein neuer Mitarbeiter nicht die gewünschte Leistung erbringt. Eine solche Situation ruft bei Führungskräften häufig die Reaktion hervor, diese Person entweder direkt wieder zu entlassen oder die Lage so zu akzeptieren, wie sie ist. Das Scheinwerferlicht liegt automatisch auf diesen beiden Alternativen und wir sind so fixiert darauf, dass wir eine dritte oder vierte Option gar nicht in Betracht ziehen. Dabei gäbe es in dieser Situation mindestens eine dritte Option, den Mitarbeiter zu fördern und für die angedachte Aufgabe zu befähigen. Oder man könnte eine neue Position für ihn suchen, in der er seine Stärken möglicherweise besser einbringen kann.

Die Gefahr, bessere Optionen zu übersehen, war schon Alfred P. Sloan, dem legendären langjährigen Vorstandsvorsitzenden von General Motors, bewusst.[29] Ihm wird nachgesagt, in einer Sitzung beobachtet zu haben, dass bei einer wichtigen Entscheidung alle Anwesenden einer Meinung waren. Nachdem er sich noch einmal vergewissert hatte, ob das zutrifft, brach er die Sitzung mit den

Worten ab, er glaube, dass die Entscheidungssituation nicht richtig verstanden wurde. Nur eine Option und alle waren einer Meinung – das machte ihn stutzig. Er forderte die Anwesenden auf, die Sachlage besser zu verstehen, und erst, wenn mehrere Optionen und ein gewisser Grad an Diskussion und sogar Uneinigkeit vorlägen, werde eine Entscheidung getroffen. Damit unterstrich er, dass der Fokus auf eine einzige Option gefährlich ist und Entscheidungsträger weitere Optionen suchen und in ihre Entscheidung einbeziehen sollten.

Die wissenschaftliche Literatur nennt einige Hebel, wie Entscheidungsträger den Spotlight-Effekt vermeiden oder zumindest abmildern können. Der erste Hebel besteht im sogenannten Vanishing-Options-Test.[30] Dabei wird die künstliche Situation geschaffen, dass der Entscheidungsträger die zuerst angedachten Alternativen nicht auswählen darf, sondern weitere Alternativen suchen muss. Der Entscheidungsforscher Paul Nutt empfiehlt, immer nach einer Alternative zu suchen, die man als ebenso gut empfindet wie die zuerst identifizierte. Wenn man einen Kandidaten für einen Job gefunden hat und diesen für geeignet hält, sollte man dennoch weitersuchen und möglichst einen zweiten, genauso guten identifizieren. Ähnlich ist es beim Hauskauf. Nimm nicht das erste, das dir gefällt, sondern suche noch ein zweites, das in der Bewertung ähnlich positiv abschneidet. »Fall in love at least twice«, fasst er diesen Tipp zusammen.

Darüber hinaus können die Opportunitätskosten einer Entscheidung helfen, weitere Optionen aufzudecken, und der Gefahr, sich zu schnell auf eine einzige Option und damit ein zu enges Entscheidungsfeld zu verlegen, entgegenzuwirken. Die Opportunitätskosten sind die Kosten, die entstehen, wenn man diese erste Option auswählt. Sie decken zudem auf, was man nicht bekommt, wenn man eine bestimmte Option wählt. Historisch bekannt geworden ist das Konzept durch den ehemaligen US-Präsidenten Dwight D. Eisenhower. In einer konkreten Entscheidung ging es um neue Kriegsflugzeuge. Vordergründig war zu entscheiden, ob Kriegsflugzeuge angeschafft werden sollten oder nicht.[31] Eisenhower argumentierte jedoch, dass die Entscheidung für ein Kriegsflugzeug bedeutete, auf Schulrenovierungen in etwa fünf Städten zu verzichten. Diese Schulrenovierungen waren die Opportunitätskosten eines Kriegsflugzeugs. Die Mittel sind fast ausnahmslos beschränkt und Entscheidungen zu treffen, heißt, über die Mittelzuweisungen für verschiedene Aktivitäten zu entscheiden. Die Opportunitätskosten-Logik hilft, weitere Optionen zu identifizieren, und zwar konkret durch diese alternativen Mittelzuweisungen. Mit der Anwendung der Opportunitätskosten-Logik sind mehrere Optionen sichtbar geworden und die Entscheidungssituation hat sich erweitert. Im konkreten Fall wird transparent gemacht, dass man möglicherweise auf Schulrenovierungen verzichten muss, wenn man sich für Kriegsflugzeuge entscheidet.

Welche Unterschiede die Betrachtung von Opportunitätskosten im menschlichen Entscheidungsverhalten bewirken kann, zeigt ein Experiment der Yale University.[32] Den Probanden wurde die Frage gestellt, ob sie einen bestimmten Film auf DVD für 14,49 US-Dollar kaufen würden. Da es sich um einen damals beliebten Film handelte, stimmten 75 Prozent der Probanden zu. In einer zweiten Gruppe wurden andere Probanden ebenfalls gefragt, ob sie für 14,49 US-Dollar den Film kaufen würden, bei ihnen wurde jedoch erwähnt, dass grundsätzlich die Möglichkeit bestehe, das Geld auch für etwas anderes auszugeben. Jetzt wollten nur noch 55 % der Probanden den Film kaufen. Allein durch die Erwähnung der Möglichkeit, dass das Geld auch für etwas anderes ausgegeben werden könne (was in der ersten Gruppe zwar nicht explizit ausgeschlossen, aber eben auch nicht erwähnt wurde), veränderte sich das Entscheidungsverhalten.

Der dritte Hebel besteht darin, mit breiten Fragestellungen zu arbeiten. Statt zu fragen, ob man im kommenden Sommer nach Frankreich in den Urlaub fahren wolle, würden Fragen wie »Wohin wollen wir in Urlaub fahren?« oder »Wollen wir überhaupt in Urlaub fahren?« zu breiteren Diskussionen und möglicherweise weiteren Optionen führen, die man bei der Überlegung, ob man nach Frankreich fahren will, nicht bedacht hätte.

Eine vierte Möglichkeit, den Entscheidungsraum zu vergrößern, besteht darin, nach Lösungen zu suchen, die andere bereits in ähnlichen Situationen genutzt haben. Möglicherweise lassen sich genau diese Lösungen auch auf die konkret vorliegende Entscheidungssituation anwenden.

Ralph Keeney und Johannes Siebert führten ein interessantes Experiment durch, das das Potenzial der Hinweise durch Dritte bei der Optionengenerierung untersucht.[33] Die Forscher baten Studenten auf der Suche nach einem Praktikum, eine Liste mit Optionen zu erstellen. Wo würden sie sich gerne bewerben? Welche Unternehmen könnten interessant sein? Im Schnitt gaben die Probanden sieben Optionen an. Danach bekamen sie eine Liste mit vielen weiteren Optionen (wie Bewerbung bei Regierungseinrichtungen, Unternehmen im Ausland und vieles mehr). Im Schnitt fügten die Probanden danach aus dieser ergänzenden Liste elf weitere Optionen in ihre Liste ein. Es gab also mehr als einer Verdopplung der Optionen. Dabei kamen bei mehr als der Hälfte der Probanden die letztlich ausgewählten Optionen aus dem Kreis der ergänzten Optionen, das heißt, mehr als die Hälfte der Probanden wählten eine Option, die sie vorab nicht bedacht hatten.

Dieses Experiment zeigt die Bedeutung von Optionserweiterungen durch Dritte. Experten können helfen, die Optionen einer Entscheidung zu erweitern. Erfolgreiche Unternehmer haben die Limitationen bei der Generierung von Optionen früh erkannt. Sam Walton, der Gründer von Walmart, sagte von sich, dass er sehr viel mehr Zeit in den Lebensmittelläden der Konkurrenz verbracht habe als alle Mitbewerber auf dem Markt. Zu Beginn seiner Arbeit bei Walmart hatte er erfahren, dass ein Ben Franklin Variety Store in Pipestone, Minnesota, eine neue Art von Kassenbereich in einem Lebensmittelladen geschaffen hatte. Es war der erste Kassenbereich, der alle Kunden am Ende des Einkaufs empfing. Zuvor hatte es in einigen Bereichen der Läden einzelne Kassiervorgänge gegeben. Walton nahm dafür eine 600 Meilen lange Busfahrt über Nacht in Kauf, nur um diesen neuen Kassenbereich zu sehen.[34] Nach der Reise übernahm er diese Idee in seinen Läden. Der Wettbewerb hatte seine Optionen, wie ein erfolgreicher Laden ausgestaltet sein sollte, vergrößert.

Die wohl berühmteste Inspiration bei potenziellen Wettbewerbern fand beim Besuch von Steve Jobs und seinen Apple-Managern 1979 im Forschungszentrum Xerox PARC statt.[35] Der Xerox PARC wurde Anfang der 1970er-Jahre im Silicon Valley gegründet, zu einem Zeitpunkt, als das Patent von Xerox über bestimmte Technologien in ihren Fotokopierern auslief. Xerox selbst gelang es kaum, wesentliche Impulse aus dem Forschungszentrum in eigene Produkte zu überführen. Steve Jobs und sein Team erkannten jedoch sofort, welche im Markt nicht genutzten Schätze der Xerox PARC barg. Er ließ sich bei diesem Besuch vielfältig inspirieren: die Computermaus zur Steuerung von Bildflächen, Icons zur grafischen Darstellung von Inhalten und viele andere Ideen konnte er dabei gewinnen. Die grundsätzlichen Ideen anderer erweiterte er dann mit seinem Team bei der Entwicklung eigener Produkte für Apple wesentlich.

Ein genereller Einwand gegen die Erweiterung der Optionen in Entscheidungssituationen könnte lauten, dass diese Optionenauswahl zu viel Zeit koste und zu nur langsamen Entscheidungsfindungen führe. Kathleen Eisenhardt von der Stanford University hat diese These bei Start-ups im Silicon Valley untersucht und das Gegenteil bewiesen. Gründerteams, die bei ihren Entscheidungen mehr Alternativen betrachteten, Entscheidungssituationen proaktiv angingen und versuchten, sie in ihrem Sinn zu beeinflussen, entschieden sogar schneller.[36] Wie ein Schiedsrichter, der es nicht hinnimmt, bei Kontern eine schlechte Sicht zu haben, sich darauf vorbereitet, um zu verstehen, wie bestimmte Mannschaften ihre Konter ausspielen, und sich frühzeitig beim Entstehen des Konters positioniert. Auch dieser Schiedsrichter entscheidet schneller und leichter. Kathleen Eisenhardt gibt in ihrer Studie dafür drei Erklärungen: Erstens schaffen mehr Optionen mehr Transparenz für eine höhere Verständlichkeit der Entscheidungssituation. Mehr Verständlichkeit führt zu mehr Vertrauen in die eigene Entscheidung und damit zu schnelleren Entscheidungen. Zweitens führt die Betrachtung mehrerer Optionen dazu, dass politisch motivierte Diskussionen reduziert werden. Umso mehr Optionen, desto geringer ist die emotionale Bindung einzelner an der Entscheidung Beteiligter an bestimmte Optionen, sodass inhaltlich diskutiert werden kann und Beteiligte leichter und aus Überzeugung ihre Meinung ändern können. Drittens liegt unmittelbar ein Plan B vor, wenn sich die präferierte Option doch nicht umsetzen lässt.

Demnach bestätigt die Managementliteratur, dass die proaktive Beeinflussung der Entscheidungssituation und die Überzeugung, diese Entscheidungssituationen verbessern zu können, in vielen Kontexten relevant und zielführend sind. Des Weiteren beschäftigt sie sich auch mit der Frage, ob gewisse Entwicklungen vorhersehbar sind und ob Führungskräfte ihr Verhalten entsprechend anpassen sollten. Durch sein Wissen, dass bei Eckbällen praktisch immer im Strafraum etwas Relevantes passiert, kann sich der Schiedsrichter schon während der Ausführung darauf konzentrieren. Die Managementliteratur bedient sich gerne eines vergleichbaren Zitats der Eishockey-Legende Wayne Gretzky. Er nannte als sein Erfolgsgeheimnis, dass es ihn nicht interessiere, wo der Puck gerade ist, sondern, wo er in Zukunft sein wird.

Empirische Studien zeigen, dass in Management-relevanten Fragestellungen einige Entwicklungen erstaunlich gut vorhergesagt werden können. Der Harvard-Professor Clayton Christensen entwickelte beispielsweise auf der Basis empirischer Daten ein Modell, das besagt, dass Unternehmen in wachsenden Märkten neue Technologien meist zu weit entwickeln, das heißt hoch entwickelte Technologien in Produkte integrieren, die irgendwann für den durchschnittlichen Kunden zu gut sind und ihre Zahlungsbereitschaft für die Innovationen abnimmt.[37] Immer wieder erbringen dann neue Unternehmen die relevante Leistung mit einfacheren Mitteln, meist günstiger und flexibler. Auch der Erfolgsstory von Michael Dell liegt diese Logik zugrunde.[38] Er beobachtete, dass sich PC-Produzenten in den 1980er- und 1990er-Jahren zu stark auf die technischen Innovationen von PCs fokussierten. In der jeweiligen Entwicklungswelle braucht der durchschnittliche PC-Nutzer jedoch gar nicht immer die technologische High-End-Lösung, sondern wertschätzt vielmehr die Schnelligkeit, Flexibilität und Anpassungsfähigkeit des Produkts – genau das, was Dell seinen Kunden bieten will. Mit dem Wissen um solche Zusammenhänge können Unternehmen in manchen Branchen besser einschätzen, dass der Erfolg neuer Unternehmen in Branchen, die ihren Fokus stark auf technologische Perfektion legen, mit *einfacheren* Produkten recht hoch ist. Solche Gedanken und daraus resultierende Modelle helfen Entscheidungsträgern in Unternehmen, zukünftige Situationen zu antizipieren und sich darauf vorzubereiten. Diese Logik verfolgt auch ein Schiedsrichter, der vor dem Spiel recherchiert, wie die beiden Mannschaften ihre Ecken typischerweise ausführen. Mit dieser Vorbereitung kann der Schiedsrichter sein Modell der Eckballausführung bestimmter Mannschaften ableiten und in gewisser Hinsicht auch in die Zukunft schauen – wenn auch nur zeitlich begrenzt kurz vor der Ausführung des Eckballs – in Bezug auf die konkrete Ausführung der jeweiligen Mannschaft.

Auch Modelle zu Produktlebenszyklen liefern Hilfestellungen für Vorhersagen. Insbesondere neue technologische Produkte kommen typischerweise erst langsam in einem Markt an, nach einer ersten Verbreitung in Nischen können sie jedoch sehr schnell wachsende Märkte schaffen. Nach sehr hohem Wachstum tritt praktisch immer eine Sättigung ein, die sich zunächst durch leicht sinkende Wachstumsraten bemerkbar macht. Diese sind die Vorboten für erste Jahre des Nullwachstums, bevor der Markt schließlich sogar schrumpft. Auch dieser Zusammenhang ermöglicht es recht gut, zukünftige Szenarien abzuleiten.

Studien zeigen, dass Führungskräfte sich sehr darin unterscheiden, wie sie in ihrer Kommunikation und ihren Entscheidungen das Zukünftige betrachten, sich auf den Status quo fokussieren oder über die Vergangenheit sprechen. Um im Bild des Schiedsrichters zu bleiben: Ob sie sich darauf konzentrieren, wo der Ball hingehen wird, oder darauf, wo der Ball aktuell ist. Wie im Beispiel von Malta gegen Kroatien: sich darauf zu konzentrieren und sich dort zu positionieren, wo der Spielaufbau wahrscheinlich stattfinden wird. Ein Forscherteam um Michael Watkins beschreibt, dass die meisten Führungskräfte sich eher auf die Gegenwart konzentrieren und sich dagegen sträuben, in die Zukunft zu blicken, denn das stellt bei vielen betriebswirtschaftlichen Fragen zunächst eine Bedrohung für das eigene Geschäft dar. Darum ist es schmerzhaft, sich bereits heute damit zu beschäftigen. Aus diesem Grund versuchen Führungskräfte, lieber heute den kleinen Schmerz der Auseinandersetzung zu vermeiden und nicht gegenzusteuern, obwohl in Zukunft beim tatsächlichen Eintreten des Szenarios die Schmerzen und Kosten noch viel größer sind.

Zwar sind nicht alle Entwicklungen durch solche Modelle vorherzusehen. Das Forscherteam um Michael Watkins argumentiert, dass dennoch in den meisten Fällen die Entwicklungen im Unternehmen keine wirklichen Überraschungen sind, sondern absehbar waren.[39] Etwa, dass Mannschaften Konter in einer bestimmten

Art und Weise ausführen und ein schneller Gegenzug, beispielsweise über Pogba wie im einführenden Beispiel, keine Überraschung ist. Im Unternehmen gibt es allerdings häufig einen Haken: Die relevanten Informationen, um die vermeintliche Überraschung zu verstehen, sind an verschiedenen Stellen im Unternehmen verteilt, weshalb sie nicht auf Knopfdruck verfügbar sind, sondern erst zusammengestellt werden müssen. Man könnte argumentieren, dass ein Terroranschlag wie am 11. September 2001 nicht vorhersehbar war. Tatsächlich zeigen Studien und Untersuchungen, dass zahlreiche einzelne relevante Informationen über die verschiedenen US-amerikanischen Sicherheitsinstitutionen verteilt waren, die in ihrer Gesamtheit betrachtet sehr wohl hätten vorhersagen können, dass ein solcher Terrorakt bevorstehen könnte.[40] Schon 1995 wollten islamistische Terrorristen elf Flugzeuge über dem Pazifik entführen und eines davon in das CIA-Hauptgebäude stürzen lassen. Zudem war einzelnen Sicherheitsbehörden die Anwesenheit der Piloten, die später die Flugzeuge in das World-Trade-Center und das Pentagon lenkten, bekannt, und sogar, dass sie in den USA Flugstunden genommen hatten.

Unternehmen sollten daher kontinuierlich versuchen, zu verstehen, welche Informationen im Unternehmen verfügbar sind, die einzeln und in Kombination auf eine anstehende negative Entwicklung hindeuten können. Als Instrumente bieten sich die Szenarioanalyse und eine Risikomanagementanalyse an. In einer Szenarioanalyse werden die möglichen Szenarien der Zukunftsentwicklung beschrieben und mit Wahrscheinlichkeiten bewertet. Studien zeigen, dass diese am effektivsten ist, wenn interne Repräsentanten aller Unternehmensfunktionen beteiligt sind, ergänzt um externe Experten. In einer Risikomanagementanalyse werden die möglichen Risiken der Zukunft aufgeführt, beschrieben und mögliche Worst-Case-Entwicklungen notiert. Dadurch dokumentiert das Unternehmen beziehungsweise die Führungskraft, was in der Zukunft passieren kann, und leitet aus diesen Erkenntnissen ab, was bereits heute zu tun ist. Ähnlich wie der Schiedsrichter, der den Risikofaktor »Haltevergehen oder Foul im Strafraum bereits bei Ausführung des Eckballs« ausgemacht hat.

Praktische Anwendung

Aus diesen Überlegungen aus der Schiedsrichter- und der Management-Perspektive lassen sich zwei Empfehlungen ableiten:

> Finde dich nicht mit Entscheidungssituationen ab, sondern suche Möglichkeiten, um die Entscheidungssituation zu beeinflussen! Schaffe dir leichtere Spiele!
>
> Denke in wahrscheinlichen zukünftigen Entwicklungen! Gehe und schaue dorthin, wohin sich das Spiel wahrscheinlich verlagern wird.

Wie lassen sich diese Erkenntnisse im Unternehmen anwenden? Die beiden folgenden Tools bieten sich besonders zur Anwendung der Empfehlungen an.

Circle of concern versus Circle of influence

Das Tool des *Circle of concern* versus *Circle of influence* von Steve Covey lenkt die Aufmerksamkeit des Entscheiders auf die Ansatzpunkte, die er wirklich beeinflussen kann. Im Folgenden haben wir diese Logik für eine Schiedsrichter-Problematik und für eine Problematik, die einen Entscheidungsträger im Unternehmen betreffen kann, dargelegt. Welchen Problemen stehst du gerade bei deiner Management-Tätigkeit gegenüber? Notiere diese und überlege, welche Ansatzpunkte im *Circle of concern* und welche im *Circle of influence* liegen. Zielgerichtete Entscheider fokussieren auf die Ansatzpunkte im *Circle of influence.*

Problem	Circle of concern	Circle of influence
1) Die Spieler verhalten sich mir als Schiedsrichter gegenüber aggressiv.	• Bedauern des Zustands • Nutzen von harter Linie von der ersten Minute an	• Hinterfragen des Zustands • Einholen des Feedbacks erfahrener Kollegen • Ändern der eigenen Herangehensweise in der Kommunikation mit Spielern
2) Preiskämpfe zerstören unsere Marge.	• Suche nach Möglichkeiten weiterer Kostenreduktionen	• Analyse der *wirklichen* Kundenanforderungen • Ergänzen des Produkts um Serviceleistungen • Verfolgen innovativer Ideen zum Ausweichen des Wettbewerbs

Szenarioanalyse

Bei der Szenarioanalyse stellt der Entscheidungsträger verschiedene Szenarien auf, die eintreten könnten. Nehmen wir den Schiedsrichter als Beispiel, der gerade einen Eckball gegeben hat. Er könnte folgende Szenarien sehen:

Szenarien	Risiko	Wahrscheinlichkeit
Der den Eckball ausführende Spieler schießt den Ball direkt ins Seitenaus.	Gering, Schiedsrichterassistent nimmt den Sachverhalt wahr	gering
Der den Eckball ausführende Spieler führt die Ecke nicht von der richtigen Position aus.	Gering, Schiedsrichterassistent nimmt den Sachverhalt wahr	gering

Szenarien	Risiko	Wahrscheinlichkeit
Der den Eckball ausführende Spieler spielt die Ecke kurz aus.	Gering, da typischerweise kein Gegenspieler in unmittelbarer Nähe ist, der Schiedsrichterassistent nimmt den Sachverhalt wahr	mittel
Halte- oder Foulvergehen im Strafraum vor oder beim Ausführen des Eckballs	Hoch, da viele Spieler gleichzeitig auf engem Raum sind, die Sicht ist häufig verdeckt	hoch

Aus der Darstellung folgt, dass der Schiedsrichter sich zunächst gar nicht auf den den Eckball ausführenden Spieler konzentrieren muss, sondern vielmehr seine Aufmerksamkeit auf den Strafraum richten kann, weil dort die Wahrscheinlichkeit eines Regelverstoßes sehr groß ist. Stell für dein Unternehmen eine entsprechende Logik auf. Konzentriere dich dabei beispielsweise auf Entwicklungen im Markt und insbesondere auf die drei wichtigsten Kunden. Welche Szenarien könnten in den nächsten beiden Jahren in Bezug auf diese Kunden eintreten? Worauf solltest du deine Aufmerksamkeit lenken?

Kapitel 2

Reduziere Verzerrungen in deinen Entscheidungen

Die Schiedsrichter-Perspektive

Es ist die zentrale Aufgabe eines Schiedsrichters, jede einzelne Spielsituation isoliert, unvoreingenommen und vollständig zu beurteilen. Nur wenn das gelingt, sind Leistungen auf Top-Niveau möglich. Doch auch Schiedsrichter sind nur Menschen und unterliegen in ihren Entscheidungen Verzerrungen. Ich habe mich daher früh in meiner Karriere mit den Arbeiten von Daniel Kahneman und Amos Tversky beschäftigt. Die beiden Wissenschaftler haben sich intensiv damit auseinandergesetzt, welchen unbewussten Verzerrungen Menschen bei ihren Entscheidungen unterliegen. Verzerrungen, denen wir kaum entgehen können und die wir nur abmildern können, wenn wir uns ihrer bewusst werden.

Eine erste mir bewusste Einschränkung besteht darin, dass ich als Schiedsrichter gar nicht alles sehen und wahrnehmen kann, selbst wenn ich ganz auf die relevante Spielsituation fokussiert bin. Wenn ich mich in Zweikampfsituationen auf den Oberkörper der beteiligten Spieler konzentriere, entgehen mir Details am Unterkörper und umgekehrt. Die menschliche Wahrnehmung ist nicht dafür ausgelegt, alles, was im Sichtfeld ist, zu registrieren. Wir sind uns dessen als Schiedsrichterteam bewusst und teilen uns im Spiel die Beobachtung auf. Vor dem Spiel legen wir zwischen dem Schiedsrichter und den beiden Schiedsrichterassistenten fest, wer bei Zweikämpfen oben (also oberhalb des Bauches der beteiligten Spieler) beobachtet und wer unten (also unterhalb des Bauches). Zumeist übernehme ich als Schiedsrichter die untere Körperhälfte. Fokussiert sich jeder auf einen Teil des Zweikampfes, dann reduziert sich die Wahrscheinlichkeit, etwas

Relevantes zu übersehen, deutlich. Mein Kollege an der Seite informiert mich per Funk nach einem Zweikampf, ob in seinem Bereich alles sauber war.

Am 22. Spieltag der Saison 2021/22 habe ich das Spiel SC Freiburg gegen FSV Mainz 05 geleitet. Obwohl mir bewusst ist, dass ich nicht alles sehen kann, selbst wenn ich konzentriert auf die Situation schaue, habe ich in diesem Spiel eine besonders harte Realität in Bezug auf menschliche Beschränkungen in der Wahrnehmung erlebt. Nach etwa einer halben Stunde erzielte Andreas Hack die 1:0-Auswärtsführung für die Mainzer. Die Freiburger Spieler reklamierten Handspiel und ich konnte es auch nicht ausschließen. Der Videoassistent untersuchte die Szene und wir kamen zu dem Schluss, dass kein Handspiel vorlag, also ein reguläres Tor erzielt worden war. Allerdings hatten wir alle übersehen, dass der Mainzer Spieler bei der vorausgehenden Flanke im Abseits gestanden hatte. Die Freiburger Spieler und wir als Schiedsrichter-Team waren so auf das vermeintliche Handspiel fokussiert, dass uns das Abseits, das spätestens auf den gesendeten Fernsehbildern klar ersichtlich war, nicht aufgefallen war. Der Fokus auf das eine (das Handspiel) hatte uns blind gemacht für das andere (das Abseits).

Meine Wahrnehmung kann zudem immer wieder auch durch eine gewisse Monotonie oder Ermüdung reduziert sein. 90 Minuten durchgehend konzentriert auf alle Kleinigkeiten in einem Fußballspiel zu sein, kostet Energie und ab einem gewissen Zeitpunkt ist es nur natürlich, dass meine Aufmerksamkeit zu schwinden beginnt. Glücklicherweise arbeite ich mit einem eingespielten Team an den Seitenlinien, die mich kennen und mir sofort ein Zeichen geben, wenn sie das Gefühl haben, dass meine Aufmerksamkeit leidet. Wenn ich selbst merke, dass das Spiel gerade in einer ruhigen Phase ist und meine Aufmerksamkeit zu sinken droht, hole ich meine Aufmerksamkeit zurück, indem ich beispielsweise die Spieler um mich herum zähle. Einfach, um gedanklich wieder auf Trab zu kommen und für die nächste zu bewertende Situation ganz aufmerksam zu sein.

Aber nicht nur bei der Wahrnehmung von Informationen unterliegen wir Verzerrungen. Auch bei der Verarbeitung von Informationen gibt es Verzerrungen, die zu Fehlentscheidungen führen können. Obwohl wir Schiedsrichter natürlich alles unvoreingenommen zu entscheiden versuchen, bilden auch wir uns – wie alle Menschen – unbewusst Meinungen, lesen die Presse oder werden von Journalisten zu einzelnen Spielern und ihrem möglichen Fehlverhalten befragt. Die Fußball-Community hat klare Meinungen, wer ein Schwalbenkönig ist und wer gern den Spielraum der Regeln für sich ausnutzt oder angeblich sogar regelmäßig darüber hinausgeht. Meine Aufgabe ist es, das auszublenden und jede Situation einzeln und unvoreingenommen objektiv zu beurteilen. Am 13. Spieltag der Saison 2016/17 bekam Leipzig gegen Schalke 04 einen Elfmeter zugesprochen, der sich für alle Fußballexperten im Nachgang als Schwalbe des Leipziger Spielers Timo Werner herauskristallisierte – und das bereits nach 19 Sekunden Spielzeit, als er frei vor dem Schalker Torwart Ralf Fährmann zu Boden ging. Leipzig gewann knapp mit 2:1. Das Spiel war ein Samstagabend-Spiel, mit voller Aufmerksamkeit der Fernsehzuschauer. Auch die mediale Aufmerksamkeit war immens. Wie gehe ich mit so einer Situation um, wenn ich einem der betroffenen Spieler an einem der nächsten Spieltage begegne? Ich muss mich von der medialen Stimmung lösen und hierzu nutze ich zwei Hebel: Erstens schaue ich mir Daten an. Timo Werner ist einer der schnellsten Spieler der Liga und setzt zu überdurchschnittlich vielen Sprints im Spiel an. Bei hoher Geschwindigkeit kann die kleinste Berührung bereits zu einem klaren Foulspiel führen. Timo Werner wird also allein wegen seiner aktiven Spielweise besonders häufig gefoult, möglicherweise sogar tendenziell in theatralisch wirkenden Situationen. Zweitens versuche ich die Person Timo Werner zu verstehen. Warum hat er diese Aktion gemacht? Was war seine Motivation? Gab es bei dem betreffenden Spiel eine wie auch immer geartete Drucksituation, die ihn zu diesem Fehler, den er auch öffentlich eingestanden hat, geführt hat? Diese Gedanken helfen mir, eine breitere Perspektive auf die Situation und den Spieler zu bekommen. Wenn dann eine Situation im aktuellen Spiel kommt – Timo Werner wird bei hoher Geschwindigkeit möglicherweise gefoult – entscheide ich anhand meiner konkreten Beobachtungen. Es kann eine Schwalbe sein, aber genauso gut eine kleine Berührung bei hoher Geschwindigkeit. Die tatsächlichen Hinweise sollen meine Entscheidung bestimmen, nicht die Verzerrungen.

Um Verzerrungen in Entscheidungen zu vermeiden oder diese zumindest gezielt zu adressieren, gehe ich in schwer zu bewertenden Situationen blitzschnell eine Art Checkliste im Kopf durch.

Bei einem möglichen Foulspiel im 16-Meter-Raum bei hohem Tempo checke ich mindestens Folgendes:

- Die Position der Spieler: Wer steht besser? Stellt sich der angreifende Spieler nicht besser, wenn er sich einfach Richtung Tor weiterbewegt?
- Der Weg des Balles: Wie bewegt er sich? Ändert der Ball seine Richtung?
- Die Reaktion der betroffenen Spieler: Wie reagieren die Spieler selbst? Wer schaut mich wie mit welchem Gesichtsausdruck an?
- Die Reaktion der nächsten Spieler: Wie reagieren andere Spieler unmittelbar um diese Szene herum?

Alle diese Themen gehe ich schnell durch, mache mir ein Bild und gleiche es mit meiner Wahrnehmung ab. Anhand dieser Liste im Kopf kläre ich ab, ob ich in der Aufregung und Hektik oder bei einer situationsbedingt ungünstigen Positionierung eventuell etwas nicht genau wahrgenommen habe. Auch wenn jeder der Inhalte für sich klar ist, hilft mir das systematische, teils auch unbewusste Durchgehen der Punkte bei meiner Entscheidungsfindung. Insbesondere vergesse ich keine Perspektive und keinen Check, der vielleicht genau in dieser Situation den Unterschied machen kann.

Perspektiven in der Managementliteratur

Die Betriebswirtschaftslehre ist in der Vergangenheit von rationalen Entscheidern ausgegangen, die die volle Transparenz über die Rahmenbedingungen von Entscheidungen haben, Informationen ohne Verzerrungen verarbeiten und dann eine wohlinformierte Entscheidung treffen. Seit Längerem hat man sich von dieser Vorstellung gelöst und erkennt an, dass Entscheidungsträger im Unternehmen einer Fülle von Verzerrungen in der Wahrnehmung und im Urteilsvermögen unterliegen und diese oft dazu führen, dass schlechte Entscheidungen getroffen werden. Dahinter steckt keine böse Absicht. Menschen sind in ihren Fähigkeiten, Informationen aufzunehmen und zu verarbeiten, beschränkt und müssen Vereinfachungen nutzen, um dennoch Entscheidungen treffen zu können. Dies gilt für Schiedsrichter auf dem Fußballplatz ebenso wie für Entscheidungsträger in Unternehmen oder anderen Organisationsformen. Die Managementliteratur hat eine ganze Reihe konkreter Verzerrungen herausgearbeitet und zumindest Möglichkeiten für ihre Abmilderung erkannt.

Allgemein tun sich Menschen sehr schwer damit, ihre eigenen Kompetenzen und Fähigkeiten richtig einzuschätzen. Die meisten Menschen überschätzen ihre Fähigkeiten und Beiträge zu Entscheidungen und Erfolgen, auch in Bezug auf Gruppenleistungen. Der Unternehmensberater Olivier Sibony beschreibt auf der Basis von Studien, dass 88 Prozent der US-Amerikaner glauben, dass sie zu den 50 Prozent der besten Autofahrer gehören.[41] 95 Prozent aller MBA-Studenten glauben, dass sie zu den 50 Prozent der besten Absolventen gehören. Professoren verhalten sich ähnlich. Einer Studie zufolge glauben 94 Prozent der Professoren, dass sie zu den 50 Prozent der Besten in ihrem Beruf gehören. Michael Ross und Fiore Sicoly haben Ehepaare befragt, auf welchen Anteil sie ihren Beitrag zur Hausarbeit schätzen. Dabei lag die Summe der beiden Antworten praktisch durchgängig deutlich über 100 Prozent.[42]

Aber Menschen vertun sich nicht nur bei Einschätzungen in Rankings oder eigener Beiträge zu Gesamtleistungen. Sie überschätzen auch ihre Fähigkeiten und Kenntnisse, wenn es um die Funktionsweisen relativ einfacher Gegenstände des Alltags geht. In einer Studie an der Yale University wurden Studenten gefragt, wie sie ihre Kenntnisse in Bezug auf die Funktionsweise von Toiletten und Reißverschlüssen einschätzen.[43] Zunächst sollten sie diese Frage nach ihren Kenntnissen beantworten. Danach sollten sie aufschreiben, wie diese Gegenstände genau funktionieren. Daran scheiterten die meisten Studenten. Die nach der Funktionsbeschreibung vorgenommene zweite Selbsteinschätzung führte typischerweise zu deutlich geringeren Bewertungen der eigenen Kenntnisse und Fähigkeiten in Bezug auf den Gegenstand. Steven Sloman and Philip Fernbach bieten einen Erklärungsansatz für die initiale Überzeugung, den Gegenstand verstanden zu haben.[44] Menschen glauben, mehr zu wissen, als auf sie zutrifft. Konkret verleiben sich viele Menschen das Wissen anderer, wie des Erfinders der WC-Spülung oder des Reißverschlusses, ein. Sie gehen davon aus, dass sie die Funktionsweisen verstehen, und verlassen sich dabei darauf, dass jemand anders das kann und richtig entworfen hat. Interessanterweise können viele Menschen nicht definieren, wo ihr eigenes Wissen und ihre eigenen Fähigkeiten aufhören und wo das Wissen und die Fähigkeiten anderer beginnen. So kommt es regelmäßig zu einer Fehleinschätzung der eigenen Fähigkeiten.

Welche Verzerrungen können in konkreten Entscheidungssituationen auftreten? Zunächst können Entscheider häufig gar nicht alle Informationen, die für eine Entscheidung relevant sein könnten, aufnehmen – genau wie der Schiedsrichter auf dem Fußballplatz, der im Zweikampf gar nicht die Körper aller beteiligten Spieler gleich scharf sehen kann, obwohl er in deren Richtung schaut. Dieses Phänomen haben Christopher Chabris und Daniel Simons in ihrem Gorilla-Experiment dokumentiert.[45] Dabei beobachten die Probanden zwei Teams, die sich gegenseitig Basketbälle zuwerfen. Eines der beiden Teams trägt weiße Shirts, das andere schwarze. Die Probanden bekommen die Aufgabe, zu zählen, wie oft sich das weiße Team den Ball zuwirft. Nach etwa zwei Minuten läuft ein als Gorilla verkleideter Mensch durch das Bild. Er bleibt kurz stehen und geht dann wieder aus dem Bild. Nach Abschluss des Experiments wurden die Probanden gefragt, ob sie einen Gorilla gesehen haben. Etwa die Hälfte der Probanden hat ihn wahrgenommen, die andere Hälfte nicht, obwohl er sichtbar durch das Bild gelaufen war. Die zweite Hälfte verstand nicht, wie man überhaupt auf die Idee kommen könnte, nach einem Gorilla zu fragen.

Zu einem ähnlichen Ergebnis kamen Forscher, die erfahrene Piloten in einem Flugsimulator einen Anflug auf einen ihnen bekannten Flughafen durchführen ließen. Nachdem sie die Wolken durchflogen hatten, steuerten sie auf die Landebahn zu.[46] Im Experiment steht dort ein Flugzeug quer auf der Landebahn. Erschreckenderweise nimmt ein signifikanter Anteil der Piloten, die mit den üblichen Routinetätigkeiten im Landeanflug beschäftigt sind, das Flugzeug auf der Landebahn nicht wahr. Auch wenn ein übersehenes Passagierflugzeug zu einer Katastrophe führen kann und nicht mit der Fehlentscheidung eines Schiedsrichters vergleichbar ist, zeigt sich eine Parallele. Wie oft sitzt man vor dem Fernseher und beobachtet, dass ein Schiedsrichter trotz bester Sicht und der Nähe zur relevanten Spielsituation ein klares Foul nicht pfeift. Oder die eingangs beschriebene übersehene Abseitsstellung beim Spiel Freiburg gegen Mainz. Eine Erklärung könnte darin liegen, dass dieses Abseits eine Art übersehener Gorilla oder ein übersehenes Passagierflugzeug war.

In beiden Fällen liegt eine nicht ungefährliche menschliche Wahrnehmungsbeschränkung vor, die in der Forschung als Inattentional blindness bezeichnet wird.[47] Die Blindheit hängt jedoch nicht mit Problemen bei der Sehschärfe zusammen. Vielmehr nehmen Menschen unerwartete Objekte nicht wahr, wenn ihre volle Aufmerksamkeit auf andere Tätigkeiten wie das Zählen der Pässe des weißen Teams oder die Routinetätigkeiten beim Anflug auf einen Flughafen gerichtet ist. Die Konsequenz ist in beiden Fällen, dass wir Offensichtliches weniger wahrnehmen, als wir uns eingestehen. Wir Menschen sind demnach nicht in der Lage, immer alle Informationen unseres Umfelds, selbst wenn wir es aktiv beobachten, zu erkennen, zu verarbeiten und in unsere Entscheidungen einfließen zu lassen.

Daniel Memmert von der Universität Heidelberg hat das Gorilla-Experiment mit einer Eye-Tracker-Software nachgespielt und herausgefunden, dass die Probanden, die den Gorilla nicht wahrgenommen haben, im Schnitt eine ganze Sekunde genau auf die Stelle geschaut haben, an der der Gorilla auftaucht. Genauso lange haben auch die Probanden, die den Gorilla wahrgenommen haben, auf diese Stelle geschaut.[48] In einer Abwandlung des Gorilla-Experiments wurde den Probanden vorher mitgeteilt, dass während des Zählvorgangs etwas Unerwartetes passieren könnte. In diesem Fall haben tatsächlich alle Probanden den Gorilla wahrgenommen.

Was bedeutet das? Welche Hebel können Menschen nutzen, um diese Wahrnehmungsbeschränkung in Entscheidungsvorgängen zu umgehen? Kurzfristig können Warnungen helfen, so wie Schiedsrichterassistenten die Aufmerksamkeit des Schiedsrichters aufrechterhalten können, wenn sie ein kurzes Zeichen einfordern. In der Abwandlung des Gorilla-Experiments führte die Warnung, dass etwas Unvorhergesehenes passieren kann, dazu, dass die Probanden nun nahezu ausnahmslos den Gorilla wahrnahmen. Weitere Experimente zeigen jedoch, dass solche Warnungen nur kurzfristig helfen und damit langfristig keine Lösung sind. Die einzige wirksame Lösung besteht darin, in Gruppen die Wahrnehmung aufzuteilen – wie beim Schiedsrichter und seinem Team, bei denen vorher festgelegt wird, wer die Oberkörper der am Zweikampf Beteiligten im Blick hat und wer die Unterkörper. Wenn eine größere Anzahl von Menschen eine routinemäßige Situation betrachtet, dann steigt die Wahrscheinlichkeit, dass das ungewöhnliche Objekt oder der ungewöhnliche Vorgang wahrgenommen wird.

Aber nicht nur die Aufnahme von Informationen ist bei Menschen limitiert. Auch die Verarbeitung der aufgenommenen Informationen geschieht nicht ohne Verzerrungen. Menschen greifen insbesondere auf diejenigen Informationen zurück, die besonders prominent in ihrem Kopf verankert sind. Diese beziehen sich auf die konkreten Erfahrungen, die der jeweilige Entscheider gemacht hat und die damit typischerweise nicht annäherungsweise repräsentativ für eine Gesamtheit von Sachverhalten sein können. Die daraus entstehende Verzerrung wird als Verfügbarkeitsverzerrung bezeichnet. Ist eine Information gerade prägnant verfügbar, wie die Information über die Schwalbe eines Spielers in einem wichtigen Spiel, dann beeinflusst diese Information die Entscheidung, wenn dieser Spieler gefoult wird. Da weniger zentral abgespeicherte Informationen oder sogar zum Entscheidungszeitpunkt unbekannte Entscheidungen nicht betrachtet werden, besteht ein beträchtliches Potenzial für Fehlentscheidungen.

Psychologische Studien zeigen, wie anfällig Menschen dafür sind, verfügbare und bekannte Informationen bei der Entscheidungsfindung zu nutzen. Sogar Stimmungen und Bewegungen können von solchen besonders verfügbaren Informationen beeinflusst werden. In den sogenannten Florida-Experimenten sollten Probanden aus fünf Wörtern einen sinnvollen Satz bilden, und das mehrere Male hintereinander.[49] In der ersten Gruppe kamen dabei Wörter zum Einsatz, die primär mit alten Menschen in Verbindung stehen (wie »Florida«, »vergesslich«, »Glatze«, »alt«, »Falten«). Zwischendurch mussten die Probanden den Raum wechseln. Die Wissenschaftler maßen dabei die Geschwindigkeit, mit der die Probanden von dem einen in den anderen Raum gingen. Es stellte sich heraus, dass die Mitglieder der Gruppe, die primär mit Begriffen gearbeitet hatte, die man mit einem hohen Alter in Verbindung bringt, langsamer zum nächsten Raum gingen als eine Vergleichsgruppe, die Sätze aus neutralen Begriffen gebildet hatte. Hier führte die aktuelle Beschäftigung mit bestimmten Begriffen dazu, dass sich diese in der Bewegung des Gehens widerspiegelten.

Andere Wissenschaftler zeigen, wie stark ein solcher Anker in bestehenden Assoziationen sein kann, sogar wenn es um objektive Zahlen geht.[50] Dazu wurden Probanden in mehreren Gruppen folgende Fragen gestellt: »Hat die Türkei mehr als 35 Millionen Einwohner? Was ist Ihre konkrete Schätzung für die Einwohnerzahl der Türkei?« Durch die erste Frage, die die Zahl 35 Millionen Einwohner nennt, antworten Probanden auf die zweite Frage typischerweise mit einer konkreten Zahl in der Nähe von 35 Millionen. Ändert man die Fragestellung und fragt zunächst, ob die Türkei mehr als 100 Millionen Einwohner hat, dann fällt die Schätzung der Probanden für die zweite Frage deutlich höher aus. In unserer Entscheidungsfindung setzt die erste Information, egal ob sie nah am tatsächlichen Wert liegt oder nicht, den Anker, der unsere Antwort auf die zweite Frage beeinflusst. Ein ähnliches Phänomen beschreibt der Psychologe Daniel Kahneman.[51] Er lässt in zwei Supermärkten ein Suppengericht für 79 Cent verkaufen. In dem einen Supermarkt wird das Preisschild ergänzt um ein Schild, auf dem steht: »Maximal zwölf Stück pro Kunde«. Im zweiten Supermarkt fehlt dieses Schild und damit diese Information. Interessanterweise kauften in dem Supermarkt mit der Beschränkung die Kunden im Schnitt sieben Packungen Suppe, in dem anderen Supermarkt im Schnitt nur drei Stück. Dabei spielt die Verknappung eine große Rolle: Im ersten Supermarkt liegt der Anker bei zwölf Suppen. Davon ausgehend überlegt der Kunde, wie viele er kaufen soll, und landet im Schnitt bei sieben Packungen. Im zweiten Fall besteht dieser Anker nicht. In den meisten unbeeinflussten Fällen dürften daher null Suppen der Ausgangspunkt sein. Der Kunde kauft dann drei. Insgesamt bewirkt der Anker mehr als eine Verdopplung der Verkaufsmenge. Hier verzerrt die Information die Kaufentscheidung, auch wenn sie möglicherweise gar nicht relevant war, weil die allermeisten Kunden ohnehin viel weniger als zwölf Packungen gekauft hätten.

Solche Assoziationen können die Entscheidungsfindung und unser Verhalten bei einer Entscheidungsfindung stark beeinflussen. Insbesondere könnte ein Anker oder eine bestehende Assoziation dazu führen, dass wir genauso relevante Entscheidungsoptionen ausblenden oder falsch gewichten. Forschung und Praxis haben einige Hebel entwickelt, die einer solchen Fehleinschätzung und der Beachtung einer zu geringen Anzahl von Alternativen entgegenwirken.

Erstens sollten wir vor einer Entscheidung die Problemstellung genau durchdenken und möglichst viele Perspektiven betrachten.[52*] Es bietet sich an, das Problem – im Kopf oder, wenn genügend Zeit ist, auch auf Papier – zu strukturieren und die möglichen Alternativen genau herauszuarbeiten. Innezuhalten und das Problem ganzheitlich zu betrachten, kann dabei helfen, sich von den bestehenden Assoziationen zu lösen, die unsere Entscheidung beeinflussen könnten. Dabei können dritte Personen, beispielsweise auch externe Berater, unterstützen. Wichtig ist, diese nicht zu beeinflussen und ihnen nicht mitzuteilen, wenn man von einer gewissen Annahme ausgeht. Teilt man einem Berater beispielsweise mit, dass man glaubt, die Einwohnerzahl der Türkei belaufe sich auf

* Zur Strukturierung von solchen Entscheidungssituationen gibt es mittlerweile ein interessantes, wissenschaftlich fundiertes Tool zur Unterstützung. Siehe https://entscheidungsnavi.de/

35 Millionen Menschen, dann besteht für ihn ab diesem Moment ebenfalls die Gefahr einer Assoziation, die die Entscheidung beeinflusst.

Zweitens können Menschen das sogenannte Laddering-up-Prinzip verfolgen.[53] Assoziationen beziehen sich zumeist auf sehr eng definierte Zusammenhänge und Umstände, wie etwa bei der beschriebenen Situation von Timo Werner. Aufgrund einer Schwalbe in einem Spiel besteht eine Assoziation. Kommt nun wieder eine ähnliche Situation, dann kann die Entscheidungsqualität erhöht werden, indem man aus dieser engen Betrachtungsweise ausbricht und Fragen stellt, die einen stückweise herausholen. Im konkreten Fall könnten das folgende Fragen sein: Wie sind andere Entscheidungsträger mit dem Problem umgegangen? Hat er sich in jedem Spiel fallen gelassen? Warum hat der Spieler bislang so viel Erfolg? Was sind seine Qualitäten? Alle diese Fragen zwingen den Entscheider, hier im Beispiel den Schiedsrichter, die Problemstellung ganzheitlicher zu betrachten. Nach der gleichen Logik hätte man bei der Frage nach der Einwohnerzahl der Türkei verfahren können. Um den Anker von 35 Millionen zu überwinden, hätte man Fragen stellen können wie: Wie groß ist die Fläche der Türkei? Größer als Deutschland oder kleiner? Wie viele Großstädte sind mir in der Türkei bekannt und wie viele Einwohner könnten alleine diese haben? Welches Land ist von der Fläche etwa so groß wie die Türkei und wie viele Einwohner hat es? Diese Fragen bieten neue, zumeist breitere Perspektiven, die die genannte Zahl von 35 Millionen Einwohnern in einem differenzierteren Licht erscheinen lassen.

Drittens können sogenannte Playlists helfen.[54] Damit ist eine Liste von Checks oder Aktivitäten gemeint, die grundsätzlich vor einer Entscheidung durchlaufen werden – so, wie der Schiedsrichter sie bei der Zweikampfbewertung verfolgt. Listen sollen sicherstellen, dass alle Rahmenbedingungen und möglichen Optionen bedacht wurden. Konkret im Unternehmen könnten bei Einstellungsentscheidungen immer mindestens zehn Kandidaten eingeladen werden. Es könnte festgelegt werden, dass bei Entscheidungen immer eine bestimmte Zahl objektiver Kriterien genutzt werden muss. Oder dass immer die Zweitmeinung eines externen Beraters bei einer Einstellungsentscheidung eingeholt werden sollte. Viele Unternehmensberatungen haben die Erfahrung gemacht, dass Mathematik- und Physik-Noten aus der Oberstufe eine große Aussagekraft für gute Einstellungsentscheidungen haben. Entsprechend könnte man diese in eine solche Playlist aufnehmen. Dadurch könnte verhindert werden, dass eine bestimmte positive oder negative Assoziation zu einem Bewerber – beispielsweise aufgrund seines Aussehens oder anderer für die Qualität der Arbeit irrelevanter Punkte – die Auswahlentscheidung in die falsche Richtung lenkt.

Atul Gawande beschreibt in seinem Buch *Checklist Manifesto,* wie effektiv solche Listen mit zu durchlaufenden Aktivitäten und Checks in bestimmten Entscheidungssituationen sein können.[55] Er selbst hat bei seiner Beratertätigkeit für Krankenhäuser eine solche Playlist (in seinem Buch auch »Checkliste« genannt) entwickelt, die Operationsteams vor einem Eingriff durchgehen sollen. Das Team muss gemeinsam die Identität des Patienten überprüfen und bestätigen, ebenso den geplanten Typ der Operation, und jedes Teammitglied muss sich mit dem Namen und seiner Rolle für die stattfindende Operation vorstellen. Dieses Vorgehen, festgehalten in einer Playlist oder Checkliste, zwingt das Team dazu, sich mit den grundlegenden Fakten der aktuellen Situation zu beschäftigen. Gerade bei komplexen Aufgaben wie dem Durchführen bestimmter Operationen besteht die Gefahr, dass die einfachen Dinge als selbstverständlich angenommen werden und Assoziationen über solche vermeintlich einfachen Zusammenhänge (wie zum Beispiel »Alte, adipöse Patienten haben sicherlich Krankheit X«) das Handeln bestimmen. Atul Gawande zeigt, dass durch die Einführung dieser Checkliste im Operationssaal die Komplikationen rund um den Eingriff um etwa ein Drittel reduziert werden konnten, insbesondere in Bezug auf leichte und absolut vermeidbare Fehler.

Im Unternehmenskontext führt beispielsweise Google Checklisten bei Einstellungsentscheidungen.[56] Das Unternehmen hat früh erkannt, dass falsche Einstellungsentscheidungen dazu führen, dass die in Start-up-Zeiten etablierte Unternehmenskultur nicht aufrechterhalten werden kann. Daher hat die Führungsspitze festgelegt, dass zehn Google-Mitarbeiter mit der Neueinstellung einverstanden sein müssen. Ein Bewerber muss demnach zehn Bewerbungsgespräche führen. Damit sichert sich Google gegen mögliche in Einzelfällen bestehende Assoziationen zu Bewerbern ab und stellt sicher, dass viele Perspektiven in eine so zentrale Entscheidung einfließen.

Einen vierten Hebel schlägt Randy Komisar von der Venture-Capital-Gesellschaft Kleiner Perkins mit einem Balance Sheet zur Adressierung von Verzerrungen vor.[57] Wenn Kleiner Perkins plant, in ein Unternehmen zu investieren, dann versammeln sich zur Entscheidungsfindung mehrere Führungskräfte und Mitarbeiter, idealerweise mit ganz unterschiedlichen Hintergründen und Erfahrungen. Noch bevor diskutiert wird, so berichtet Randy Komisar, sammeln sie – beispielsweise auf einem Flipchart – die positiven und negativen Aspekte des potenziellen Investments. In welcher Hinsicht ist es vielversprechend? Welche einzigartigen Ressourcen hat das Investment? Wo liegen die Gefahren? Welche Wettbewerber könnten in Zukunft stärker werden? Wichtig ist dabei, dass die Teilnehmer ohne weitere Wertung und ohne ihre Meinung mitzuteilen nur diese positiven und negativen Aspekte notieren und gemeinsam sammeln. Randy Komisar hat die Erfahrung gemacht, dass er bei der Betrachtung der positiven und negativen Aspekte und dabei, wie sie von seinen Kollegen notiert werden, seine Meinung ändert. Der beobachtbare Prozess bewirkt, dass bestehende Meinungen, die zwangsläufig auf verzerrten, unvollständigen Informationen beruhen, zunächst nicht betrachtet werden, sondern der Fokus auf die inhaltlichen positiven und negativen Aspekte gelegt wird, die ein Überdenken bestehender Meinungen ermöglichen. Zudem werden Meinungsführer in Gruppen durch diese Vorgehensweise in ihre Schranken verwiesen. Die Methode verhindert, dass einzelne Personen in der Diskussion früh ihre Meinung zu einem Investment nachdrücklich kommunizieren und dadurch andere in ihrer Meinung beeinflussen, ohne dass alle positiven und negativen Aspekte gewürdigt wurden.

Fassen wir zusammen: Schiedsrichter und Führungskräfte sind, wie alle Menschen in den unterschiedlichsten Situationen, eingeschränkt darin, alle relevanten Informationen aufzunehmen, und bewerten einzelne Informationen verzerrt. Aber es gibt noch eine Steigerung: Menschen erkennen manchmal Zusammenhänge, die gar nicht existieren.[58] Ein Beispiel: Es besteht eine Korrelation zwischen verkaufter Eiscreme und Badeunfällen. Heißt dies, dass der Konsum von Eiscreme zu mehr Badeunfällen führt? Mit Sicherheit nicht. Es gibt einen dritten Faktor, nämlich hochsommerliche Temperaturen, der beide – sowohl den Eiscremekonsum als auch die Badeunfälle – in die Höhe treibt. Dennoch schließen Menschen, insbesondere wenn der Sachverhalt nicht so offensichtlich ist wie in diesem Beispiel, häufig auf Zusammenhänge, die so nicht zutreffen. Zwischen dem Eiscremekonsum und den Badeunfällen besteht eine Korrelation. Misst man die beiden Phänomene auf der Tagesebene, dann stellt man fest, dass sich die beiden zumindest in vielen Fällen in die gleiche Richtung bewegen werden. Sie bedingen sich jedoch nicht gegenseitig. Diese Rolle übernimmt die Tagestemperatur. Verursachen sich zwei Phänomene, dann spricht man von einer Kausalität. Menschen setzen fälschlicherweise Korrelation und Kausalität häufig gleich, insbesondere dann, wenn zwei Phänomene zeitlich nahe beieinander auftreten.

Die fälschliche Gleichsetzung von Korrelation und Kausalität kann auch im Unternehmenskontext zu schwerwiegenden Fehlentscheidungen führen. Michael Luca berichtet 2021, dass eBay 2013 etwa 50 Millionen US-Dollar für Werbung in Suchmaschinen ausgegeben hat.[59] Berater stellten fest, dass dies grundsätzlich erfolgreich war, da in Regionen, in denen die Werbemaßnahmen besonders stark ausgespielt wurden, die Umsätze höher waren als in anderen Regionen. So weit die positive Korrelation, die sicherlich bestand. Ein Forscherteam um Tom Blake fand jedoch heraus, dass die Werbemaßnahmen besonders denjenigen (potenziellen) Kunden ausgespielt wurden, die bereits nach eBay gesucht hatten und somit eine gewisse Affinität zu dessen Angebot haben. Damit war der Treiber sowohl der Werbeausgaben in bestimmten Regionen als auch der Umsätze die bereits existierende Markenbekanntheit von eBay. Die Unterschiede zwischen den Regionen ergaben sich, weil eBay in manchen Regionen eine höhere Markenbekanntheit hatte als in anderen. Somit haben nicht die Werbemaßnahmen zum Umsatz geführt, sondern die Markenbekanntheit, die beides positiv beeinflusst hat. Das unmittelbare Schließen auf eine kausale Beziehung, wenn in Wirklichkeit nur zwei Phänomene korrelieren, kann damit zu teuren Fehlentscheidungen führen.

Yelp, die Plattform zur Bewertung von Restaurants, stand 2015 vor einer ähnlichen Frage.[60] Auf Yelp können Kunden Restaurants bewerten. Gut bewertete Restaurants werden für Besucher auf der Seite entsprechend positiver dargestellt. Auf Yelp können Restaurants darüber hinaus auch Werbeflächen buchen. Yelp stellte 2015 eine positive Korrelation zwischen den gebuchten Werbeflächen und den gebuchten Tischen in den einzelnen Restaurants fest. Damit besteht wohl eine positive Korrelation zwischen den zusätzlich gekauften Werbemaßnahmen und dem Erfolg auf Yelp. Aber welche Kausalität steckt dahinter? Einerseits könnten die Werbemaßnahmen dazu führen, dass Kunden das Restaurant auf der Plattform besser wahrnehmen und den möglichen positiven Bewertungen mehr Beachtung schenken. Dann führen die Werbemaßnahmen tatsächlich zu mehr Buchungen. Andererseits könnten aber auch Restaurants, die viele Buchungen über Yelp ziehen (beispielsweise aufgrund guter bestehender Bewertungen durch Kunden), noch weitere Werbemaßnahmen buchen. Dann würden die Buchungen, die aufgrund von Bewertungen der Kunden stattfinden, zu mehr Werbeausgaben führen. Die positive Korrelation alleine zeigt nur, dass wohl eine der beiden Varianten zutrifft oder eine Kombination aus beiden, lässt jedoch offen, welche Kausalität hier zugrunde liegt. Um dies herauszufinden, sind Experimente notwendig. Wenn zufällig zwei Gruppen gebildet werden (eine Gruppe, die Werbeausgaben vornimmt, und eine weitere, die keine vornimmt), kann der kausale Effekt bestimmt werden. Im konkreten Fall führten insbesondere die gebuchten Werbeflächen zu mehr Buchungen in diesen Restaurants.

Wie kann man der Tendenz von Entscheidern, Kausalitäten zu sehen, wo nur Korrelationen vorliegen, entgegenwirken? Bei zwei zeitlich zusammenfallenden Phänomenen, die potenziell kausal zusammenhängen könnten, ist immer zunächst zu überlegen, ob es einen dritten, bislang nicht betrachteten Faktor gibt, der beide Phänomene treibt, wie beispielsweise das Wetter bei der Untersuchung des Zusammenhangs zwischen Eiscremeverkäufen und Badeunfällen. Besteht ein dritter Faktor, dann liegt die Vermutung nahe, dass hinter dem möglichen Zusammenhang der Phänomene nur eine Korrelation steckt.

Praktische Anwendung

Aus diesen Überlegungen aus der Schiedsrichter- und der Management-Perspektive lassen sich zwei Empfehlungen ableiten:

> Sei dir bewusst, dass du in Entscheidungssituationen nicht alle relevanten Informationen wahrgenommen hast! Suche dir vor Entscheidungen Schiedsrichterassistenten oder Videoassistenten, die dich unterstützen!
>
> Reduziere deine Verzerrungen durch strukturierte Entscheidungsfindungen, idealerweise im Team! Der vermeintliche Schwalbenkönig ist vielleicht gar keiner.

Wie lassen sich diese Erkenntnisse im Unternehmen anwenden? Die beiden folgenden Tools bieten sich insbesondere zur Anwendung der Empfehlungen an.

Entscheidungsstrukturierung

Zur Entscheidungsunterstützung und insbesondere zur Reduktion von Verzerrungen, beispielsweise von Verfügbarkeitsverzerrungen, bietet es sich an, vor wichtigen Entscheidungen alle Alternativen zu dokumentieren und ihre Vor- und Nachteile darzulegen. Entscheidend ist, sowohl die Alternativenauflistung als auch die jeweiligen Vor- und Nachteile von mehreren Personen im Team ausfüllen zu lassen. Nur so können Verzerrungen, die einzelne Personen wahrnehmen, reduziert werden. Setze dir ein Ziel, wie viele Alternativen du betrachten und wie viele Vor- und Nachteile pro Alternative du diskutieren willst.

Bei der Entscheidung für einen bestimmten Lieferanten könnte die Entscheidungsstrukturierung wie folgt aussehen:

Alternativen	Vorteile	Nachteile	Bewertung
Lieferant A	• lange Kundenbeziehung • breites Sortiment	• wenig Innovationspotenzial	
Lieferant B	• hohes Innovationspotenzial • digitale Anbindung	• hohe Kosten • fehlende persönliche Beziehung	
Lieferant C	• attraktive Preise • breites Sortiment • digitale Anbindung	• große räumliche Entfernung	

Checklisten

Checklisten helfen, unverzerrte Entscheidungen zu treffen. Sie bieten sich insbesondere dann an, wenn regelmäßig Aufgaben anstehen, die eine gewisse Komplexität haben und Potenzial für Fehlentscheidungen aufweisen. Anwendungen für solche Checklisten könnten sein:

- Entscheidungen über die Einstellung neuer Mitarbeiter
- Abschluss eines Kundenprojekts
- Entscheidung über die Beförderung eines Mitarbeiters
- Entscheidung über die Kalkulation eines Angebots

Wähle eine solche oder eine andere dein Unternehmen betreffende Entscheidung aus und durchlaufe folgende Schritte:

1. Schritt: Identifiziere die Checks, die für die jeweiligen Entscheidungen zentral sind. Untersuche dabei vergangene Entscheidungen dieser Art und nutze Erfolgs- und Misserfolgsfaktoren als Input für die Inhalte der Checkliste.
2. Schritt: Beschreibe die Inhalte der Checkliste kurz und knapp in einfachen Formulierungen und kürze die Liste auf maximal acht bis neun Punkte.
3. Schritt: Wende die Liste bei der nächsten derartigen Entscheidung an und arbeite Erfahrungen, beispielsweise über vergessene Inhalte, ein.

Sobald eine Checkliste mehrmals überarbeitet ist, verteile sie an Kollegen im Unternehmen.

Kapitel 3

Halte Emotionen aus deinen Entscheidungen heraus

Die Schiedsrichter-Perspektive

Emotionen gehören zum Fußball dazu. Wahrscheinlich sind die Emotionen, die der Fußball auslösen kann, sogar ein Hauptgrund für seinen Erfolg. Auch wir Schiedsrichter lieben den Fußball, müssen uns aber in Entscheidungssituationen von Emotionen frei machen und die objektiv richtige Entscheidung treffen. Das ist in vielen Fällen gar nicht so einfach. Wer ist nicht beeindruckt von 60 000 Zuschauern, die lautstark ihre Meinung äußern? Oder von spektakulären Tacklings oder aufopferungsvollen Aufholjagden eines Underdogs in einem Spiel? Andererseits entwickeln wir Schiedsrichter sicherlich auch Emotionen wie Wut, wenn wir von Spielern unnötig verbal angegangen werden oder wenn Spieler abfällige Gesten machen. Trotzdem können wir unseren Job nur gut machen, wenn wir unsere Emotionen so weit wie möglich ausblenden. Grundlegend dafür ist die Einsicht, dass Emotionen immer nur kurzfristig wirken. Daher muss ich mir Gedanken machen, wie ich diese kurzfristige Perspektive durch eine andere ersetzen kann, die mir eine möglichst emotionsfreie Sicht auf die zu bewertende Situation und damit auf meine Entscheidung verschafft.

Eine große Hilfe ist mir dabei ein Satz des Psychiaters Viktor Frankl. Er stellte fest: »Zwischen Reiz und Reaktion liegt ein Raum.« Gemeint ist, dass ein Mensch nach einem Reiz, egal wie unangenehm und provozierend er auch ist, selbst entscheiden kann, wie er reagieren möchte, eben in diesem Raum zwischen Reiz und Reaktion. Das ist eine simple, aber wesentliche Erkenntnis. Wenn ich merke, dass ich emotional abdriften könnte, beispielsweise, wenn mich ein Spieler übermäßig provoziert, dann denke ich an diesen Satz und nutze diesen »Raum«, um so zu reagieren, wie ich es möchte. Gelingt das immer? Leider nein, und das ist sicherlich auch nicht realistisch. Menschen haben nun mal Emotionen und wir Schiedsrichter sind da keine Ausnahme. Ein Beispiel dafür ist meine Leitung des Spiels Gladbach gegen Dortmund am sechsten Spieltag der Saison 2021/22. In der 40. Minute winkte der Dortmunder Spieler Dahoud in unsportlicher Manier nach einem Pfiff gegen ihn in meine Richtung ab – für jeden im Stadion deutlich sichtbar. Bereits gelbverwarnt schickte ich ihn mit einer Gelb-Roten Karte vom Platz. Hier habe ich voller Emotionen reagiert. Einige Spieler waren in diesem Spiel bereits mit sehr emotionalem Verhalten wie unnötiger Rudelbildung und weiteren abfälligen Gesten aufgefallen und ich habe mich davon anstecken lassen. Nach seinem Abwinken habe ich ihm unmittelbar die Gelb-Rote Karte gezeigt. Mit etwas Abstand habe ich später in Interviews berichtet: »Was mich an der ganzen Sache rückblickend stört, ist, dass ich mich da so habe emotionalisieren lassen.« Hier habe ich den Raum zwischen Reiz und Reaktion, um mit Viktor Frankl zu sprechen, nicht genutzt. Dennoch bleibt festzuhalten, dass die Gelb-Rote Karte sogar vertretbar war, wenn auch sehr hart. Abwinken ist eine Unart. Meine Idealvorstellung von einer Schiedsrichterleistung wäre dabei jedoch eine souveränere Reaktion gewesen.

Eine weitere Möglichkeit, meine Emotionen auszublenden oder zumindest zu reduzieren, ist für mich, mir auch in emotionsgeladenen Situationen klarzumachen, wie ich langfristig als Schiedsrichter wahrgenommen werden möchte. In einem meiner ersten Spiele wurde ich von Aron Schmidhuber beobachtet, beim Spiel von Hoffenheim in Köln am 14. Spieltag der Saison 2008/09. In dem Spiel gab ich sechs Gelbe und zwei Rote Karten. Möglicherweise haben dabei auch meine Emotionen eine Rolle gespielt, weil ich mich in jeder zu bewertenden Situation durch das Fehlverhalten der Spieler angegriffen fühlte und mich mit einer Verwarnung wehren wollte. Aron Schmidhuber erklärte mir anschließend, dass ich ein Spiel nicht zielgerichtet nur über die Vergabe vieler Gelber Karten leiten kann. Was mir dabei klar wurde: Ich will gar nicht dieser Schiri sein, der bestrafend mit Karten um sich wirft. Ich will ein Schiedsrichter sein, der nur Verwarnungen ausspricht, wenn es nötig ist und ihm das Regelwerk keine andere Wahl lässt. Ich möchte vielmehr ein Schiedsrichter sein, der das Spiel im Griff hat und durch seine natürliche Autorität und den Umgang mit den Spielern positiv auffällt. Das mache ich mir seither klar, wenn meine erste Reaktion ist, dass ich Gelb geben möchte. Dann überlege ich kurz, ob es wirklich notwendig ist. Schreibt das Regelwerk das zwingend vor? Wenn nicht, dann verzichte ich darauf und versuche, die Sache rational zu lösen, etwa durch gezieltes Ansprechen der Spieler oder eine anderweitige Beruhigung der Situation. Denn so möchte ich auch langfristig wahrgenommen werden. Wie wichtig es ist, immer wieder auf die gewünschte Wahrnehmung hinzuarbeiten, wird mir klar, wenn ich sehe, welche Reputation sich meine Kollegen im Lauf der Zeit erarbeitet haben. Einige Kollegen, die altersbedingt gar nicht mehr pfeifen, sind den Fans noch heute als harte Hunde in Erinnerung. Andere wiederum hatten während ihrer aktiven Zeit ein positives Image und haben es auch heute noch. Ich bewundere beispielsweise Florian Meyer, der von 2002 bis 2013 FIFA-Schiedsrichter war. Sicherlich haben die meisten Bundesligafans ihn als einen immer freundlich wirkenden Top-Schiedsrichter in Erinnerung, egal, wie stressig die Situation war. Wie extrem das Verhalten eines Spielers auch war und welche Strafe er aussprechen musste, Florian Meyer wirkte immer souverän und freundlich. Da ich mir auch so ein positives Image bewahren will, denke ich an ihn, wenn meine Emotionen hochkochen und mich zu übermannen drohen.

Außerdem mache ich mir Gedanken darüber, wie ich nach dem Spiel über die jeweilige Situation denken werde. Dadurch gelingt es mir meist, die Wirkung eines lautstarken Heimpublikums auszuschalten oder zumindest zu minimieren. Wenn 60 000 Zuschauer die Gelbe Karte für einen gegnerischen Spieler fordern, dann bekommen wir Schiedsrichter das auf dem Platz natürlich mit und es beeinflusst uns. Aber wie werde ich die Situation in den Fernsehbildern nach dem Spiel wahrnehmen? Dann stehe ich alleine im Interview und muss die Situation möglicherweise gemeinsam mit einem Journalisten am Bildschirm bewerten, ganz ohne forderndes Publikum. Niemand erwähnt dann, dass das Publikum Druck ausgeübt hat – das ist einfach nicht relevant für unsere Arbeit, auf dem Platz nicht und später erst recht nicht. Dann gibt es nur noch die Fernsehbilder und mich. Was ist in dieser Situation hier auf dem Platz die richtige Entscheidung? Ich stelle mir also vor, wie ich es nach dem Spiel empfinden werde, wenn ich jetzt schnell zur Gelben Karte greife.

Eine weitere gedankliche Übung, die ich durchspiele, wenn ich merke, dass mich das Publikum emotional beeinflussen könnte, ist, dass ich mir vorstelle, es wäre gar nicht da. Das ist keine schöne Vorstellung, zumal sie in der Coronakrise viel zu lange Realität war. Zu Beginn der Coronapandemie habe ich tatsächlich das erste Geisterspiel der Bundesliga-Geschichte zwischen Borussia Mönchengladbach und dem 1. FC Köln am 11. März 2020 geleitet. Viele weitere folgten leider. Diese Situation ist komplett anders. Statt eines vollen Borussia-Parks, in dem man sein eigenes Wort nicht versteht, herrscht eine Geisterstimmung und man hört jedes einzelne Wort der wenigen anwesenden Personen. Diese Stimmung ist schrecklich und dem Spiel fehlt das Salz in der Suppe, doch es bietet einen winzigen Vorteil: Ich bin keinem lautstarken Publikum ausgesetzt, dessen Einfluss auf meine Entscheidungsfindung ich ausschalten müsste. Niemand wünscht sich Geisterspiele, aber der Gedanke, wie ich ohne Zuschauer entscheiden würde, kann helfen zu erkennen, ob gerade Emotionen auf mich überschwappen, und das gegebenenfalls schnell verhindern.

Neben dem Publikum kann mich auch mein Team beeinflussen. Mir ist es sehr wichtig, dass meine Assistenten an den Linien und der vierte Offizielle bei mir jederzeit ihre Meinung äußern dürfen. Über Funk geht das heutzutage sehr gut und wir stehen während des Spiels im ständigen Austausch. Es kommt durchaus vor, dass sowohl ein Schiedsrichterassistent als auch der vierte Offizielle mir zurufen, dass ich eine gerade geschehene Aktion mit einer Verwarnung ahnden soll. Wenn zwei weitere Beteiligte das sagen, dann liegt es nahe, das umzusetzen. Der Reiz ist durch die Information gegeben und die ist sogar konsistent. Dennoch trete ich gedanklich einen Schritt zurück, wenn ich solche Informationen bekomme, und versuche, sie nicht unmittelbar umzusetzen. Zunächst frage ich mich, wer die bessere Sicht hatte. Ich kann mich frei bewegen auf dem Platz, im Gegensatz zu den Schiedsrichterassistenten und dem vierten Offiziellen. Demnach werde ich oft die bessere Sicht haben. Dann kann es besser sein, meiner eigenen Einschätzung zu vertrauen und den Gruppeneinfluss auszublenden. Zweitens mache ich mir klar, dass ich als verantwortlicher Schiedsrichter eine Strategie über die gesamten 90 Minuten durchhalten muss. Meine Erfahrung hat mir gezeigt, dass die isolierte Bewertung einzelner Aktionen zu anderen Entscheidungen führen kann als die Bewertung im Gesamtbild aller bislang getroffenen Entscheidungen. Bekomme ich beispielsweise vom Schiedsrichterassistenten und dem vierten Offiziellen den Hinweis, dass ich eine Verwarnung aussprechen soll, dann überlege ich, ob diese Empfehlung mit meiner Strategie übereinstimmt. Ist dies nicht der Fall, dann setze ich mich über die Empfehlung meiner Kollegen hinweg, auch wenn sie zu zweit sind und es damit vier Augen so wahrgenommen haben.

Außerdem mache ich mir immer wieder die verschiedenen Rollen klar, die wir alle einnehmen. Das Publikum hat bezahlt, um ein Spiel zu sehen. Es darf Emotionen haben. Darum ist es hier. Jeder Zuschauer darf für seine Mannschaft brüllen und Elfmeter fordern, wenn auch nur der Hauch einer Chance besteht, dass ein entsprechendes Foul vorgelegen hat. Die durch eine Entscheidung hervorgerufene Lautstärke kann in vielen Bundesligastadien sehr beeindruckend sein. Die Spieler werden dafür bezahlt, das Beste für ihren Verein herauszuholen. Meine Rolle ist ebenfalls klar definiert: Ich muss rational die richtigen Entscheidungen treffen. Zu mehr bin ich nicht verpflichtet. Mich darauf zu konzentrieren, ist gar nicht so einfach, aber ich muss es tun, das mache ich mir klar. In einem Spiel ist es nicht meine Aufgabe, das Publikum zufriedenzustellen.

Abschließend erwähne ich hier noch eine weitere Möglichkeit, emotional beeinflusste Entscheidungen zu vermeiden: einfach nichts tun! Besonders zu Beginn meiner Karriere in der Bundesliga habe ich in emotional aufgeladenen Situationen immer wieder dazu tendiert, schnell zu reagieren: auf den Elfmeterpunkt zu deuten, eine Verwarnung auszusprechen, Spieler heranzuwinken und sie zu ermahnen. Ist das Stadion emotional aufgeheizt und ich merke selbst, dass ich, möglicherweise durch Provokationen der Spieler, meinen Emotionen unterliege, ist es eine natürliche Reaktion, das zu tun. Auf eine bestimmte Weise fühlt sich das auch gut an und scheint irgendwie richtig zu sein. Mit der Zeit habe ich gelernt, dass insbesondere bei zweideutigen Situationen und einer emotional aufgeladenen Stimmung unter allen Beteiligten die Option des Nichtstuns, also einfach weiterspielen zu lassen, vielen anderen Entscheidungen überlegen ist. Wenn ein ausverkauftes Stadion und der betroffene Stürmer wild gestikulierend einen Elfmeter fordern, kann ich sofort reagieren und mich von den Emotionen mitreißen lassen, eine Verwarnung für eine Schwalbe oder sogar einen Elfmeter geben. Beide Entscheidungen heizen die Stimmung noch weiter an, ob sie nun richtig sind oder nicht. Mittlerweile habe ich gelernt, dass sich die meisten von tiefen Emotionen begleiteten Aktionen schon in den nächsten Sekunden von alleine auflösen. Alle Beteiligten regen sich kurz auf, aber das Spiel geht weiter, ohne anhaltende Emotionen oder Beschwerden mir gegenüber. Je nach Situation muss ich natürlich handeln, aber in unklaren Situationen nichts zu tun, ist überraschend häufig effektiv.

Perspektive in der Managementliteratur

Die Managementliteratur erkennt zwar an, dass Emotionen in Entscheidungen mit wirtschaftlicher Bedeutung nicht unbedingt schlecht sind, weist aber auch darauf hin, dass Emotionen in vielen Fällen die Ursache für schlechte Entscheidungen sind. In der Tat zeigen Studien, dass Menschen die schlechtesten Entscheidungen und die Entscheidungen, die sie zu späteren Zeitpunkten am meisten bereuen, in emotionalen Situationen, geprägt beispielsweise von Wut oder Angst, getroffen haben. Im Unternehmenskontext könnte so eine Situation auftreten, wenn man in emotionaler Stimmung einem Kunden mitteilt, er könne sich einen neuen Lieferanten suchen. Oder wenn man einen Mitarbeiter in einer emotionalen Situation objektiv betrachtet zu hart, möglicherweise sogar unberechtigt kritisiert.

Ein Forscherteam um Andrew Campbell vom Ashridge Strategic Management Centre berichtet in einer seiner Arbeiten von An Wang, einem Unternehmer, der Anfang der 1980er-Jahre mit seinem Unternehmen Wang Laboratories führend auf dem Gebiet der Textverarbeitung war.[61] Doch statt sich auf Produkte im Bereich der Textverarbeitung zu konzentrieren und diese auf den damals entstehenden Standards von IBM nutzbar zu machen, entschied sich An Wang, selbst ein Betriebssystem zu entwickeln, weil er nicht wollte, dass seine Produkte auf IBM-Systemen laufen. Campbell berichtet, dass diese Entscheidung wesentlich von An Wangs Abneigung gegenüber IBM getrieben war, die entstand, weil er glaubte, dass IBM ihm zu Beginn seiner Karriere eine Idee für eine technologische Entwicklung geklaut habe. Daher lehnte er es ab, dass seine Produkte auch nur im Entferntesten etwas mit IBM-Produkten zu tun hatten. Dadurch, so Industriebeobachter, verlor er seinen Vorsprung im Bereich der Textverarbeitung. Seine Emotionen haben bei seinem Scheitern demnach eine zentrale Rolle gespielt.

Die Managementliteratur erkennt aber auch an, dass Emotionen nicht grundsätzlich schlecht sind. Es können in emotionalen Zuständen auch gute Entscheidungen getroffen werden. Führungskräfte sollten zur Motivation in einigen Situationen bewusst Emotionen zeigen, um die Mitarbeiter für ihre Themen zu gewinnen. Beispiele wie das von An Wang verdeutlichen jedoch, dass in vielen Situationen Emotionen, wenn sie eine rationale Sichtweise ausblenden, nachteilig sein können. Die empirische Forschung belegt, dass emotional getroffene wichtige Entscheidungen zumeist von erheblich geringerer Qualität sind und später häufiger bereut werden als Entscheidungen, die weniger von Emotionen beeinflusst wurden.

In der Wissenschaft und der Unternehmenspraxis wird eine Reihe von Hebeln diskutiert, wie der Gefahr emotional beeinflusster Entscheidungen entgegengewirkt werden kann. Erstens kann die sogenannte 10/10/10-Regel angewendet werden.[62] Emotionale Entscheidungen werden meist aus kurzfristigen Emotionen wie Angst, Wut oder Gier heraus getroffen. Die 10/10/10-Regel zielt darauf ab, Entscheidungsträger bewusst aus der kurzfristig betrachteten Situation herauszuholen und ihnen die längerfristigen Konsequenzen der Entscheidung aufzuzeigen. Nach dieser Regel soll sich ein Entscheidungsträger fragen, wie er seine Entscheidung und ihre Konsequenzen in zehn Minuten, in zehn Monaten und in zehn Jahren bewerten wird. Diese Verlängerung der Zeitperspektive hilft, Emotionen auszublenden oder zumindest zu reduzieren. Die Perspektive auf die Entscheidung wird verändert. Ein Schiedsrichter kann sich bei einer bestimmten Entscheidung oder Gestik, die er wählen will, beispielsweise darüber Gedanken machen, wie er diese Gestik später im Zusammenschnitt von TV-Bildern wahrnehmen oder wie er am Ende der Saison darüber denken wird.

Zweitens kann ein Perspektivwechsel helfen, der darin besteht, sich zu fragen, wie eine andere Person die Situation bewerten würde. Er nimmt die Entscheidung aus dem emotionalen Kontext der betroffenen Person und erlaubt dadurch eine weniger emotionale Entscheidungsfindung. Andy Grove stand als Intel-Mitgründer und langjähriger CEO Mitte der 1980er-Jahre vor der zentralen Entscheidung, ob er das Halbleiter-Geschäft, das Intel groß und erfolgreich gemacht hatte, aufgrund des immensen Drucks aufstrebender japanischer Konkurrenten zugunsten des bis dahin eher untergeordneten Mikroprozessor-Geschäfts aufgeben sollte.[63] Andy Grove berichtet, dass es ihm und seinem Management-Team extrem schwerfiel, den Halbleiter-Bereich aufzugeben und sich ganz auf das Mikroprozessor-Geschäft zu konzentrieren. In zahlreichen Diskussionen stellten sie fest, dass insbesondere emotionale Gründe sie im Halbleiter-Geschäft hielten. Es hatte Intel groß gemacht und sie hatten viel Arbeit und Leidenschaft hineingesteckt. Andy Grove machte in einer Sitzung schließlich folgenden Vorschlag: »Lasst uns doch die Perspektive einnehmen, uns vorzustellen, was unsere Nachfolger machen würden.« Seine Mitarbeiter nahmen diesen Vorschlag ernst. Sie verließen sogar den Raum und traten wieder ein, als ihre eigenen Nachfolger. Sie kamen schnell zu dem Schluss, dass ihre Nachfolger den Wechsel vom Halbleiter- zum Mikroprozessorfokus sofort durchführen würden. Genauso handelten sie und Intel erlebte in den Folgejahren einen noch größeren Erfolg und wurde über Jahrzehnte treibende Kraft im Mikroprozessor-Markt. Warum war diese Herangehensweise erfolgreich? Indem das Team um Andy Grove die Perspektive ihrer Nachfolger einnahm, konnten sich die Mitarbeiter von ihren emotionalen Bindungen an das Halbleiter-Geschäft lösen und sich mit weniger Emotionen entscheiden.

Drittens kann das Einholen eines Expertenrats dabei unterstützen, sich von Emotionen, die eine Entscheidung beeinflussen könnten, zu lösen. Mehrere Studien zeigen, dass allein durch das Einholen der Meinung eines externen Experten Entscheidungen besser durchdacht werden. Es ist nicht entscheidend, dass die Expertenmeinung genau befolgt wird. Allein dadurch, dass ein Externer eine neue, emotionslosere Perspektive kommuniziert, kann der Entscheidungsträger bessere Entscheidungen treffen. Wie der Schiedsrichter, der sich die Meinungen seines Teams über Funk anhört, schließlich aber doch auf der Basis seiner Wahrnehmung eine Entscheidung trifft.

Wie eine externe Sichtweise potenziell emotional aufgeladene Entscheidungen beeinflussen kann, haben Laura Kray und Richard Gonzales in einem Experiment mit Studenten untersucht. Den Studenten wurden zwei fiktive Jobangebote vorgelegt. Job A war der Job, auf den sie sich ihr gesamtes Studium lang vorbereitet hatten.[64] Er baute genau auf den Fächern auf, die sie an der Universität belegt hatten, auch wenn diese auf Druck der Eltern gewählt worden waren. Die ersten Jahre in dem Job wären wahrscheinlich sehr anstrengend und herausfordernd, mit viel Wochenendarbeit verbunden, aber auf lange Sicht wäre eine hoch bezahlte Position praktisch garantiert. Job B bezog sich auf Aufgaben, mit denen sich die Studenten schon immer auseinandersetzen wollten. Der Karriereweg wäre etwas weniger traditionell hierarchisch mit klaren Meilensteinen. Das Gehalt wäre niedrig, aber der Job böte genug Freiheiten für Hobbys und Privatleben. Die befragten Studenten entschieden sich zu 66 Prozent für Job B. Mit etwas zeitlichem Abstand wurden dieselben Studenten gefragt, welchen Job sie ihrem besten Freund empfehlen würden, nun wählten sogar 83 Prozent Job B. Die Distanz zur eigenen Situation änderte die Empfehlung. Bei der Betrachtung von Job A spielten sicherlich auch die Eltern eine Rolle. Wenn Eltern diese Erwartung haben, dann bekommt die Entscheidung eine emotionale Komponente. Diese emotionale Komponente ist deutlich geringer, wenn nicht die eigenen Eltern möglicherweise enttäuscht wären, sondern die Eltern eines Freundes, dem man diese Empfehlung gibt. Die Distanz zur Konsequenz der Entscheidung hilft uns dabei, uns auf die wesentlichen Faktoren zu konzentrieren. Daher ist es hilfreich, sich zu fragen, was man einem guten Freund in einer solchen Entscheidungssituation empfehlen würde.

Eine besondere Art der Beeinflussung der eigenen rationalen Entscheidung besteht in emotionalem Gruppenverhalten. Menschen tendieren dazu, sich bei der Einschätzung von Optionen von der Meinung der Gruppe, die diese Entscheidung beobachtet, beeinflussen zu lassen. Auch hier dominiert die emotionale Beeinflussung die rationale Sicht des Entscheiders. Dies ist auch eine potenzielle Gefahr für den Schiedsrichter, der sich 60 000 Zuschauern gegenübersieht, die eine bestimmte Entscheidung für ihr Team fordern. In einem Experiment legt der Psychologe Solomon Asch Probanden ein weißes Blatt Papier mit einer Linie und drei weiteren Linien vor.[65] Diese drei Linien unterscheiden sich in ihrer Länge: Eine ist kürzer als die erste Linie, eine genauso lang und eine ist länger als die erste. Die teilnehmenden Probanden sollen zeigen, welche der drei Linien dieselbe Länge wie die erste aufweist. Probanden, die allein entscheiden, deuten nahezu ausnahmslos auf die richtige Linie. In einem zweiten Szenario mit anderen Probanden sind im Raum fünf Schauspieler anwesend. Dem Probanden wurde dies nicht mitgeteilt. Die Schauspieler wurden instruiert, vor den Augen des Probanden bewusst alle eine falsche Linie auszuwählen. In etwa einem Drittel aller Fälle wählte der so manipulierte Proband ebenfalls die falsche Linie, obwohl die Lösung der Aufgabe offensichtlich war.

Auch prominente Investoren sind nicht vor Gruppeneinflüssen bei Entscheidungsfindungen gefeit. 2014 lag dem Direktor von Coca-Cola eine Entscheidungsvorlage vor, bei der es um eine recht großzügige erfolgsabhängige Bezahlung für Spitzenmanager ging. Warren Buffet, selbst großer Anteilseigner von Coca-Cola, sprach sich öffentlich, unter anderem in Interviews bei CNBC, gegen diesen Plan aus. Da der Plan Aktienoptionen enthielt, sah er die Gefahr der Verwässerung der Anteile der bestehenden Anteilseigner. In den Interviews sprach er von der Gier der Führungskräfte und der Gefahr, die von solchen Entlohnungsmechanismen, insbesondere in der hier geplanten Höhe, ausgeht. Bei der Abstimmung votierte Warren Buffet jedoch nicht gegen den Plan, sondern enthielt sich als Einziger. Später wurde er gefragt, warum er sich so entschieden habe, obwohl seine öffentlichen Ausführungen klar dargelegt hatten, dass er von dem Plan eine sehr negative Meinung hatte. Er begründete es wie folgt: Wenn man zum Abendessen eingeladen wird, kann man es sich maximal einmal leisten, aufzustoßen. Wem das zu oft passiert, der muss allein am Küchentisch essen. Er wollte einfach nicht mit einem Nein stimmen. Warren Buffet gilt als einer der erfolgreichsten Investoren aller Zeiten. Er wird eine Menge richtig guter Entscheidungen in seiner Karriere getroffen haben. Aber dieses Beispiel zeigt, dass auch er sich einem gewissen Gruppeneinfluss bei seiner Entscheidungsfindung nicht entziehen kann.

Die Forschung und die Management-Praxis bieten einige Hebel, um den Einfluss von Gruppen auf das Entscheidungsverhalten zu isolieren oder möglicherweise sogar auszuschalten. Bekannt ist, dass sich Mitglieder einer Gruppe gegenseitig hochschaukeln können, insbesondere, wenn sich die Emotionen in der Gruppe unterschiedlich verteilen. Entscheidungsträger, die in Entscheidungssituationen Teil einer Gruppe sind, sollten sich dieser Gefahr bewusst sein und versuchen, zu hinterfragen, ob sie diese Entscheidung auch alleine so treffen würden. Das entspricht der Überlegung des Schiedsrichters, ob und wie das anwesende Publikum ihn gerade beeinflusst: Wäre seine Entscheidung ohne Publikum dieselbe?

Eine Besonderheit emotionaler Entscheidungen liegt darin, dass es uns schwerfällt, bestimmte Situationen auszuhalten, einfach nichts zu tun und passiv zu bleiben. Studien zeigen, dass Ärzte, auch wenn sie für die Beschwerden ihrer Patienten keine triftige Erklärung haben, irgendeine Behandlung wählen, weil ihnen (und auch den Patienten) das Abwarten schwerfällt und sie meinen, irgendetwas tun zu müssen.[66] Ähnlich ergeht es einem Fußballtorwart beim Elfmeter. Studien zeigen, dass die größte Chance, einen Elfmeter zu halten, dann besteht, wenn der Torwart einfach in der Mitte stehen bleibt. Dennoch springen die meisten Torhüter früh in eine Ecke.[67] Stehenbleiben käme einem Abwarten und Nichtstun gleich. Doch der Torwart fürchtet den Vorwurf, nichts getan zu haben, auch wenn er eigentlich die aussichtsreichste Option verfolgt. Eine im Durchschnitt schlechtere Option mit sichtbarer Handlung wird der besseren Option ohne sichtbare Handlung vorgezogen.

Ein wesentlicher Grund für unsere Handlungspräferenz besteht darin, dass wir glauben, Situationen eher unter Kontrolle zu haben, wenn wir irgendetwas tun. Zu handeln gibt uns ein besseres Gefühl und wir glauben, unsere Pflicht getan zu haben, selbst wenn sich das gewünschte Ergebnis – hier eine effektive Behandlung oder ein gehaltener Elfmeter – nicht einstellt. Darüber hinaus beruht der Handlungs-Bias auf überschätzten Fähigkeiten. An der Börse gehen viele Anleger davon aus, dass sie zu einem gewissen Grad vorhersehen können, welche Kursentwicklungen sich einstellen, und handeln dann (das heißt sie verkaufen oder kaufen Aktien), auch wenn ein Abwarten in den meisten Fällen besser wäre. Ähnliches gilt bei Staus, wenn wir von der Autobahn abfahren oder andere Schleichwege benutzen, weil wir denken, dadurch schneller ans Ziel zu kommen. Mit dem *vor Ort Abwarten* fühlen wir uns unwohl und wählen nach dem Motto »Hauptsache, wir bewegen uns vorwärts« eine längere Strecke, für die wir unter Umständen mehr Zeit benötigen als im Stau.

Anthony Patt und Richard Zeckhauser haben um das Jahr 2000 ihre ersten Studien zum Handlungs-Bias durchgeführt und nennen drei Gründe, warum er sich einstellt:[68] Erstens liegen dem Handlungs-Bias evolutionäre Aspekte zugrunde. In Zeiten des Jagens mussten Menschen schnell reagieren (etwas *tun*), um zu überleben. Diese Tendenz zum Handeln steckt noch immer in uns. Zweitens streben wir nach sichtbaren Handlungen, selbst wenn diese objektiv betrachtet nicht angezeigt sind, um zumindest einen Teil unserer Fähigkeiten und unseres Wissens zu zeigen. Der Arzt will (unbewusst) zeigen, dass er zumindest irgendeine Behandlung kennt. Wir erhoffen uns durch *irgendwelche* Handlungen einen gewissen Grad an Anerkennung, die wir durch ein Abwarten nicht bekommen oder glauben, nicht zu bekommen. Drittens glauben Menschen, dass sie durch ihr Handeln wenigstens etwas lernen können, um für ähnliche Situationen künftig gerüstet zu sein.

Der Unternehmensberater Chris Zook beschreibt in seinem Buch Profit from the core, dass Entscheidungsträger in Unternehmen in strategischen Entscheidungen dem Drang unterliegen, in Hype-Themen zu investieren.[69] Wenn neue Technologien oder Themen aufkommen wie aktuell virtuelle Realität oder künstliche Intelligenz, dann akquirieren Entscheidungsträger Start-ups aus diesem Bereich oder diversifizieren in Geschäfte, die das Unternehmen in diesen Bereichen positionieren sollen. Die Erfolgsquoten solcher Investitionen liegen oft unter 20 Prozent. Warum verfolgen Unternehmen dennoch solche Investitionen? Warum verlassen sie ihr Kerngeschäft, wenn neue Themen aufkommen? Auch hier spielt der Handlungs-Bias eine Rolle. Entscheidungsträger wollen signalisieren, dass sie die Wichtigkeit und Relevanz der neuen Themen erkannt haben, dass sie auf dem aktuellen Stand der technologischen Entwicklungen sind. Dass diese Themen möglicherweise gar nicht zum Kern des Unternehmens passen, blenden sie dabei aus. Chris Zook zeigt, dass Unternehmen, die nahe an ihrem Kern investieren und diesem treu bleiben, langfristig deutlich erfolgreicher sind. Mancher Aktionismus kann sehr teuer sein und führt selten zum Ziel.

Was können Führungskräfte tun? Zum einen sollten sie ihre Perspektive auf die zu treffende Entscheidung ändern, wenn sie spüren, dass in der Entscheidungssituation auftretende Emotionen eine übermäßige Beeinflussung darstellen könnten. Wie werden sie in zehn Minuten, in zehn Monaten oder in zehn Jahren über ihre Entscheidung denken? Steht die Entscheidung dann noch im Einklang mit den Werten und Überzeugungen, die sie langfristig vertreten wollen? Schon dieser bewusste Perspektivwechsel führt dazu, dass Emotionen reduziert werden und der Blick auf die zu treffende Entscheidung klarer wird. Auch kann im Kopf durchgespielt werden, wie eine dritte Person, ein Mentor oder Kollege, über die Situation denken würde. Dritte außerhalb der Situation sind typischerweise nicht von den gleichen Emotionen beeinflusst wie die entscheidende Person. Dies steht im Einklang mit der Vorgehensweise des Schiedsrichters, der sich überlegt, wie eine bestimmte Verhaltensweise oder Entscheidung später im Fernsehen wirken und wie er diese am Ende der Saison rückblickend bewerten wird.

Zum anderen sollten sich Führungskräfte in Entscheidungssituationen, die von Emotionen geprägt sind, darüber im Klaren sein, dass auch das Nichtstun eine Option sein kann. Denn unter Emotionen tendieren wir dazu, irgendetwas zu tun, um die Situation vermeintlich unter Kontrolle zu bekommen. Auch wenn dieser Handlungs-Bias eine der am schwersten zu adressierenden Verzerrungen menschlichen Verhaltens ist, kann es sehr zielführend sein, ihn sich bewusst zu machen.

Praktische Anwendung

Aus diesen Überlegungen aus der Schiedsrichter- und der Management-Perspektive lassen sich zwei Empfehlungen ableiten:

> Erweitere den Zeithorizont bei Entscheidungen und mache dir klar, wie du in zehn Minuten/Monaten/Jahren über deine Entscheidung denken wirst? Wie wirst du dich auf den TV-Bildern nach dem Spiel wahrnehmen?
>
> Akzeptiere, dass nichts zu tun in vielen Fällen eine gute Option ist! Nimm die Pfeife also nicht immer sofort in den Mund, sondern warte mit dem Pfiff.

Wie lassen sich diese Erkenntnisse im Unternehmen anwenden? Die beiden folgenden Tools bieten sich zur Anwendung der Empfehlungen an.

Erweiterung der Zeitperspektive in emotionalen Situationen

Identifiziere Situationen, in denen du zu emotionalen Entscheidungen tendierst, insbesondere zu solchen, die du im Nachhinein bereuen könntest. Beschreibe die Situation, mögliche emotionale Reaktionen und versetze dich dann schrittweise in die Zukunft: Wie wirst du wohl über die Entscheidung in der Zukunft denken? Ergänze die folgende Tabelle durch typische Entscheidungssituationen in deinem Job. Spiele diese Logik in emotionalen Situationen bei potenziell wichtigen Entscheidungen im Kopf durch. Triff die Entscheidung nur, wenn du auch bei diesen Zeithorizonten die Entscheidung weiterhin für die richtige hältst.

Situation	**Mögliche emotionale Reaktion**	**Mögliche Sicht auf die emotionale Reaktion ...**		
		Nach zehn Minuten	**Nach zehn Monaten**	**Nach zehn Jahren**
Ein Spieler geht in der Hektik den Assistenten hart an. Die Wortwahl ist dabei zumindest grenzwertig	Sofortiger Platzverweis des Spielers (statt ruhige Ermahnung oder maximal Gelb als alternative Optionen)	... Bedauern, da plötzlich große Unruhe im Spiel herrscht, auch durch die Zuschauer	... Bedauern, da der Schiedsrichter das Image des harten Hundes in der Saison bekommen hat	... Bedauern, da sich das Image des verbissenen, harten Hundes nach dem Karriereende verfestigt
Ein Kunde verhandelt hart über mögliche Rabatte	Sofortiger Abbruch der Verhandlungen (statt teilweisem Nachgeben oder der Bitte um Verschieben der Verhandlung)	... Bedauern, da die Möglichkeit der Vertragsverlängerung aktuell vertan ist	... Bedauern, da die Kundenbeziehung in den Monaten danach spürbar belastet ist	... Bedauern, da der Kunde sein Volumen schrittweise reduziert hat und dann ganz abgewandert ist

Veränderung der Perspektive in emotionalen Situationen

Identifiziere Situationen, in denen du zu emotionalen Entscheidungen tendierst. Frage dich, was dein Mentor aus früheren Karrierestufen und dein potenzieller Nachfolger im Job dir raten würden. Nimm eine dritte Perspektive ein. Stell dir vor, ein Kollege wäre in der gleichen Entscheidungssituation wie du gerade. Was würdest du ihm empfehlen? Im Folgenden werden zwei Beispiele vorgestellt, eines aus dem Schiedsrichter-Leben und eines aus dem Unternehmenskontext. Identifiziere selbst Situationen, die dich zu emotionalen Entscheidungen treiben oder treiben könnten, und versetze dich in die Lage eines Dritten zur Ableitung der rationalen Reaktion.

Situation	Mögliche emotionale Reaktion	Wahrscheinlicher Ratschlag des Mentors	Wahrscheinliche Handlung des Nachfolgers	Eigener Ratschlag, wenn ein Kollege von dieser Situation betroffen wäre
Ein Spieler geht in Hektik den Assistenten hart an. Die Wortwahl ist dabei zumindest grenzwertig	Sofortiger Platzverweis des Spielers (statt ruhige Ermahnung oder maximal Gelb als alternative Optionen)	Ruhe bewahren und nicht aus der Fassung bringen lassen	Ruhe bewahren und nicht aus der Fassung bringen lassen	Ruhe bewahren und nicht aus der Fassung bringen lassen
Ein Kunde verhandelt hart über mögliche Rabatte	Sofortiger Abbruch der Verhandlungen (statt teilweisem Nachgeben oder der Bitte um Verschiebung der Verhandlung)	Die Position des Kunden verstehen, die eigene Position kommunizieren, ein kleines Zugeständnis machen und maximal das Gespräch vertagen	Die Position des Kunden verstehen, die eigene Position kommunizieren, ein kleines Zugeständnis machen und maximal das Gespräch vertagen	Die Position des Kunden verstehen, die eigene Position kommunizieren, ein kleines Zugeständnis machen und maximal das Gespräch vertagen

Die Übung zeigt zumeist, dass Dritte – egal ob Mentoren, Nachfolger oder man selbst, wenn man nicht betroffen ist – potenziell emotional aufgeladene Situationen von außen eindeutig und wenig emotional bewerten und auch so entscheiden.

Kapitel 4

Führe Realitätschecks durch

Die Schiedsrichter-Perspektive

Kaum eine Entscheidung wird so heftig diskutiert wie die zu Handspielvergehen. Praktisch kein Bundesligaspieltag vergeht, ohne dass debattiert wird, warum bei einem bestimmten Handspiel ein Elfmeter gegeben wurde oder eben nicht. Häufig werden auch Vergleiche zu Handspielen in früheren Partien gezogen. Jeder hat seine Meinung dazu und eindeutige Ergebnisse gibt es meist nicht. Auch wir Schiedsrichter tun uns mit Handspielvergehen nicht immer leicht, das ist kein Geheimnis, insbesondere, weil diese Entscheidungen sehr viele Elemente beinhalten. War es eine natürliche Bewegung? Gehörte die Hand beziehungsweise der Arm dorthin? Wurde der Ball überhaupt berührt? Hätte der Spieler den Arm beziehungsweise die Hand überhaupt wegziehen können? Ist der Spieler, der das Handspiel begangen hat, vorher gefoult worden und konnte sich gar nicht anders verhalten? War es Absicht? Allein diese Fragen zeigen, wie komplex die Entscheidungsfindung ist. Letztlich müssen dennoch Entscheidungen getroffen werden. Ich beobachte mich selbst immer wieder dabei, dass ich nach einer getroffenen Entscheidung besonders offen für weitere Indizien bin, die meine Entscheidung stützen. Wenn ich ein Handspiel geahndet habe, dann sehe ich später in den Aufzeichnungen besonders die unnatürliche Bewegung und möglicherweise nicht die Geschwindigkeit des Balls, die dazu führt, dass sich der Spieler gar nicht mehr wegbewegen konnte. Die perfekte Lösung gibt es nicht. Aber ein erster Schritt besteht darin, sich bewusst zu machen, dass man für Informationen, die die eigene Entscheidung bestätigen, besonders offen ist. Übersieht man dadurch jedoch möglicherweise einen Teil der Realität, der auch zur Entscheidung gehört? Hilfreich ist es sicherlich auch, bewusst nach Gegenargumenten zu suchen. Merke ich dann, dass es da doch mehr gibt als zunächst gedacht, dann entscheide ich mich um. Durch das Betrachten der Videobilder ist dies ja inzwischen gut möglich. Hat sich der Videoassistent gemeldet, gehe ich zum Monitor und drücke einen virtuellen Reset-Knopf, um mich von meiner bisherigen Entscheidung zu lösen und unvoreingenommen auf die Situation zu schauen. Habe ich bereits eine Entscheidungsoption im Kopf, dann ist besondere Vorsicht angesagt. Denn es besteht die Gefahr, dass ich nur noch nach Argumenten und Informationen suche, die diese Option stützen. Realitätschecks der präferierten Option können dann sehr gut helfen.

Im März 2013 durfte ich das WM-Qualifikationsspiel Mazedonien gegen Belgien in Skopje pfeifen. Belgien ging Mitte der ersten Halbzeit durch Kevin de Bruyne in Führung. Nach etwa einer Stunde musste ich einen Elfmeter für Belgien geben, den Eden Hazard verwandelte. In der 75. Minute lief ein mazedonischer Spieler fast allein auf das belgische Tor zu. Dabei wurde er nur noch von einem belgischen Verteidiger verfolgt. Der mazedonische Spieler hatte ohne Zweifel die bessere Position und stand deutlich näher zum Tor – also eigentlich eine Großchance für Mazedonien. Dann fiel der mazedonische Spieler. Normalerweise wäre hier ein strafbares Vergehen zu erwarten, wenn ein angreifender Spieler in einer besseren Position zum Tor steht als die verteidigenden Spieler. Warum sollte sich ein angreifender Spieler fallen lassen? In der Tat ist es in 80 bis 90 Prozent der Fälle so, dass ein Spieler, der in einer deutlich besseren Position zum Tor fällt, auch wirklich gefoult wurde. Mein erster Gedanke in der Szene, die sich gerade vor meinen Augen abspielte: Wenn er jetzt fällt, dann ist das ein Elfmeter. Dennoch musste ich meine erste Reaktion in diesem Fall revidieren, da sie dem Realitätscheck nicht standhielt. Obwohl in so einer Situation ganz überwiegend von einem Foul auszugehen ist, suchte ich weiter und dabei fiel mir einiges auf: Erstens nahm der mazedonische Spieler vor dem Fallen das Tempo heraus. Das ist unnatürlich, wenn er ein Tor erzielen will. Denn dann wäre er weiter auf das Tor zugelaufen und hätte abgeschlossen. Zweitens knickte er mit einem Bein weg. Mit diesem versuchte er auf dem Boden stehen zu bleiben, während das zweite Bein in einer natürlichen Bewegung blieb. Insgesamt wirkte es unnatürlich. Drittens riss der Spieler in dem Moment die Arme hoch. Alle drei Beobachtungen sprachen eindeutig gegen ein natürliches Fallen. So fällt bei hoher Geschwindigkeit kein Mensch, wenn er nur leicht berührt wird. Aus diesem Grund entschied ich – obwohl die bessere Position des angreifenden Spielers eine andere Situation vermuten ließ – unmittelbar auf Schwalbe und verwarnte den Spieler. In den Aufzeichnungen ist zu erkennen, dass ich hier richtig gelegen hatte. Es gab keinen Körperkontakt.

Ein weiteres geeignetes Mittel für einen Realitätscheck auf dem Platz ist die Beobachtung von Spielerreaktionen. Im Februar 2016 habe ich das Spiel Mainz 05 gegen Bayer Leverkusen gepfiffen. Beim Stand von 2:0 für Mainz 05 schoss nach einer knappen Stunde Spielzeit ein Mainzer Spieler auf das Tor. Ein Leverkusener Spieler wehrte den Ball ab, allerdings möglicherweise mit der Hand. Ich überlegte, verarbeitete die Situation und nahm ein Handspiel wahr, bemerkte dann aber auch, dass mich der betroffene Leverkusener Spieler nach dem möglichen Vergehen unmittelbar ansah und beobachtete, was ich tat. In 90 Prozent der Fälle schauen mich Spieler unmittelbar nach möglichen Vergehen nur dann erwartungsvoll an, wenn sie sich darüber bewusst sind, dass sie nicht regelkonform gespielt haben. Dieser Automatismus lässt sich schon bei Kindern beobachten: Wenn ein Kind etwas Unrechtes getan hat, weiß es das und schaut unmittelbar danach die Eltern an, in der Hoffnung, einer Ermahnung oder Strafe zu entgehen. Genauso ist es mit Bundesligaspielern. Mir ist kaum eine Situation in Erinnerung, in der ein Spieler wissentlich ein irreguläres Tor (zum Beispiel durch Handspiel) erzielt hat und danach unmittelbar zu den Fans feiern gegangen ist. Der erste Reflex ist meist, den Schiedsrichter anzusehen und zu checken, ob er den Treffer wirklich gibt.

Ein weiteres Beispiel für einen Realitätscheck: Wenn ich bei einem Schuss auf das Tor nicht ganz sicher bin, ob der Torwart noch am Ball war und ihn zur Ecke abgelenkt hat oder ob der Ball direkt ins Aus gegangen ist, schaue ich auf die Reaktion des Torwarts. Kein Torwart freut sich, wenn ein Ball ins Aus gegangen ist. Hat er jedoch einen Ball gerade so zur Ecke gelenkt und war noch dran – er selbst spürt das sehr wohl –, dann wird er sich feiern oder zumindest freuen. Auf diese Weise kann ich meine Wahrnehmung, ob er am Ball war oder nicht, reflektieren. Gehe ich von einem Kontakt des Torwarts mit dem Ball aus und er feiert nicht, dann hinterfrage ich möglicherweise meine Entscheidung. Ich mache sie zwar nicht allein davon abhängig, aber der Check hilft mir, meine Wahrnehmung und Entscheidung noch einmal zu überdenken.

Darüber hinaus gibt es in der aktuellen Diskussion um den Fußball ein ganz zentrales Thema, bei dem ich überzeugt bin, dass die Fußball-Community häufig einer Verzerrung unterliegt und ein Realitätscheck auf der Basis von Zahlen helfen kann. Seit einigen Jahren arbeiten wir mit dem Videoassistenten. Wenn man an einzelnen Spieltagen die Diskussionen in Talk-Runden verfolgt, könnte man meinen, die Einführung des Videoassistenten sei die größte Fehlentscheidung in der Fußballgeschichte.

In der Tat passieren auch mit Videoassistenten aus unterschiedlichen Gründen Fehler. Sowohl auf dem Platz als auch im Videoassistent-Center, besser bekannt als der Kölner Keller, passieren Fehler und eine 100-prozentige Trefferquote ist nicht möglich, da vor dem Bildschirm eben auch Menschen agieren, die Fehler machen.

Sehr häufig werden jedoch vereinzelte Fehler, die in medial sehr präsenten und besonderen Spielen passieren, als Grundlage für eine Bewertung des gesamten Videoassistenten-Projekts herangezogen. Alle nehmen diese Fehler wahr, konzentrieren sich darauf und kommen dann vereinzelt zu der Schlussfolgerung, der Videoassistent müsse weg. Doch wenn man sich die Zahlen insgesamt ansieht, ergibt sich ein anderes Bild.

Für die Bundesliga wurden folgende Kennzahlen für die Saison 2021/22 berechnet und veröffentlicht: In 306 Spielen der Saison gab es 1683 Überprüfungen durch den Videoassistenten, 116 Mal wurde tatsächlich interveniert. Dabei waren 110 Interventionen korrekt, das heißt, es wurden wesentliche Fehlentscheidungen verhindert. Sechsmal hätte der Videoassistent jedoch nicht eingreifen dürfen. In insgesamt neun Fällen verpasste es der Videoassistent, einzugreifen, um eine klare Fehlentscheidung auf dem Platz zu verhindern.

Betrachtet man diese Zahlen, dann ist der Videoassistent eine Erfolgsstory. Das Problem ist nur, dass sich die Diskussionen in den Talk-Runden auf die wenigen Fehler konzentrieren und die Kritiker dadurch einer klaren Verzerrung unterliegen. Der Realitätscheck muss jedoch auf einer viel höheren Ebene, auf der Basis aller Zahlen, durchgeführt werden, und da ändert sich die Schlussfolgerung. Auch in der Sicht über alle Spiele gibt es Fehler durch den Videoassistenten. Aber eben nur sehr wenige im Vergleich zu seinem positiven Beitrag. Doch Kritiker konzentrieren sich nur auf diese wenigen Fehler und unterliegen dadurch einer klaren Verzerrung.

Perspektiven in der Managementliteratur

Wenn wir uns nach der Betrachtung verschiedener Optionen auf eine festgelegt haben, tendieren wir dazu, ab diesem Moment kaum noch offen für Informationen zu sein, die dieser Entscheidung widersprechen. Dahinter steckt der sogenannte Confirmation-Bias, die Bestätigungsverzerrung.[70] Es werden nur noch Informationen gesucht und wahrgenommen, die die bereits akzeptierten Informationen und getroffenen Entscheidungen bestätigen. Der legendäre Investor Warren Buffet bringt es auf den Punkt: »Wir Menschen sind unglaublich gut darin, alle neuen Informationen so zu interpretieren, dass unsere bestehenden Annahmen und Überzeugungen bestätigt werden.«[71]

Forscher haben in einem Experiment zwei Gruppen gebildet mit Probanden, die entweder für oder gegen die Todesstrafe als Ahndung für schwere Verbrechen sind.[72] Die Gruppe der Befürworter bekam einen Bericht, der weitestgehend Argumente gegen die Todesstrafe darlegt und nur sehr wenige dafür. Die Gruppe der Gegner der Todesstrafe bekamen einen genau entgegengesetzten Bericht: viele Argumente für die Todesstrafe und einige wenige dagegen. Nach der Lektüre des jeweiligen Berichts wurden beide Gruppen befragt, inwiefern sich ihre Meinungen geändert habe. In beiden Gruppen gab es eine Verstärkung der jeweils bereits vorher feststehenden Meinung. Die wenigen bestätigenden Informationen wurden deutlich stärker wahrgenommen und gewichtet als die vielen die eigene Meinung widerlegenden.

Dieser Confirmation-Bias kann dazu führen, dass wir an Optionen festhalten, obwohl neue Informationen tendenziell empfehlen, diese Option nicht zu verfolgen. Im Unternehmenskontext könnte das bedeuten, dass man, wenn man sich – und sei es nur informell intern – für die Akquisition eines anderen Unternehmens entschlossen hat, ab diesem Zeitpunkt nur noch Informationen wahrnimmt, die das zu übernehmende Unternehmen positiv darstellen.

Die Forschungsliteratur benennt eine Reihe von Hebeln zur Adressierung dieses Confirmation-Bias. Einer besteht darin, die bevorzugte Option nicht inhaltlich zu betrachten (zum Beispiel: Es ist eine gute Idee, ein bestimmtes Unternehmen zu akquirieren.), sondern die Annahmen, die gegeben sein müssen, damit diese Option wirklich positiv zu bewerten ist (etwa: Über welche Ressourcen und Fähigkeiten muss das zu akquirierende Unternehmen verfügen?).[73] Dadurch löst man sich von der Option an sich und hebelt den Confirmation-Bias aus. Auf die zugrunde liegenden Annahmen hat sich der Entscheider nicht in der gleichen Form eingelassen. Diese zu hinterfragen, fällt leichter. Im Fall des mazedonischen

Spielers konnte der Schiedsrichter die Annahme überprüfen, dass bei einem natürlichen Sturz die Arme des Spielers eher nicht nach oben gerissen worden wären. Da dies jedoch geschehen war, war diese Annahme nicht gegeben und damit der naheliegende Rückschluss auf ein zunächst angenommenes Foulspiel nicht zutreffend.

Der zweite Hebel besteht in sogenannten Marriage Diaries. Oft bilden wir uns Meinungen und Überzeugungen über Menschen und Sachverhalte, die durch einzelne Beobachtungen getrieben sind, die uns emotional sehr getroffen haben, wie beispielsweise ein unfaires Verhalten eines Kollegen in einer Sitzung. Nach einem solchen möglicherweise sehr emotionalen Moment bildet sich im Sinne eines Confirmation-Bias schnell die Überzeugung, dass dieser Kollege immer unfair handelt, und der Betroffene nimmt nun nur noch Informationen wahr, die diese Überzeugung bestätigen. Die Aufgabe der Marriage Diaries besteht darin, wie in einem Tagebuch (Diary) zu notieren, wann ein solches mögliches unfaires Verhalten stattgefunden hat. Das Dokumentieren zwingt den Betroffenen dazu, sich klarzumachen, ob und wann ein faires oder unfaires Verhalten zu beobachten war. Durch die regelmäßige Dokumentierung wird die Aufmerksamkeit auch auf die (möglicherweise zahlreichen) Tage gelenkt, an denen eben kein unfaires Verhalten auftritt. Nach einiger Zeit kann man die Fakten und die eigene Überzeugung abgleichen. Die neue Perspektive einer recht vollständigen Dokumentation zeigt, ob die ursprüngliche Überzeugung das Ergebnis eines Confirmation-Bias war oder ob der Kollege tatsächlich häufiger ein unfaires Verhalten an den Tag legt.

Neben Informationen nehmen Menschen auch Wahrscheinlichkeiten für gewisse Ereignisse verzerrt wahr. Wenn sich Menschen für eine bestimmte Option entschieden haben, lässt sich beobachten, dass ihre Beurteilung der Wahrscheinlichkeit für die gewählte Option deutlich vom Durchschnitt für diesen Typ von Entscheidung abweicht. Ein Beispiel: Die meisten Restaurant-Projekte scheitern und die Restaurantbetreiber müssen schon nach wenigen Jahren wieder schließen. Obwohl den meisten angehenden Restaurantbetreibern die häufig wechselnden Restaurants in manchen Gegenden auffallen, ist dennoch nahezu jeder neue Restaurantbetreiber mit einer hohen Wahrscheinlichkeit davon überzeugt, dass genau sein Projekt funktionieren wird. Ähnlich ist es bei Gerichtsprozessen. Studien zeigen, dass sich in vielen Fällen beide Seiten jeweils Erfolgswahrscheinlichkeiten von mehr als 50 Prozent zuschreiben, was schon rein rechnerisch nicht stimmen kann. Auch hier weichen die Selbsteinschätzung der Erfolgswahrscheinlichkeit von den allgemeinen durchschnittlichen Erfolgswahrscheinlichkeiten ab.[74]

Um dieses Phänomen zu erklären, muss zwischen dem *Inside view* und dem *Outside view* unterschieden werden.[75] Der *Inside view* bezieht sich auf unsere eigenen Produkte (Mein unternehmerisches Projekt wird erfolgreich sein), der *Outside view* auf die Durchschnitte dieses Typs von Entscheidung (Wie hoch ist der Anteil erfolgreicher unternehmerischer Projekte in einer bestimmten Industrie?). Durch die Überschätzung der eigenen Wahrnehmungs- und Durchführungsfähigkeiten fallen diese Werte häufig auseinander. Ein wesentlicher Grund hierfür besteht darin, dass man sich durch die intensive Beschäftigung mit seinem Projekt oder seinem Vorhaben so in die Inhalte vertieft, dass man den Erfolg selbst für plausibel hält und sich auf die unterstützenden Informationen fokussiert. Die Forschung zeigt zudem, dass das intensive Beschäftigen mit einer Option zu einer immer größeren Vertrautheit damit führt. Umso größer diese Vertrautheit ist, desto plausibler erscheint diese Option, der Erfolgswahrscheinlichkeiten zugewiesen werden, die vom Durchschnitt für solche Entscheidungen in einem größeren Kontext deutlich abweichen können.

Ein Beispiel für das Auseinanderfallen des *Inside views* und des *Outside views* bieten die Olympischen Spiele, die 2024 in Paris stattfinden werden. Der französische Minister für Sport teilte 2016 mit, dass es keinen Grund gebe, davon auszugehen, dass die Kosten über dem veranschlagten Budget liegen werden. So weit der *Inside view*. Und was sagt der *Outside view*? Bent Flyvbjerg und Allison Stewart von der Oxford University haben alle Olympischen Spiele zwischen 1960 und 2012 untersucht, insbesondere die Abweichungen der letztlich entstandenen Kosten vom ursprünglich angesetzten Budget.[76] Dabei zeigt sich, dass ausnahmslos alle Olympischen Spiele das angesetzte Budget überschritten haben. Der Schnitt liegt etwa bei 180 Prozent Budgetüberschreitung. So wie sich ein Schiedsrichter sicher sein kann (geschätzte 90 Prozent im eingangs beschriebenen Beispiel), dass ein Spieler, der unmittelbar nach einem potenziellen Handvergehen zum Schiedsrichter schaut, nicht regelkonform gespielt hat. Es ist zwar nicht ausgeschlossen, dass Paris als Veranstalter im Budget bleibt, der Minister für Sport sollte jedoch sehr gute Gründe dafür haben, dass seine Planung der Olympischen Spiele besser ist als die vielen anderen vorher. Das Gleiche gilt für die Kritiker des Videobeweises auf der Basis einzelner Szenen. In diesen mag ein Fehler des Videoassistenten vorgelegen haben. Danach die gesamte Einrichtung zu beurteilen, ist jedoch falsch, da der Realitätscheck über die Gesamtheit aller betrachteten Spiele – etwa die der Bundesliga in der Saison 2021/22 – zu ganz anderen Schlussfolgerungen führt.

Die Forschung bietet einige Hinweise, wie sich solche Abweichungen in der Bewertung von Entscheidungsoptionen verhindern oder zumindest reduzieren lassen. Erstens sollte man seine eigenen Entscheidungen und die Wahrscheinlichkeiten, die man diesen zuweist, mit Durchschnittswerten für diese Entscheidung abgleichen. Wie viele Produkteinführungen haben in einem Markt in den letzten Jahren funktioniert? Wie viele Produkte sind noch auf dem Markt? Wie viele Beratungsprojekte waren im Nachhinein ein Erfolg? Wie viele Unternehmen sind in der Vergangenheit beim Eintritt in einen bestimmten ausländischen Markt erfolgreich gewesen? Wie viele haben das Land wieder verlassen? Viele dieser Durchschnitte sind mit ein wenig Recherche zugänglich. Diese Werte liefern einen Anker, an dem man sich bei der Abschätzung der eigenen Erfolgswahrscheinlichkeit orientieren kann. Anker, wie sie bei den Beispielen aus der Schiedsrichter-Perspektive, etwa bei der Bewertung von Foulspielen an Spielern, die alleine auf das Tor zurennen, zur Anwendung kamen. Natürlich kann diese Bewertung trotzdem abweichen, doch sie bedarf einer guten Grundlage und schlüssiger Argumente.

Zweitens kann es helfen, Externe nach ihrer Meinung zu fragen. Kollegen oder Freunde unterliegen nicht der Gefahr verzerrter Entscheidungen, die durch zu viel Recherche und Energie, die in das Projekt gesteckt wurden, zustande kommen. Die Logik hinter diesem Hebel lässt sich durch folgende Frage verdeutlichen: Würdest du einem guten Freund raten, in einen bestimmten Markt einzutreten, wenn du weißt, dass die Erfolgswahrscheinlichkeit dort langfristig etwa 20 Prozent beträgt? Diese Kalibrierung hilft dem Entscheider, seine eigenen Wahrscheinlichkeitsabschätzungen zu hinterfragen und zu realistischeren Zahlen zu kommen.

Praktische Anwendung

Aus diesen Überlegungen aus der Schiedsrichter- und der Management-Perspektive lassen sich zwei Empfehlungen ableiten:

> Nutze Statistiken, um deine Entscheidung einem Realitätscheck zu unterziehen! Ziehe in Betracht, wie oft sich ein Stürmer frei vor dem Tor wirklich fallen lassen würde!
>
> Frage unbeteiligte Dritte nach ihrer Meinung zu deiner Entscheidung! Suche die Meinung des Videoassistenten!

Wie lassen sich diese Erkenntnisse im Unternehmen anwenden? Das folgende Tool mit einem Realitätscheck der zu treffenden Entscheidung bietet ein Beispiel.

Realitätscheck durch Wahrscheinlichkeiten und Signale

Um Entscheidungen abzusichern, bietet es sich an, Realitätschecks für zu treffende Entscheidungen durchzuführen. Alternativ ist die Einholung der Meinung einer dritten Person eine Möglichkeit. In der folgenden Tabelle sind zwei beispielhafte Entscheidungen, eine aus der Schiedsrichter-Welt und eine aus dem Unternehmenskontext, dargelegt und mögliche Realitätschecks werden umrissen. Welche wichtigen Entscheidungen stehen demnächst bei dir an? Notiere die Entscheidung und suche mögliche Realitätschecks und Quellen für weitere Sichtweisen von bislang Unbeteiligten. Änderst du deine geplante Entscheidung?

Geplante Entscheidung	Möglicher Realitätscheck	Meinung eines Dritten
Elfmeterpfiff nach Fall eines Stürmers kurz vor dem Tor	• Wie fällt der Spieler? Wie stehen die Arme? Wie ist die Beinbewegung? • Wie hoch ist der Anteil der Spieler, die sich genau in dieser Situation fallen lassen würden?	Beobachtung des Video- oder des Schiedsrichterassistenten
Investition in eine Auslandsaktivität in einem bestimmten Land	• Wie hoch ist die Erfolgsquote unserer bisherigen Internationalisierungen? • Wie viele der Wettbewerber haben bereits erfolgreich in dieses Land internationalisiert?	Analyse einer Unternehmensberatung mit Erfahrung in dem entsprechenden Bereich

Kapitel 5

Fokussiere dich auf die Entscheidung, vergiss aber nicht die Konsequenzen

Die Schiedsrichter-Perspektive

Als Schiedsrichter ist es meine klare Aufgabe, jede Situation einzeln zu beurteilen. Bei meiner Entscheidungsfindung muss ich jedoch den gesamten Kontext betrachten. Ich darf mich auch nicht von meinen eigenen vorangegangenen Entscheidungen beeinflussen lassen. Selbst wenn ich vorher beispielsweise einen Elfmeter für die Gastmannschaft gepfiffen habe, bei dem ich mir nun nicht mehr 100-prozentig sicher bin, darf ich keine Konzessionsentscheidung, also eine Entscheidung, die von einer persönlichen Wertung beeinflusst ist, treffen und beispielsweise bei einem kleinen Kontakt einen Elfmeter für die andere Mannschaft geben. Ich muss mich beim Beobachten dieses Kontakts fragen, ob ich ihn so oder anders wahrnehme, weil ich vorher eine bestimmte uneindeutige Entscheidung getroffen habe, die ich glaube, dadurch ausgleichen zu können.

Schiedsrichter, die über Konzessionsentscheidungen ein Spiel leiten, können langfristig nicht erfolgreich sein und schaffen es auch nicht in die Bundesliga. Doch bin ich komplett frei davon? Auch bei mir gibt es vereinzelt Entscheidungen, bei denen es eine Rolle gespielt hat, was vorher auf dem Platz geschehen war. Am 13. Spieltag der Saison 2017/18 leitete ich mit meinem Team das Revierderby in Dortmund gegen Schalke. Das Spiel begann schon deutlich aggressiver, als es typischerweise der Fall ist. Der Verlauf dieses Spiels ist in die Bundesliga-Geschichte eingegangen. Dortmund führte nach 25 Minuten mit 4:0. Dortmund war obenauf, Schalke am Boden. Das Spiel war gelaufen. So dachte vermutlich ganz Fußball-Deutschland und obwohl ich als Schiedsrichter keine Vorhersagen über Spielverläufe treffen muss, konnte auch ich mich dieser Einschätzung nicht entziehen. Und genau diese führte zu einer Entscheidung, die wohl geprägt vom Spielergebnis war. Zwischen dem 3:0 und dem 4:0 verwarnte ich Thilo Kehrer von Schalke mit Gelb. Das war noch unspektakulär. Doch in der 40. Minute, beim Stand von 4:0, foulte Thilo Kehrer abermals gelbwürdig den Dortmunder Andrij Jarmolenko. Ich hätte Gelb-Rot geben können, wenn nicht sogar müssen, habe es aber nicht getan, wohl, weil ich das Spielergebnis für so eindeutig hielt, dass ich die Notwendigkeit für eine Gelb-Rote Karte nicht sah. Ich habe also den bisherigen Spielverlauf in meine Entscheidung einfließen lassen und die einzelne Situation nicht isoliert betrachtet, wie ich es hätte tun müssen. Zwar gibt es oft Ermessensspielräume, doch der war hier sehr gering. Das Foul war eher mit einer Gelben Karte zu ahnden. Was nach der Pause passierte, ist Bundesliga-Geschichte. Schalke holte auf und machte in der 94. Minute noch den vielumjubelten Ausgleich. Nun war Dortmund am Boden und Schalke obenauf. Meine Leistung im Spiel war mit Ausnahme dieser 40. Minute komplett in Ordnung, das sah auch der *Kicker* so, der über mich schrieb: »(Deniz Aytekin) lag in fast allen wichtigen Situationen richtig, inklusive der korrekten Regelauslegung bei Aubameyangs unabsichtlichem Handspiel beim 1:0«. Aber der *Kicker* schrieb auch: »Kehrer nach dessen Foul an Yarmolenko (40.) nicht mit Gelb-Rot zu bestrafen, war allerdings eine krasse Fehlentscheidung und einer der Gründe dafür, dass Schalke später mit vollzähligem Personal überhaupt diese Aufholjagd starten konnte.« Hätte ich die Situation isoliert betrachtet, wäre ich wahrscheinlich zu einer anderen Entscheidung gekommen. Geschehenes, nicht Entscheidungsrelevantes auszublenden, ist ganz zentral, das wurde mir an diesem denkwürdigen Nachmittag eindrucksvoll vor Augen geführt.

Des Weiteren muss ich für jede einzelne meiner Entscheidungen überlegen, ob sie Konsequenzen für das weitere Spiel haben kann. Ein Beispiel: Sehr häufig ist zu beobachten, dass sich nach einem Foulspiel der Ball vom ursprünglichen Tatort entfernt. In der Dynamik des Spiels rollt der Ball weiter und befindet sich dann nicht mehr am ursprünglichen Ort des Zweikampfs. Die Wiederaufnahme des Spiels nach einem Pfiff erfolgt im modernen Fußball meist sehr schnell, damit die Mannschaft, die den Freistoß zugesprochen bekommen hat, umgehend einen Gegenangriff starten und den größtmöglichen Vorteil aus der Situation ziehen kann. Ist der Schiedsrichter bei der Wiederaufnahme des Spiels, insbesondere zu Beginn der Partie, großzügig – wird zum Beispiel das Spiel nicht direkt am Ort des Vergehens wieder aufgenommen, sondern drei bis vier Meter entfernt –, so kann das im Lauf des Spiels zu einer Normalität für die Spieler werden und etabliert sich unbewusst als heimliche Spielregel. Die Spieler gewöhnen sich daran, dass die Freistöße nicht unbedingt direkt am Ort des Vergehens ausgeführt werden müssen und dass es der Schiedsrichter duldet, einige Meter davon abzuweichen.

In der Praxis wird der Schiedsrichter bei der Wiederaufnahme des Spiels eher großzügig agieren, wenn ein Verteidiger einen Freistoß im eigenen Strafraum erhalten hat und dieser drei bis vier Meter entfernt ausgeführt wird. Dann greift ein praxisorientierter Schiedsrichter mit hoher Wahrscheinlichkeit nicht ein, um den Ort der Spielwiederaufnahme zu korrigieren. In einer solchen Situation vermeidet er es, in den Fokus zu rücken, denn er würde als kleinlich und überkorrekt eingestuft werden und den Unmut des Umfelds auf sich ziehen. Bei einem Freistoß aus dem eigenen Strafraum wird der Verteidiger trotz drei bis vier Metern Abweichung kaum eine Chance auf ein schnelles Tor haben, sodass der Schiedsrichter das Risiko hier durchaus eingehen kann. Etabliert sich diese eigentlich unerlaubte Verhaltensweise jedoch auch in anderen Bereichen des Spielfelds, im Mittelfeld oder gar in der gegnerischen Hälfte, dann erhöht sich das Risiko deutlich, dass daraus eine Großchance entsteht und womöglich sogar ein Tor fällt. Denn die Spieler haben eine heimliche Spielregel angenommen, die der Schiedsrichter nicht rechtzeitig und angemessen korrigiert hat. Wenn bei einem Bundesligaspiel durch einen Freistoß, bei dem die Wiederaufnahme an einem falschen Ort erfolgt ist, am Ende des Spielzugs ein Tor fällt, wird jede TV-Station und werden alle von der Entscheidung negativ betroffenen Personen das Fehlverhalten des Spielers (falscher Ort des Freistoßes) aufdecken und den Schiedsrichter dafür verantwortlich machen. Wenn das so erzielte Tor auch noch das Spiel entscheidet, dann ist der Super-GAU vorprogrammiert.

Die Kunst für den Schiedsrichter ist es, rechtzeitig auch bei kleineren Fehlverhalten, die für die Spielleitung nicht relevant erscheinen, ein Gespür und Feingefühl zu entwickeln und klare Signale und Grenzen zu setzen. Denn bei einem zu spät erfolgten Einschreiten droht der Torerfolg, der dann kaum noch reparabel ist. Ähnliches gilt auch bei unsportlichem Verhalten. In der Anfangsphase des Spiels setzt der Schiedsrichter durch seine Handlungen klare Grenzen – oder eben nicht.

Nach teils harmlosen Vergehen und nach dem Pfiff des Schiedsrichters gibt es Spieler, die ihre Gegenspieler und das Umfeld durch kleine Unsportlichkeiten provozieren. Hierzu zählen Verhaltensweisen wie zum Beispiel das Wegtragen des Balls nach einer Freistoßentscheidung, sodass der betroffene Spieler den Freistoß nicht sofort ausführen kann. Auch kommt es vor, dass Spieler den Ball nach der Freistoßentscheidung einige Meter wegschießen. Teilweise sind es nur vier bis fünf Meter, aber die Aktion wird gerade dann ausgeführt, wenn der gegnerische Spieler sich zum Ball orientiert und den Freistoß ausführen möchte. Darunter fallen auch kleinere Reklamationen beim Schiedsrichter und unauffälliges Abwinken nach einer Entscheidung. Diese meist harmlosen kleinen Unsportlichkeiten haben einzeln betrachtet keine große Relevanz, beeinflussen jedoch die Grundstimmung auf dem Platz massiv.

Nach meiner Erfahrung aus vielen Bundesliga- und anderen Spielen auf hohem Niveau weiß ich, dass sich diese Kultur auf dem Spielfeld etabliert, wenn der Schiedsrichter dieses Verhalten nicht rechtzeitig unterbindet und keine klaren Grenzen aufzeigt. Wenn das Spiel hitzig wird, entlädt sich der aufgestaute Frust dann in einer Rudelbildung, deutlich größeren Unsportlichkeiten oder gar Tätlichkeiten. Dies geschieht meist mit einer schleichenden Entwicklung.

Perspektiven in der Managementliteratur

Auch die Managementliteratur kennt solche Phänomene. Entscheidungsträgern im Unternehmen gelingt es nicht immer, den Ballast vorangegangener eigener Entscheidungen abzulegen. Im Gegenteil: Wir tendieren dazu, Sachverhalte aus der Vergangenheit in aktuelle Entscheidungen einfließen zu lassen, selbst wenn dies inhaltlich nicht geboten ist. Stellen wir uns folgende Situation vor:[77] Ein Trockner muss repariert werden und die Kosten dafür belaufen sich auf 200 Euro. Ein neuer Trockner würde 600 Euro kosten. Der Besitzer entscheidet sich für die Reparatur. Wenige Wochen später hat der Trockner erneut einen Defekt und dieses Mal soll die Reparatur sogar 300 Euro kosten. In solchen Fällen tendieren wir dazu, wieder reparieren zu lassen, weil die ersten 200 Euro ansonsten verloren erscheinen würden. Man bezeichnet dies als Sunk-Cost-Effekt. Wir haben Probleme damit, uns einzugestehen, dass einmal getätigte Ausgaben, wie hier die erste Reparatur, möglicherweise eine Fehlentscheidung waren. Um ein Eingestehen dieses Fehlers zu vermeiden, wird weiter in das Projekt investiert, auch wenn objektiv betrachtet eine andere Option vorteilhafter wäre. Ähnliches war bei der Entwicklung der Concorde zu beobachten. Für Frankreich und Großbritannien als den beiden beteiligten Nationen war früh klar, dass das Flugzeug niemals profitabel betrieben werden kann. Trotz weiter steigender Kosten für die Entwicklung hielten sie jedoch an dem Projekt fest. Sowohl bei der Trockner-Reparatur als auch beim Concorde-Projekt haben Entscheidungen in der Vergangenheit einen mentalen und emotionalen Rahmen gelegt, der es Entscheidungsträgern schwer macht, diesen zu verlassen und Entscheidungen unabhängig von dieser Historie zu treffen.

Ein Autorenteam um die Psychologin JoNell Strough zeigt, dass jüngere Menschen besonders anfällig für solche Verzerrungen sind.[78] Sie untersuchte Kinogänger und unterschied dabei zwischen zwei Gruppen. Die eine Gruppe bestand aus 18- bis 27-jährigen Kinogängern, die andere aus 58- bis 91-jährigen. Diese Gruppen wurden noch einmal unterteilt. In einem Szenario wurden die Kinogänger mit der Situation konfrontiert, dass sie bereits ein zehn US-Dollar teures Kinoticket gekauft haben und nach 30 Minuten feststellen, dass ihnen der Kinofilm überhaupt nicht gefällt. In einem alternativen Szenario bekommen sie eine Art Freikarte und sehen ebenfalls einen Film, der ihnen nicht zusagt. Danach dürfen sie für diese fiktive Situation zwischen verschiedenen Optionen wählen: sofort aufhören, den Film zu schauen, noch fünf, zehn beziehungsweise 30 weitere Minuten zuschauen oder den Film auf jeden Fall zu Ende zu sehen. Für das Experiment sollen die Ausgaben für das Kinoticket der entscheidende Punkt sein. Als vergangene Kosten sind sie eigentlich für die Entscheidung, ob man sich den Film weiter ansieht, nicht relevant. Trotzdem fanden die Forscher heraus, dass die Probanden deutlich häufiger dazu tendieren, den ungeliebten Film weiter anzusehen, wenn das Kinoticket bezahlt wurde und sie kein Freiticket hatten. Die Ausgaben schaffen einen mentalen und emotionalen Rahmen, der die Probanden dazu bringt, sich den Film weiter anzuschauen, obwohl er ihnen überhaupt nicht zusagt. Dabei ist diese Ausgabe so oder so verloren. Es geht strenggenommen nur noch darum, ob sie ihre Zeit weiter mit dem Film verbringen wollen oder nicht. Interessanterweise ist die Tendenz, den Film weiterzuschauen, wenn das Ticket bezahlt wurde, in der jüngeren Altersgruppe deutlich höher. In der älteren Gruppe erfolgt eher ein Abbrechen, selbst wenn gezahlt wurde.

Barry M. Staw und Ha Hoang veröffentlichten 1995 eine Studie, die zeigt, dass auch die höchste US-amerikanische Basketball-Liga NBA nicht vor solchen Verzerrungen gefeit ist. In der NBA wählen die Teams Nachwuchsspieler in einem Draft-System aus.[79] Jeder Verein darf Präferenzen angeben, welchen Spieler er auf jeden Fall haben möchte. Damit bedeutet eine hohe Draft-Position für einen Spieler, dass das Team diesen Spieler unbedingt haben möchte, lieber als andere, die niedrigere Draft-Positionen bekommen. Die Forscher fanden heraus, dass diese Top-Draft-Spieler anschließend in ihrem Team deutlich mehr Spielzeit bekommen und generell länger im Verein bleiben als Spieler, die bei der Verpflichtung niedrigere Draft-Positionen hatten, und das unabhängig von der tatsächlich gezeigten Leistung auf dem Spielfeld. Das Ergebnis belegt, dass die frühere Bindung an den Spieler und seine Auswahl dazu führt, dass schlechtere Leistungen später eher ignoriert werden. Ähnlich wie die bezahlte Kinokarte führt die hohe Draft-Position dazu, dass man diesen Spieler nicht aufgeben möchte. Die Teams haben mit solchen Spielern deutlich mehr Geduld, um die eigene Draft-Entscheidung nicht infrage stellen zu müssen. Dabei sind die früheren Draft-Positionen für spätere Aufstellungen und Vertragsverlängerungen nicht mehr relevant, denn sie liegen in der Vergangenheit.

Im Unternehmenskontext gibt es ähnliche Phänomene. McKinsey analysierte in einer Studie Geschäftsberichte von mehr als 1600 Unternehmen mit mehreren Geschäftsbereichen über 15 Jahre lang und arbeitete dabei besonders heraus, wie sich Ressourcen-Zuteilungen in den verschiedenen Geschäftsbereichen über die Jahre entwickelten. Die Studie zeigt, dass sich der Anteil der Ressourcen-Zuweisungen in den verschiedenen Bereichen über die Jahre kaum veränderte.[80] Für ein Drittel der untersuchten Unternehmen belief sich die Korrelation über die

Jahre sogar auf 0.99, das heißt, die Zuweisungen des einen Jahres stimmten praktisch mit denen der vorangegangenen Jahre überein. Natürlich kann die Mittelfortschreibung in den einzelnen Jahren jeweils die richtige Entscheidung sein. Eine solche Konsistenz über Jahre hinweg ist jedoch erstaunlich und zeigt, dass Unternehmen in aktuelle Entscheidungen zu einem sehr hohen Grad Entscheidungen der Vorjahre einfließen lassen und in neuen Entscheidungsprozessen alles auf null stellen.

Doch wie lassen sich vergangene Einflüsse, die für die aktuelle Entscheidung keine Rolle mehr spielen sollten, ausschalten? Die Forschung und die Praxis empfehlen, zwischen sogenannten versunkenen Kosten und potenziellen neuen Kosten einer Entscheidung zu unterscheiden. Versunkene Kosten sind Kosten, die nicht mehr rückgängig gemacht werden können, egal, wie die Entscheidung ausfällt. Im Beispiel der Trockner-Reparaturen sind die Kosten für die erste Reparatur für die rationale Betrachtung der möglichen zweiten Reparatur irrelevant. Die ersten 200 Euro sind verloren, daher dürfen sie keine Rolle mehr spielen. Sich diese versunkenen Kosten bewusst zu machen, ist ein wesentlicher Schritt. Nur die tatsächlichen neuen Kosten, hier die 300 Euro für die zweite Trockner-Reparatur, sind relevant für die neue Entscheidung und sollten in Betracht gezogen werden. Da es emotional schwerfallen kann, sich von den objektiv irrelevanten vergangenen Kosten zu lösen, bietet es sich an, die Unterstützung Dritter für die neue Entscheidung zu erbitten. Diese sollten bei der ersten Entscheidung nicht dabei gewesen sein. Nur dann gelingt es sicher, diese Verzerrung auszuschalten.

Während Entscheidungsträger und Menschen allgemein dazu tendieren, früher getroffene Entscheidungen übermäßig in aktuelle, neue Entscheidungen einfließen zu lassen, sind Entscheidungsträger grundsätzlich nicht gut darin, die vollständigen Konsequenzen insbesondere kleinerer Entscheidungen abzuschätzen.[81] Diese werden unterschätzt. Empirische Studien haben gezeigt, dass auch in Unternehmen bedeutende Fehlentwicklungen – beispielsweise in Bezug auf die Disziplin von Mitarbeitern, auf Kundennähe oder Innovationsaktivitäten – selten die Konsequenz einer einzelnen großen Fehlentscheidung sind, sondern oft die Folge einer ganzen Reihe kleiner, sich häufig wiederholender Nachlässigkeiten. In der Schiedsrichterpraxis kann ein sehr aggressiv geführtes Spiel, das dem Schiedsrichter entgleitet, auf ein früh gewährtes Zugeständnis zurückzuführen sein. In der Unternehmenspraxis lässt sich beispielsweise häufig beobachten, dass das Gewähren kleiner Disziplinlosigkeiten (etwa das knappe Zuspätkommen eines Mitarbeiters), die isoliert betrachtet möglicherweise keine große Rolle spielen, in der Gesamtheit bei vielen Wiederholungen negative Auswirkungen haben kann. Irgendwann etabliert sich dieses kleine, gerade noch so akzeptierte Fehlverhalten als Norm und bestimmt die Unternehmenskultur. Spätestens zu diesem Zeitpunkt ist das kaum noch adressierbar und die Konsequenzen für das Unternehmen sind beträchtlich.

Der Harvard-Professor Clayton Christensen bezeichnete das Phänomen als Just-once-Problematik. Wenn Führungskräfte eine Situation isoliert betrachten, in der sie eigentlich gegensteuern müssten, dann reagieren sie oft mit dieser Haltung: Dieses eine Mal ist doch kein Problem.[82] In der Tat ist ein einzelnes kleines Fehlverhalten im Unternehmen häufig kein Problem. Das entsteht erst, wenn dieses einmalige Fehlverhalten von allen Beteiligten als akzeptiert angesehen wird. Die Führungskraft und andere Beteiligte im Unternehmen nehmen bewusst oder unbewusst an, dass das Fehlverhalten nicht so schlimm gewesen sein kann, weil es keine Konsequenzen nach sich gezogen hat. Anhand dieser Beobachtung verfolgen die Führungskraft oder auch andere Beteiligte beim nächsten Mal wieder ein solches Verhalten oder dulden es bei anderen – wieder ist dieses eine Mal kein großes Problem, jedenfalls isoliert betrachtet. In der Gesamtheit ist jedoch ein Prozess in Gang gesetzt worden, der heimliche Regeln entstehen lässt, die keiner wollte, die aber durch die Akzeptanz kleiner, isoliert betrachtet jeweils unbedeutender Fehlentscheidungen und Fehlverhalten zementiert werden.

In der Management-Praxis gibt es solche Mechanismen in den verschiedensten Situationen. Studien zeigen, dass Unternehmen, die einmal übermäßige Rabatte gewähren, dies mit einer sehr hohen Wahrscheinlichkeit zu einem späteren Zeitpunkt wieder tun werden, und dass die Frequenz ab einer bestimmten Anzahl von Aktionen immer weiter zunimmt. Experten im Einzelhandel schreiben den Untergang der Baumarktkette Praktiker dieser einmal begonnenen Rabattpolitik (»20 Prozent auf alles«) zu. Die Kunden kamen irgendwann nur noch dann, wenn ein solcher Rabatt erwartet wurde. In der Führungslehre belegen Studien, dass einmalige kleine Zugeständnisse an Mitarbeiter (wie die Gewährung von Homeoffice) in der Zukunft eine Ablehnung stark erschweren. Es ist einfacher, grundsätzlich gewisse Dinge nicht zu erlauben, als sie einmalig zuzugestehen und in Folgesituationen dann abzulehnen. Eine Studie von Saim Kashmiri und Jacob Brower belegt, dass Unternehmen, deren Produkte einmal Sicherheitsmängel aufwiesen, eine viel höhere Wahrscheinlichkeit zeigen, dass bei künftigen Produkten ebenfalls Mängel auftreten.[83] Wenn einmal (intern) akzeptiert wurde, dass ein Produkt ohne ausreichende Tests auf den Markt kommt, dann besteht die Gefahr der Verselbstständigung dieser Praxis mit der Konsequenz, dass das Unternehmen irgendwann den Ruf hat, immer wieder Produkte mit

Sicherheitsrisiken auf den Markt zu bringen. Diesem Ruf kann das Unternehmen dann kaum noch zielgerichtet entgegenwirken.

Diese Mechanismen lassen sich in der Management-Lehre theoretisch durch das Konzept der marginalen Kosten (mit ihrer Unterscheidung zu Gesamtkosten) erklären.[84] Es besagt, dass der Schaden und die Kosten für eine weitere Einheit eines Verhaltens (zum Beispiel einmalig übermäßige Rabatte zu geben) meist sehr gering sind. Dies sind die marginalen Kosten der Aktivität, wenn diese Aktivitäten ein einziges Mal durchgeführt werden. Eine einzige Rabattaktion wird der Kunde noch nicht als regelmäßig abspeichern und möglicherweise überwiegen aus Unternehmenssicht die Vorteile durch einen erhöhten Umsatz – die Aktion kann kurzfristig als erfolgreich gelten. Das Problem ist, dass diese marginalen Kosten auch ein paar Wochen später, wenn das Unternehmen eine weitere Rabattaktion durchführt, wieder gering sind, ebenso beim dritten und vierten Mal. Jede einzelne Aktion isoliert betrachtet ist vertretbar. Das Problem ist allerdings, dass die Gesamtkosten, das heißt das verlorene Geschäft beziehungsweise die verlorene Marge aller Aktionen zusammengenommen, letztlich exorbitant hoch sein können. Im Praktiker-Beispiel hat es sogar dazu geführt, dass Kunden das Unternehmen schließlich als einen kontinuierlichen Rabatt-Gewährer wahrgenommen und nur noch dort eingekauft haben, wenn es wieder hohe Rabatte gab. Dadurch sanken durch die niedrigeren Preise die positiven Umsatzeffekte sowie die Marge. Mit anderen Worten: Durch die Betrachtung der marginalen Kosten ist das einmalige Gewähren eines Rabatts zu rechtfertigen und isoliert betrachtet immer wieder. Parallel entsteht jedoch der Pfad einer Fehlentwicklung, den ein Unternehmen dann kaum mehr verlassen kann – ähnlich wie der Schiedsrichter, der irgendwann tatenlos zusehen muss, wie ihm das Spiel entgleitet, weil er zu Beginn zu viele kleine Zugeständnisse gemacht hat. Jedes Einzelne war für sich gesehen in Ordnung und dennoch hat er dadurch die Kontrolle über das Ganze verloren. Entscheider müssen in solchen Situationen sowohl die Gesamtkosten als auch die Auswirkungen einer Entscheidung betrachten und schon bei kleinen, isoliert betrachtet wenig relevanten Fehlentwicklungen gegensteuern.

Nick Leeson, Investment-Banker der britischen Barings-Bank, hat seinen Arbeitgeber Anfang der 1990er-Jahre in die Pleite getrieben, nachdem er einen Gesamtverlust von 1,3 Milliarden US-Dollar angehäuft hatte.[85] Am Anfang der Lawine stand ein kleiner Verlust aus nicht abgesicherten Geschäften am Aktienmarkt, den Nick Leeson nicht zugeben wollte und auf einem Unterkonto versteckte, was niemand bemerkte. Er wollte diese eine Unregelmäßigkeit umgehend ausgleichen und handelte daher weiter mit nicht abgesicherten Optionspapieren, die das Problem jedoch nur verschlimmerten. Durch seine erste Entscheidung, dieses Risiko einzugehen, konnte Nick Leeson die Verluste nun nicht mehr risikolos zugeben. Er versteckte weitere Verluste seiner Aktivitäten nach dem gleichen Schema, bis sein System schließlich wie ein Kartenhaus in sich zusammenbrach. Dadurch verschwand die 1762 gegründete Traditionsbank 1995 vom Markt. 1200 Mitarbeiter verloren ihren Job. Nick Leeson flüchtete, wurde aber nach einiger Zeit festgenommen und zu sechs Jahren Gefängnis verurteilt. Letztlich ist er dem Fehler verfallen, nur die marginalen Kosten seines ersten eingegangenen Risikos auf dem Aktienmarkt zu betrachten. Der erste Verlust war gering und ohne existenzielles Risiko, der zweite isoliert betrachtet ebenfalls, ebenso der dritte. Dennoch haben diese ersten Verluste einen Irrweg geschaffen, aus dem er selbst nicht mehr herauskam. Aus just once ist eine der größten Unternehmenspleiten der Wirtschaftsgeschichte geworden.

Ein weiteres Beispiel ist die Firma Blockbuster Inc., die bis Ende der 2010er-Jahre das Video- und DVD-Verleih-Geschäft in den USA mit sehr hohen Marktanteilen dominierte.[86] Bereits Ende der 1990er-Jahre erwog Blockbuster ins Online-Geschäft einzusteigen, was in regelmäßigen Abständen diskutiert wurde. Aber jedes Mal entschied die Firma, sich weiter auf das Filialgeschäft zu konzentrieren und keine übermäßigen Ressourcen in das digitale Geschäft zu investieren, auch aus Angst, das eigene Kerngeschäft zu kannibalisieren. Bei jeder einzelnen Diskussion über viele Jahre hinweg mag das nachvollziehbar und möglicherweise kurzfristig betrachtet auch richtig gewesen sein. In der Summe führten die vielen kleinen Entscheidungen für die Fokussierung auf das Filialgeschäft jedoch dazu, dass die Entwicklung der Branche verschlafen wurde und schließlich Netflix das Online-Verleih- und später auch das Streaming-Geschäft komplett dominieren konnte. Noch 2004 betrieb Blockbuster über 9000 Filialen, 2010 musste das Unternehmen Insolvenz anmelden. Die Gesamtkosten der vielen kleinen Entscheidungen, nicht systematisch und mit ausreichenden Ressourcen in das Online-Geschäft zu gehen, waren immens.

Was sollten Führungskräfte tun? Erstens sollten sie sich darüber im Klaren sein, welche Faktoren entscheidungsrelevant sind und welche nicht. Wenn vorangegangene Entscheidungen für die aktuelle Entscheidung keine Rolle spielen, dann sind sie nicht zu beachten – anderenfalls tappt die Führungskraft in die Sunk-Cost-Falle.

Zweitens ist die Unterscheidung zwischen den marginalen Kosten und den Gesamtkosten einer Entscheidung wesentlich. Während irrelevante vergangene Faktoren bei Entscheidungen zur Vermeidung der Sunk-cost-Falle ausgeblendet werden sollten, müssen potenzielle nachgelagerte negative Effekte einer vermeintlich kleinen Entscheidung sehr wohl bedacht werden. Daher sollten sich Führungskräfte darüber im Klaren sein, dass die marginalen Kosten, das heißt die unmittelbar aus der Entscheidung entstehenden Kosten, keinesfalls identisch mit den Gesamtkosten sein müssen. Durch nachgelagerte Effekte wie Kunden, die sich an Rabatte gewöhnen, oder Mitarbeiter, die bestimmte Zugeständnisse immer wieder wollen, können die Gesamtkosten einer Entscheidung deutlich höher ausfallen.

Praktische Anwendung

Aus diesen Überlegungen aus der Schiedsrichter- und der Management-Perspektive lassen sich zwei Empfehlungen ableiten:

Blende irrelevante vorhergehende Entscheidungen bei aktuellen Entscheidungen aus! Triff keine Konzessionsentscheidungen!

Sei vorsichtig bei vermeintlich kleinen Zugeständnissen! Bedenke, dass dir durch diese Kleinigkeiten ein Spiel entgleiten kann!

Wie lassen sich diese Erkenntnisse im Unternehmen anwenden? Die beiden folgenden Tools bieten sich besonders zur Anwendung der Empfehlungen an.

Verengung der Entscheidungssituation zur Vermeidung der Sunk-Cost-Falle

Die folgende Tabelle kann Entscheidungsträger dabei unterstützen, falsche und richtige Perspektiven auf Entscheidungen in Abhängigkeit von bereits getätigten Entscheidungen zu treffen. Eine Situation aus dem Schiedsrichter-Leben und eine aus dem Unternehmenskontext sind bereits eingetragen. Überlege, welche aktuellen Entscheidungen du treffen musst. Konzentriere dich dabei auf Entscheidungen mit einer gewissen Historie und notiere in der Tabelle die zweite und dritte Spalte für die neue Entscheidungssituation. Verändert sich die Entscheidungssituation?

Vergangene Entscheidung und Konsequenz	Neue Entscheidungssituation	
	Falsche Perspektive	Richtige Perspektive
Fehlentscheidung zu Lasten eines Teams (zum Beispiel unberechtigter Foulelfmeter für die Gastmannschaft).	Bei der nächsten zweifelhaften Situation ein Elfmeter für das zunächst benachteiligte Team (zum Beispiel ein zweifelhafter Elfmeter für die Heimmannschaft).	Die vergangene Entscheidung ist irrelevant für neue Entscheidungen, eine Fehlentscheidung wird nicht durch eine weitere Entscheidung ausgeglichen.
Mangelnde Profitabilität einer Investition beim Eintritt in den ausländischen Markt (zum Beispiel mittels einer Investition in einer Vertriebsniederlassung).	Investitionen werden blind weiterverfolgt, da bereits in das Geschäft investiert wurde.	Infragestellen des gesamten Engagements, wenn eine Besserung nicht in Sicht und nicht realistisch ist; bisherige Investitionen sind für Entscheidung irrelevant.

Marginale versus Gesamtkosten

Entscheidungen können marginale Kosten und Gesamtkosten bewirken, die deutlich voneinander abweichen. Intuitiv betrachten Entscheider zunächst marginale Kosten, die meist unmittelbar entstehen. Die Gesamtkosten können aber deutlich abweichen und sollten immer mit in Betracht gezogen werden. Bei hohen Gesamtkosten einer Entscheidung spielen diese eine deutlich wichtigere Rolle als potenziell niedrige marginale Kosten. In der folgenden Tabelle sind zwei beispielhafte Entscheidungen, einmal aus dem Schiedsrichter- und einmal aus dem Unternehmenskontext, dargelegt und ihre marginalen und die Gesamtkosten notiert. Führe die Tabelle mit aktuellen Entscheidungen weiter, die du zu treffen hast. Unterscheiden sich marginale und Gesamtkosten?

Fragestellung	Marginale Kosten	Gesamtkosten
Sollte ich akzeptieren, dass ein Spieler einen Freistoß in der Nähe des eigenen Strafraums nicht genau am Ort des Fouls ausführt?	Die marginalen Kosten sind gering, denn die betrachtete Spielsituation ist zu weit von der Gefahrenzone weg; unmittelbare negative Konsequenzen können praktisch ausgeschlossen werden.	Die Gesamtkosten sind möglicherweise hoch, denn alle Spieler nehmen wahr, dass der Schiedsrichter es mit der Einhaltung der Regeln nicht ganz genau nimmt. Die Spieler passen ihr Verhalten an und das Spiel kann entgleiten.
Soll ich akzeptieren, dass ein Vertriebler einmalig einen kleinen Rabatt ohne große Not an einen Kunden vergibt?	Die marginalen Kosten sind gering, denn ein kleiner Rabatt bei einem Auftrag verursacht keinen großen Schaden.	Die Gesamtkosten sind möglicherweise hoch, denn der Kunde versteht, dass es möglich ist, bei Aufträgen Rabatte zu verhandeln, und wird das bei den nächsten Bestellungen auch erwarten.

TEIL II: AUTHENTISCH SEIN

Respektvolles Management bedeutet nicht nur, die objektiv richtigen Entscheidungen zu treffen, die möglichst frei von Verzerrungen sind. Wie im einführenden Kapitel dargelegt, erwächst Respekt dem Management gegenüber zudem ganz wesentlich aus dem Verhalten der jeweiligen Führungskraft. Dabei ist es wichtig, authentisch zu sein. Respektvolles Verhalten gegenüber Dritten, wie Spielern auf dem Fußballplatz oder Mitarbeitern im Unternehmen, bedeutet, sich so zu geben, wie man wirklich ist. Anders formuliert: Es ist kein respektvolles Verhalten, wenn ich mich verstelle und mein Gegenüber in dem Glauben lasse, ich wäre jemand anderes, als ich wirklich bin. Respektvolle Entscheider bauen vertrauensvolle Beziehungen, aber auch Autorität durch authentisches Verhalten auf. Authentisches Verhalten zu zeigen, fällt jedoch Menschen gerade in Drucksituationen, denen Führungskräfte oft ausgesetzt sind, schwer. Studien zeigen, dass Menschen dann, wenn der Druck auf sie hoch ist, dazu neigen, sich zu verstellen, um sich dadurch vermeintlich weniger angreifbar zu machen.[87] Im Folgenden beschreiben wir die Facetten authentischen Verhaltens und zeigen, wie authentisches Verhalten sowohl auf dem Fußballplatz als auch im Unternehmen ein zentraler Erfolgsfaktor für Management-Erfolg ist.

Kapitel 6

Verstehe dich selbst und verhalte dich entsprechend

Die Schiedsrichter-Perspektive

Die ersten Jahre in der Bundesliga waren geprägt von meiner Unsicherheit, die ich mit wenig souveränem Verhalten gegenüber den Spielern auf dem Spielfeld auszugleichen versuchte. Gegen Ende der Saison 2010/11 setzte bei mir dann eine besonders intensive Entwicklung ein. Am 30. Spieltag pfiff ich das Spiel FSV Mainz 05 gegen Borussia Mönchengladbach. Gladbach musste unbedingt punkten, um in der Klasse zu bleiben. Mainz war auf Europa-Cup-Kurs und Favorit, obwohl Mönchengladbach eine Woche zuvor das Derby gegen Köln zu Hause mit 5:1 gewonnen hatte. Im Spiel passierte wenig. In der ersten Halbzeit habe ich Mike Hanke von Mönchengladbach verwarnt, allerdings objektiv gesehen unberechtigt. Dabei haute ich ihm die Gelbe Karte förmlich um die Ohren, völlig übertrieben. In der zweiten Halbzeit verlor Hanke den Ball im Mittelfeld und foulte Eugen Polanski von hinten. Es gab keinen Zweifel, das war wieder Gelb und damit Gelb-Rot. Einige Minuten später bemerkte ich eine Berührung im Mainzer Strafraum an einem Gladbacher Spieler, bewertete dies jedoch nicht als elfmeterreifes Foul, was sich im Nachhinein als klare Fehlentscheidung herausstellte. Den Videoassistenten gab es damals noch nicht. Es kam, wie es kommen musste: Mainz erzielte wenige Minuten vor Abpfiff den Treffer zum 1:0-Heimsieg. Nach dem Spiel stand ich am Pranger. Zwei Wochen später pfiff ich den 1. FC Köln gegen Bayer Leverkusen und damit erneut ein Spiel, das immer im Scheinwerferlicht steht. Leider übersahen wir im Team vor dem 2:0-Siegtreffer für die Kölner eine Abseitsstellung und so stand ich erneut in der öffentlichen Kritik. Diese beiden

Ereignisse, gepaart mit meiner damals übertrieben aggressiven Gestik und einem grimmigen Gesichtsausdruck, führten sicherlich dazu, dass ich am Ende der Saison in einer *Kicker*-Umfrage von den Bundesligaspielern zum unbeliebtesten Schiedsrichter gewählt wurde. Klar, das waren zwei Fehlentscheidungen gewesen, doch abgesehen von diesen beiden Spielen waren meine Leistungen sehr gut, was die Fachpresse so auch anerkannte. Dennoch war die Situation für mich natürlich nicht zufriedenstellend.

Es war klar, dass es so nicht weitergehen konnte. Mir war bewusst, dass es – trotz der ab und an vorkommenden Fehlentscheidungen – nicht am Fachlichen lag. Daher suchte ich nach Feedback. Meine Freunde und Familie berichteten, dass sie mich auf dem Platz kaum wiedererkannten. Ich beobachtete in zahlreichen Videos meine Gestik und Mimik und erschrak. So verbissen, ungestüm und brachial wie der Typ auf dem Platz war ich als Mensch im Alltag nicht.

Ich machte mir viele Gedanken darüber, wie ich wirklich bin und wie ich auf dem Platz sein will. Eigentlich, so nehmen mich und auch meine Familie und Freunde wahr, bin ich ein lockerer Typ, mit dem man viel Spaß haben kann. Wichtig ist mir jedoch Respekt und zwar in allen Situationen, sei es privat, beruflich oder auf dem Fußballplatz. Wenn respektvolles Verhalten meine Herzensangelegenheit, meine Leidenschaft war, dann fragte ich mich: Verhalte ich mich auch auf dem Fußballplatz so? Wenn ich Mike Hanke in den ersten Jahren meiner Bundesligakarriere eine (unberechtigte) Gelbe Karte als Strafe so unter die Nase hielt, als wollte ich ihn damit erschlagen, dann passte das nicht zusammen. Ich verhielt mich damit nicht respektvoll. Meine Werte, meine Überzeugungen stimmten nicht mit meinem Verhalten überein. Ich erkannte das eigentliche Problem: Ich verhielt mich in den Anfangszeiten meiner Bundesligakarriere nicht meinen Überzeugungen entsprechend, das konnte nicht passen und funktionieren. Ich war nicht authentisch.

Den respektvollen Umgang miteinander haben mir meine Großeltern und meine Eltern stets als wesentlichen Wert vermittelt und ich werde im Alltag immer wieder sauer, wenn ich das Gefühl habe, dass andere Menschen oder auch ich selbst nicht mit dem notwendigen Respekt behandelt werden. Respektvolles Verhalten zu fördern ist meine Herzensangelegenheit. Ich merke, dass ich mich grundsätzlich mit viel Elan und Leidenschaft in Projekte stürze, die diesen Respekt untereinander, insbesondere auf dem Fußballplatz durch meinen Beruf als Schiedsrichter, fördern. Ich bekomme regelmäßig nach Fußballwochenenden eine Reihe von Zuschriften von Amateursportlern, Schiedsrichtern aus den unteren Ligen und auch von Vätern, die mir von den Jugendspielen ihrer Kinder berichten. Auf diese Weise erfahre ich Einzelheiten über einen teilweise abscheulichen Umgang der handelnden Personen miteinander auf den Rasen- und Aschenplätzen der unteren Ligen. Wir Schiedsrichter stehen in der Bundesliga unter besonderer Beobachtung, aber für unsere grundsätzliche Sicherheit ist stets gesorgt. Das gilt nicht für Schiedsrichter in unteren Ligen, die teilweise hetzenden Zuschauern und pöbelnden oder sogar gewalttätig werdenden Spielern ausgesetzt sind. Einem Verhalten, das das genaue Gegenteil von Respekt ist.

Aber zurück zu meiner Situation Anfang der 2010er-Jahre. Ich musste mein Verhalten ändern und mich so verhalten, wie ich wirklich bin: locker, aber auch respektvoll anderen gegenüber. Ich bin sicher, dass mein Wandel in diese Richtung dazu beigetragen hat, dass ich mit der Zeit immer mehr akzeptiert wurde. Ich habe gezeigt, wie ich wirklich bin, und ich bin davon überzeugt, das haben die Spieler gemerkt. So privilegiert sie in vielen Facetten des Lebens sind, die Spieler stehen massiv unter Druck, sie haben sich die ganze Woche auf das Spiel vorbereitet. Sie haben letztlich nur gut zehn Jahre, um genügend Geld zu verdienen. Sie brauchen keinen Schiedsrichter, der ihnen das Leben schwer macht oder sie gar bestraft. Sie wollen einen Schiedsrichter, der ihnen Respekt entgegenbringt, das Spiel gut leitet, idealerweise dem unnötig harten Einsteigen aller Spieler früh entgegenwirkt, um Verletzungen zu vermeiden, und der den Spielfluss nicht mehr als notwendig stört. Diese Einsicht betrachte ich als einen wichtigen Anstoß für meine persönliche Entwicklung in dieser Zeit.

All das heißt jedoch nicht, dass ich mache, was die Spieler wollen. Ich stelle mich nur so dar, wie ich wirklich bin, ganz authentisch. Auf die Palme bringt mich aber weiterhin, wenn mein Verhalten, das von Respekt gegenüber Spielern geprägt ist, nicht erwidert wird. Wie am sechsten Spieltag der Saison 2021/22, als ich das Spiel Mönchengladbach gegen Dortmund pfeifen durfte. In der 40. Minute winkte der Dortmunder Spieler Mahmoud Dahoud nach einem Pfiff von mir gegen ihn in unsportlicher Manier in meine Richtung ab – für jedermann im Stadion sichtbar. Bereits gelbverwarnt schickte ich ihn mit einer Gelb-Roten Karte vom Platz. Entsprechend groß war meine mediale Präsenz in den Folgetagen und ich konnte mehrfach darauf eingehen, wie wichtig mir Respekt ist und dass ein Abwinken nun einmal nicht dazugehört.

Perspektiven in der Managementliteratur

Die Management-Forschung und -Praxis beschäftigt sich bereits seit einigen Jahren mit der Fragestellung, ob Führungskräfte die Verhaltensweisen von Management-Legenden wie Steve Jobs, Bill Gates oder Mark Zuckerberg übernehmen oder besser versuchen sollten, ganz sie selbst zu sein. Eine Fülle von Büchern und Veröffentlichungen zu den Ansätzen der genannten Top-Manager beschreibt, dass Führungskräfte sich so verhalten wie diese Vorbilder oder zumindest wesentliche Verhaltensweisen von ihnen übernehmen sollten. Sicherlich spricht nichts dagegen, sich einzelne Verhaltensweisen oder Tricks anzueignen. Seriöse Managementliteratur weist jedoch auch darauf hin, dass unreflektiertes Nachahmen von Verhaltensweisen kaum funktioniert.[88] Wichtiger ist es, sich nur jene Verhaltensweisen anzueignen, die mit den inneren Werten der jeweiligen Führungskraft übereinstimmen. Daher sollten sich Führungskräfte seltener die Frage stellen, wie sie einer angeblichen Management-Legende nacheifern können, sondern vielmehr, wofür sie selbst stehen – wie der Schiedsrichter, der sich möglicherweise aggressiv wirkende Gesten von anderen Schiedsrichtern abgeschaut hat und nun merkt, dass diese nicht mit seinem Wesen im Einklang stehen und unglaubwürdig wirken.

Die Management-Forschung ist heute der Ansicht, dass Führungskräfte nicht erfolgreich sein können, wenn sie wie jemand anders sein wollen. Sie können zwar von den Erfahrungen und Tipps anderer Manager lernen, aber die wichtigsten Verhaltensweisen müssen mit dem eigenen Wesen, den eigenen Werten übereinstimmen, sie müssen authentisch sein. Die Psychologie-Forschung zeigt, dass Dritte sehr schnell spüren, ob sich Menschen verstellen oder nicht.[89] In einzelnen Situationen mag das Verstellen funktionieren, Studien zeigen jedoch, dass schon das Zusammenarbeiten über wenige Stunden Dritten offenlegt, ob eine Person authentisch ist oder nicht.[90] Wenn wir vermuten, dass sich eine Person im Umgang mit uns verstellt und sich damit nicht im Einklang mit ihren eigenen Werten verhält, dann gehen wir – unbewusst – davon aus, dass wir dieser Person nicht trauen können. Wir unterstellen ihr dann beispielsweise, dass es ihr nur darum geht, Karriere zu machen und die Vorzüge einer Führungsposition genießen zu wollen. Bei einem Schiedsrichter vermuten wir, dass es ihm eher um seine Selbstdarstellung und um Interviews geht und nicht darum, ein Spiel in einer gewissen Art und Weise professionell zu leiten. Vertrauen kann sich dann sicherlich nicht aufbauen.

Aus diesem Grund muss sich eine Führungskraft zunächst mit sich selbst beschäftigen. Es ist eine wesentliche Erkenntnis, dass das gutes Management anderer Menschen, etwa von Mitarbeitern, voraussetzt, dass man sich selbst gut managt. Bevor man andere verstehen und führen kann, muss man sich selbst verstehen und führen. Der Manager Bill George geht sogar so weit zu sagen, dass das Management der eigenen Person schwieriger ist als das Management anderer Personen, für die man verantwortlich ist.[91] Aber welche sind die eigenen Werte und die eigene Mission, die hinter allem Handeln stehen sollten? Diese Frage ist für viele Führungskräfte sehr schwer zu beantworten. Das Forschungsteam von Nick Craig, dem Präsidenten und Gründer des Core Leadership Institute, stellte fest, dass weniger als 20 Prozent aller Führungskräfte in großen US-amerikanischen Unternehmen ein Verständnis davon haben, was ihre grundlegenden Werte und ihre Mission in Arbeitssituationen wirklich sind.[92] Ohne Kenntnis der eigenen Werte ist es nahezu unmöglich, in Führungssituationen Verhaltensweisen zu wählen, die authentisch sind. Diese Erkenntnis erklärt auch, dass unterschiedliche Typen von Management-Legenden ihre jeweils eigenen Best Practices ableiten. Vergleicht man alle Management-Bücher, die von solchen Legenden geschrieben wurden, miteinander, dann findet man letztlich viele mögliche Stile, die allerdings kaum miteinander übereinstimmen. Denn jeder dieser sehr erfolgreichen Manager-Typen hat seinen eigenen, authentischen Management-Stil gefunden. Jeder für sich ist erfolgreich, nicht weil dieses Verhalten oder dieser Stil universell erfolgreich ist, sondern weil dieser Stil genau zu dem jeweiligen Mensch passt.

Aber wie kann eine Führungskraft ihren eigenen Stil finden? Dazu ist es zunächst notwendig, die eigenen Werte und die eigene Mission zu verstehen. Wofür stehe ich als Führungskraft? Dabei ist zu bedenken, dass die eigenen Werte in frühen Lebensjahren gebildet werden und über das gesamte Leben relativ konstant bleiben.[93] Daher bringt es wenig, sich Werte vorzustellen, für die man gerne stehen würde. Man kann zwar an seiner Einstellung arbeiten, aber die eigenen Werte liegen tiefer. Jeder Mensch trägt ein *Warum* in sich, einen tief verankerten Zweck, der bestimmt, wofür wir Leidenschaft empfinden können. So wie der Wert *Respekt* im einführenden Schiedsrichter-Beispiel. Die Literatur benennt einige mögliche Herangehensweisen, um sich diese Werte und diese Leidenschaft bewusst zu machen.

Ein Vorschlag stammt von Steve Covey, der zu einem sehr drastischen Mittel greift. Man soll sich vorstellen, man gehe auf eine Beerdigung und stehe vor einem offenen Sarg.[94] In diesem Sarg ist ein Spiegel angebracht, es ist demnach die eigene Beerdigung und nun beginnen die Reden. Auch wenn es zunächst ein unangenehmer Gedanke ist: Was möchte man auf seiner eigenen Beerdigung gern über sich hören? Diese Perspektive ist sehr hilfreich: Ein solcher Blick auf das

Ende des eigenen Lebens enthebt einen der aktuellen operativen Themen und Zwänge und bietet einen Blick für das große Ganze. Am tatsächlichen Ende des Lebens ist es zu spät, dann kann nichts mehr geändert werden. Gleichzeitig zählen in dieser Perspektive die aktuelle Herausforderung am Markt, Kunden zu überzeugen, das Problem mit einem einzelnen Mitarbeiter oder das Bundesligaspiel, das gerade zu leiten ist, wenig bis gar nicht. Es zählt das große Ganze, das Gesamtbild. Steve Covey führt an, dass dieser drastische Perspektivwechsel in die Zukunft vielen Menschen hilft, zu verstehen, was wirklich zählt. Wie würde man gerne wahrgenommen werden? Als *harter Hund* in Familie und Job? Als erfolgreicher Manager, der sein eigenes Unternehmen aufgebaut hat? Als fürsorglicher Vater? Als Mensch mit einer ausgeglichenen Balance zwischen Privatleben und Geschäftlichem?

Eine weitere Möglichkeit schlägt Bill George, langjähriger CEO des US-amerikanischen Unternehmens Medtronic, vor.[95] Er spielt mit seinen Führungskräften folgendes Szenario durch, um sie dabei zu unterstützen, ihre eigenen Werte zu finden: »Stell dir vor, die *New York Times* möchte eine Titelstory über dich abdrucken. Welchen Inhalt würdest du dir wünschen?« Der Zeithorizont ist überschaubar und die Umstände nicht so dramatisch wie bei der eigenen Beerdigung, aber auch hier geht es darum, eine neue Perspektive auf das eigene Leben einzunehmen. Etwas weniger umfassend kann diese Übung für einzelne Aktivitäten durchgeführt werden. Wenn ein Unternehmen plant, eine strategische Entscheidung zu treffen, könnte eine Frage lauten: Wie würde den Entscheidungsträgern die ganze Geschichte auf der Titelseite der *New York Times* gefallen? In konkrete Führungssituationen übersetzt: Wie würdest du es finden, wenn der Umgang mit einem Mitarbeiter morgen genauso gedruckt und für jeden sichtbar zugänglich wäre? Die Forschung zeigt, dass wir uns nur dann mit solchen Berichten wohlfühlen, wenn sie zumindest in großen Teilen mit unseren Werten, das heißt mit dem, was uns wirklich wichtig ist, übereinstimmen.

Eine dritte Möglichkeit, sich den eigenen Werten und der eigenen Mission zu nähern, liegt darin, sich transparent zu machen, was man in seiner Freizeit und freiwillig gerne tut.[96] Welchen Tätigkeiten widmet man sich wie, wenn keine externen Zwänge vorliegen? Welche Arbeiten verrichtet man an einem Wochenende, auch wenn man sie eigentlich gar nicht tun müsste? Welcher dieser Momente gibt einem das Gefühl, ganz man selbst sein zu können, ohne sich verstellen zu müssen? Oft sind dies Aktivitäten, die einem Energie und Freude geben. Stehen Aktivitäten nicht im Einklang mit den eigenen Werten und Vorstellungen, so rauben sie uns Energie und Freude. Bei Aktivitäten im Einklang mit den eigenen Werten und Vorstellungen hat man zumeist das Gefühl, dass die Zeit verfliegt, während bei Aktivitäten, die nicht im Einklang mit diesen Werten und Vorstellungen stehen, die Zeit überhaupt nicht zu vergehen scheint.

Ein vierter Ansatz besteht darin, sich an wichtige Personen zu erinnern, die einen auf dem bisherigen Werdegang besonders geprägt und inspiriert haben. Wir begegnen alle einer großen Anzahl von Menschen in unserer Ausbildung, bei unseren ersten Schritten im Job und auf den ersten Stufen des Erfolgs. An die meisten Menschen und die meisten Begegnungen könnten wir uns später nicht mehr oder nur noch sehr rudimentär erinnern. Aber es bleibt typischerweise etwa eine Handvoll Kontakte und Personen übrig. Personen, die uns geprägt und besonders beeindruckt haben. Die Analyse dieser Begegnungen kann eine große Hilfe sein, um eigene Werte zu entdecken. Typischerweise haben die Menschen, die uns inspirieren und prägen, in uns etwas geweckt und Werte angesprochen, die uns besonders gefallen und selbst eigen sind.

Ein weiterer Ansatz besteht darin, sich an Arbeitssituationen zu erinnern, die man sehr genossen hat und die man vielleicht auch so gestaltet hätte, wenn man kein Geld dafür bekäme. Wann war die Arbeit so interessant, so energiegebend, dass man sie auch als Hobby verfolgt hätte? Wahrscheinlich hat jeder von uns Aufgaben und Elemente im Job, die man nicht gerne macht und die eben getan werden müssen. Interessant ist es jedoch, genau diese Elemente und Aufgaben herauszufiltern, die uns so viel Energie geben, dass wir am liebsten gar nicht aufhören möchten. Daher die Fragen: Was könnte auch ein Hobby sein und was würden wir auch tun, wenn wir kein Geld dafür bekommen würden? Wenn wir auf diese Weise einzelne Aufgaben oder Typen von Aufgaben identifizieren, geben uns diese einen Hinweis darauf, was unserer Leidenschaft entspricht.

Die Management-Lehre beinhaltet ein ganzheitliches Konzept, um das, was einen treibt, zu identifizieren. Dabei handelt es sich um das sogenannte Ikigai-Konzept, das aus der japanischen Kultur stammt und übersetzt etwa heißt »für das es sich zu leben lohnt«.[97] Studien zeigen, dass Menschen, die dieses Konzept generell in ihrem Leben anwenden, länger und gesünder leben. Dahinter stehen grundsätzlich vier Fragen, die es zu beantworten gilt:

1. Was liebe ich? (Begeisterung)
2. Worin bin ich gut? (Talent)
3. Wofür werde ich bezahlt? (Wert)
4. Was braucht die Welt? (Bedarf)

Was liebe ich? bezieht sich darauf, was man wirklich gerne tut, also die Leidenschaft, das Hobby, das, was man auch dann tun würde, wenn man wenig oder gar kein Geld dafür bekäme. *Worin bin ich gut?* bezieht sich auf die eigenen Fähigkeiten. Wofür wird man gelobt? Wofür bekommt man ein gutes Feedback? *Wofür werde ich bezahlt?* ist relevant, weil man ein gewisses Einkommen nun einmal zum Leben braucht und dieser Faktor erfasst, ob andere wirklich einen Nutzen durch das haben, was ich kann. Kann ich mein Hobby realistischerweise zum Beruf machen? Und die vierte Frage: *Was braucht die Welt?* Welche meiner Fähigkeiten hat wirklich einen Wert für andere und zwar über Finanzielles hinaus? Wenn man die vier Fragen beziehungsweise die Antworten darauf grafisch als vier Kreise darstellt, ist das Ikigai einer Person die Schnittmenge dieser Antworten. Das Ikigai ist das, was man gerne macht und gut kann, wofür andere auch bezahlen und was gleichzeitig auch noch einen größeren ideellen Wert hat. Bezogen auf das Einführungsbeispiel bedeutet dies, dass der Schiedsrichter gern pfeift und sich dabei respektvoll und locker, aber dennoch konsequent verhält. Anscheinend kommt das gut an, die Kenntnisse und Fähigkeiten sind da, wie viele Auszeichnungen zeigen. Für diese Leistung sind die Fußballvereine beziehungsweise der DFB bereit zu zahlen. Zudem zeigen Vorkommnisse in unteren Ligen, dass das Thema »respektvoller Umgang mit Schiedsrichtern« definitiv wichtig ist. Schon eine kleine Verbesserung erleichtert die Situation vieler Schiedsrichter in unteren Ligen. »Respektvolles Verhalten als Schiedsrichter« scheint also der Logik dieses Konzepts nach ein Ikigai zu sein.

Praktische Anwendung

Aus diesen Überlegungen aus der Schiedsrichter- und der Management-Perspektive lassen sich zwei Empfehlungen ableiten:

> Sei du selbst und verstelle dich nicht! Bedenke, dass andere merken, wenn du ein Typ Schiri sein willst, der du einfach nicht bist.
>
> Finde deine Werte und deine Mission! Wie möchtest du von anderen als Schiedsrichter gerne wahrgenommen werden?

Wie lassen sich diese Erkenntnisse nun im Unternehmen anwenden? Die drei folgenden Tools bieten sich insbesondere zur Anwendung der Empfehlungen an.

Der New-York-Times-Test

Stell dir vor, die *New York Times* ruft bei dir an. Man hat deine Leistung und die des Unternehmens in den letzten Jahren beobachtet und die Journalisten sind der Meinung, dass diese Leistung eine prominente Geschichte wert ist. Dir wird schlagartig klar, dass sehr viele Menschen über dich lesen werden. Welche drei Aussagen möchtest du über dich dabei ganz konkret gerne lesen?

Der Zeitabgleich

Untersuchungen zeigen, dass Menschen die meiste Zeit ihres Arbeitsalltags nicht mit den Aktivitäten verbringen, die ihnen wirklich Freude bereiten, ihnen Energie geben und mit ihren Werten im Einklang stehen. Auch wenn es drastisch klingt, versetze dich in die Situation deiner eigenen Beerdigung und schreibe fünf Aktivitäten und Leistungen auf, die du gerne über dich berichtet hättest. Woran sollen sich deine Nachkommen erinnern? Notiere diese fünf Präferenzen und vermerke daneben, wie viel Prozent deiner wöchentlichen (wachen) Lebenszeit du aktuell auf diese Themen verwendest. Erscheint dir die Zeit ausgewogen?

Position	Präferenzen über Aussagen	Tatsächlicher aktueller Zeitanteil
1.		
2.		
3.		
4.		
5.		

Das Ikigai-Konzept

Wende das Ikigai-Konzept auf dein Leben an, um zu identifizieren, was dich treibt und was für andere Menschen relevant ist. Zeichne auf ein leeres Blatt vier große Kreise und schreibe diese vier Fragen hinein:

1. Was liebe ich? (Begeisterung)
2. Worin bin ich gut? (Talent)
3. Wofür werde ich bezahlt? (Wert)
4. Was braucht die Welt? (Bedarf)

Beantworte die Fragen isoliert und notiere die Antworten in den jeweiligen Kreis. Lies danach deine Antworten genau und versuche, eine Schnittmenge herauszufinden: Gibt es etwas, was du gerne machst, was du gut kannst, wofür dich andere bezahlen (würden) und was die Welt braucht? Arbeitest du schon in dieser Schnittstelle? Kannst du dich in diese Richtung bewegen?

Kapitel 7

Führe mit deiner Geschichte

Die Schiedsrichter-Perspektive

Sobald man in der Bundesliga pfeift, steht man im Scheinwerferlicht und die Medien beobachten ganz genau die Leistung, die man auf dem Platz bringt. Mit den Spielern stehe ich schon vor dem Spiel ab und an kurz in Kontakt, ebenso auch nach dem Spiel. Der Kern der Interaktion bezieht sich jedoch auf die 90 Minuten, die wir gemeinsam auf dem Platz verbringen. In den ersten Jahren begrenzte sich mein Kontakt mit den Spielern auf die Spielzeit und daher wussten die Spieler, Trainer und Zuschauer nicht mehr über mich als das, was durch meine Entscheidungen und mein Verhalten, höchstens ergänzt um Eindrücke aus Interviews nach dem Spiel zu konkreten Spielen und Entscheidungen, sichtbar war.

Ende der 2010er-Jahre, als ich mir durch meine Leistungen und insbesondere mein verbessertes Auftreten einen positiven Ruf erarbeitet hatte, erhöhte sich das Interesse der Medien an meiner Person. Die ARD produzierte eine Dokumentation über mich als Schiedsrichter, aber auch als Mensch, mit dem Titel *Karten, Pfiffe, fette Bässe – Schiedsrichter Deniz Aytekin*. Die Dokumentation wurde alleine online mittlerweile mehr als fünf Millionen Mal angesehen. Ein wenig später drehte ich mit Sky eine Folge zu *Meine Geschichte*. In beiden Dokumentationen konnte ich über mich erzählen, eben meine Geschichte. Natürlich nicht alle Details, aber einige Facetten, die der Fußball-Öffentlichkeit bislang nicht bekannt gewesen waren.

Meiner Meinung nach konnte ich in beiden Formaten insbesondere zwei Dinge vermitteln: Erstens konnte ich, so war meine Hoffnung, zeigen, dass ich nicht nur der Schiedsrichter bin, der alle Fußballregeln kennt und Gelbe und Rote Karten verteilt. Ich konnte erzählen, dass ich auch

Spiele meines Sohnes pfeife, wenn sie kein anderer Vater pfeifen möchte. Ich konnte über mein Leben und insbesondere auch meine Hobbys reden, zum Beispiel, dass ich ab und an mal gerne als DJ auflege. Interessanterweise sprechen mich seither bei Spielen manchmal Spieler lachend darauf an, ob ich nicht mal bei ihnen auf einer Geburtstagsparty auflegen könnte. Sie nehmen mich also nicht mehr nur als Schiri wahr, sondern sehen, dass ich ein ganz normaler Mensch mit Hobbys und Familie bin, möglicherweise sogar mit den gleichen Hobbys wie sie selbst. Das ist ein wesentlicher Punkt und ich spüre, dass Spieler mich und auch meine Entscheidungen dadurch nochmal anders sehen.

Zudem konnte ich in den Formaten meine Geschichte erzählen oder zumindest die wesentlichen Eckpfeiler meines Lebens. Warum ist mir das Thema Respekt so wichtig? Dahinter steckt eine sehr persönliche Erfahrung. Meine Eltern sind aus der Türkei nach Deutschland gekommen, um hier ein paar Jahre zu bleiben. Ich selbst bin in Deutschland geboren. Als meine Mutter einige Jahre später mit meiner Schwester schwanger war, entschieden meine Eltern, dass die Wohnung zu klein war und, da sie sowieso bald wieder in die Türkei zurückkehren wollten, ich schon mal allein vorausfahren und bei meinen Großeltern in der Türkei leben sollte. Daher habe ich meine gesamte Grundschulzeit in der Türkei verbracht. Man kann sich sicherlich gut vorstellen, welcher emotionale und kulturelle Schock das Leben in der Türkei für mich war. Da meine Eltern ein paar Jahre später entschieden, weiterhin in Deutschland zu bleiben, holten sie mich zurück und ich musste mich nun wieder in Deutschland eingewöhnen. Diese Jahre waren für mich extrem prägend. Ich musste mich als Kind zweimal völlig neu einleben und mir den Respekt in einer Gruppe erarbeiten. Interessanterweise war vor allem der Wechsel von der Türkei nach Deutschland schwierig, insbesondere in Bezug auf die Schule. In der Türkei war ein Lehrer eine absolute Respektsperson. Alle Schüler standen sofort auf, wenn der Lehrer hereinkam. Alle Schüler trugen Uniform und niemand stand während des Unterrichts auf, allein aus Respekt dem Lehrer gegenüber. Als ich zurück in Deutschland war, war ich daher völlig überrascht, wie locker es in der Klasse zuging. Diese Zeit hat mich geprägt. Die wesentliche Bedeutung von Respekt anderen gegenüber ist geblieben und treibt mich heute noch.

Neben diesen beiden größeren Einblicken in mein Leben habe ich mich bei kleineren Auftritten in der Öffentlichkeit darstellen können. Zu

Beginn der Corona-Krise, als die Bundesliga ausgesetzt wurde, habe ich an der Bundesliga-Home-Challenge teilgenommen und dort virtuell gegen Jonas Hofmann von Borussia Mönchengladbach auf der Spielkonsole FIFA 20 gespielt. Ich habe mit 2:1 gewonnen – was einem Bundesligaspieler auch auf der Konsole wehtut. Ich habe das kommentiert mit: »Ich wollte eigentlich nach dem 2:1 mein Trikot ausziehen, habe dann aber doch ein bisschen Respekt gehabt.« Auf der Facebook-Seite von ZDF Sport wurde über dieses Zitat und meinen Sieg gegen Jonas Hofmann berichtet. Während ich es gewohnt war, in den sozialen Medien nach Spielen übel beschimpft zu werden, konnte ich nun allein auf dieser Seite über 200 Kommentare lesen, die alle in eine Richtung gingen: »Cooler Typ«, »Diego Aytekin« oder »Aytekin ist der Beste. Vor allem auch menschlich.«

Auf diese Weise konnte ich Fußballinteressierten, darunter sicherlich auch viele Spieler, deren Spiele ich am Wochenende leite, zeigen, warum ich so bin wie ich bin, und was mich geprägt hat, was meine Geschichte ist. Ich spüre seitdem, dass ich von vielen vielschichtiger wahrgenommen werde und man mich besser versteht und sieht, warum mir gewisse Dinge wichtig sind. Spieler sprechen mich seither gezielt an. Auf meine DJ-Leidenschaft, meine Spielkonsolen-Fähigkeiten oder meine Vergangenheit. Und wenn man auch über Privates redet und sich austauscht, ist das Verhältnis auf dem Platz ein ganz anderes.

Perspektiven in der Managementliteratur

Die Managementliteratur zeigt, dass authentische Führungskräfte sich einer ganz besonderen Technik bedienen: Sie arbeiten gezielt mit Geschichten, und zwar mit persönlichen Geschichten aus ihrer Vergangenheit, in denen sie ihre Überzeugungen und deren Ursprung erläutern, wie in der Schiedsrichter-Perspektive beschrieben. Nehmen wir als Beispiel im Management-Kontext Michael Dell, den Gründer der Dell Computer Corporation. Der Erfolg seines Unternehmens basiert wesentlich darauf, dass er Dell-PCs und andere Produkte unmittelbar an die Endkunden verkauft und dabei die Zwischenhändler umgeht. Auf diese Weise bleibt mehr Marge bei Dell, die das Unternehmen dann teilweise in die Qualität der Produkte und niedrigere Preise investieren kann. Er erzählt gerne, dass der Vater seines besten Freundes aus Jugendzeiten ein leidenschaftlicher Briefmarkensammler war.[98] Das brachte ihn auf die Idee, auch in das Geschäft einzusteigen, und er überredete die gesamte Nachbarschaft, ihm die Briefmarken auf ihren Briefen zu überlassen. Er bastelte einen eigenen Katalog mit den gesammelten Marken und bewarb seine Leistungen in einer Zeitschrift (unter der Marke Dells Stamps). Zu seiner Überraschung verdiente er damit 2000 US-Dollar. Er sagt, dass er dabei den Wert des Direktvertriebs, der Dell Computers später groß machen sollte, kennenlernte. Wenn er diese Geschichte erzählt, öffnet er sich dem Zuhörer durch einen Blick in seine Vergangenheit. Darüber hinaus zeigt sie, dass die Idee, Händlerstufen zu umgehen, schon sehr früh in seinen Aktivitäten verankert war. Darüber hinaus belegt sie, dass er schon immer unternehmerisch geprägt war. Kennt man die Geschichte und den Erfolg von Dell-Computern, dann kann man sie als authentisch wahrnehmen.

Solche Geschichten haben eine besondere Eigenschaft: Sie bleiben bei Zuhörern deutlich stärker hängen als reine Fakten. Der Psychologe Jérôme Bruner hat herausgefunden, dass Menschen eine Information mit einer etwa 22-fach höheren Wahrscheinlichkeit über einen längeren Zeitraum im Gedächtnis behalten, wenn diese Information nicht rein sachlich als Fakt, sondern als Geschichte verpackt ist.[99] Psychologische Studien zeigen, dass Geschichten viel mehr Gehirnareale ansprechen als die Übermittlung reiner Fakten und Informationen. Der Zuhörer kann sich durch sie in die emotionale Lage des Erzählenden hineinversetzen. Zudem merken sich Menschen Geschichten deutlich länger und besser als Fakten und Informationen. Studien zeigen, dass die Hörer von Geschichten ihr Verhalten und ihre Einstellungen stärker ändern als Hörer reiner Fakten.[100] Damit sind Geschichten ein mächtiges Instrument, um Botschaften zu übermitteln, sie bei den Zuhörern zu verankern und diese emotional zu packen. Das kann auf dem Fußballplatz relevant sein, aber eben auch im Management-Kontext. Daher überrascht es nicht, dass Steve Ballmer, langjähriger CEO von Microsoft als Nachfolger von Bill Gates, behauptet, dass die Fähigkeit zum Storytelling eine der am meisten unterschätzten Fähigkeiten im Management-Kontext ist.

Authentische Führungskräfte nutzen solche Geschichten – zumeist zwar nicht in Dokumentationen wie im Beispiel des Schiedsrichters –, aber im Alltag. Hier sind Führungskräfte im Vorteil gegenüber Schiedsrichtern, da sie die zu Führenden immer um sich haben und es dadurch viel mehr Möglichkeiten gibt, Geschichten Einzelnen oder auch größeren Gruppen im Unternehmen zu vermitteln. Solche Geschichten können andere erreichen. Doch die Inhalte der Geschichten, die zumeist (weit) in der Vergangenheit liegen, haben im Management-Kontext eine zentrale Bedeutung. Denn sie sind oft prägend für die Verhaltensweisen ihrer Erzähler, so wie bei Michael Dell und seinen Erfahrungen mit dem Briefmarkengeschäft. Ein Forscherteam um Bill George hat die Lebensläufe und Geschichten von Führungskräften analysiert und festgestellt, dass bestimmte Ereignisse in ihrem Leben ursächlich waren für gewisse Entwicklungen in späteren Karrierestufen.[101] Mit anderen Worten: Ihr Führungsstil hat sich aus zentralen Erlebnissen, die sie später häufig als Geschichten nutzten, entwickelt. Diese Perspektive zeigt, dass das Verhalten der Führungskräfte das Ergebnis einer Historie ist, eines Lebens mit verschiedenen Stationen der Erziehung, Ausbildung und der ersten Karrierestufen, ergänzt um prägende Ereignisse im privaten Umfeld. Authentische Führungskräfte schauen damit nach vorne, ohne zu vergessen, woher sie kommen. Im Gegenteil: Sie entwickeln sich und ihren Führungsstil aus privaten und beruflichen Ereignissen.

Wie im Beispiel des Schiedsrichters vermitteln authentische Führungskräfte gern Geschichten aus ihrer Vergangenheit und zeigen damit, dass sie wissen, woher sie kommen, und dass diese Herkunft eine Bedeutung für sie und ihre aktuelle Aufgabe hat. Der langjährige CEO von Starbucks, Howard Schultz, erzählt bei öffentlichen Auftritten und Interviews oft, dass er aus sehr einfachen Verhältnissen kommt.[102] Gern berichtet er, dass er als kleiner Junge eines Tages nach Hause kam und erfuhr, dass sich sein Vater am Bein verletzt hatte und nun mehrere Wochen ausfallen würde. Obwohl er sich wieder komplett erholte, litt die Familie sehr unter der fehlenden Absicherung durch eine Krankenversicherung. Wegen der Verletzung und der Arbeitsunfähigkeit seines Vaters stand die Familie plötzlich ohne Einkünfte da und musste sich durchschlagen. Dieses Erlebnis war seinen Angaben zufolge sehr prägend für ihn. Daher führte er in seiner

Funktion als CEO von Starbucks eine in den USA nicht selbstverständliche Krankenversicherung verpflichtend für alle Mitarbeiter ein, für deren Kosten das Unternehmen aufkommt, wenn die jeweiligen lokalen staatlichen Systeme keine Absicherung bieten. Studien zeigen, dass authentische Führungskräfte die Geschichten in ihrer Autobiografie nicht nutzen, um sich als Opfer der Umstände darzustellen, sondern als jemand, der aus seinen Erfahrungen Schlüsse gezogen und daraus gewisse Stärken und Schwächen entwickelt hat. Authentische Führungskräfte leiten aus den Geschichten, die sie vermitteln, ihre Leidenschaft und einen Zweck für ihre aktuellen Aktivitäten ab.

Die Forschung zeigt, dass solche Geschichten bei den Zuhörern noch etwas Weiteres erreichen: Sie bauen Vertrauen auf.[103] Wenn der Gegenüber, der Mitarbeiter oder der Spieler, weiß, was den Vorgesetzten beziehungsweise den Schiedsrichter geprägt hat, was ihn begeistert, welche Werte er vertritt, dann wird dieser – in einer positiven Art und Weise – für ihn berechenbar. Er kann daraus ableiten, wie der Vorgesetzte beziehungsweise der Schiedsrichter mit einer hohen Wahrscheinlichkeit handeln wird, wenn ein Problem oder eine Krise auftritt. Die Geschichte verrät dem Zuhörer, wie der Vorgesetzte beziehungsweise der Schiedsrichter tickt. Das Gegenteil davon erreichen leere Floskeln wie die Aussage, man sei immer ehrlich. Ohne Hintergrund, ohne das Wissen, warum das so ist, kaufen die Mitarbeiter beziehungsweise Spieler der Führungskraft beziehungsweise dem Schiedsrichter das nicht ab und daraus kann Misstrauen entstehen. Persönliche Geschichten helfen einer Führungskraft, sich zu öffnen und den Mitarbeitern oder anderen Kooperationspartnern zu zeigen, dass sie über ihre aktuelle Rolle hinaus auch ein Mensch ist, was Vertrauen auch für die Rolle aufbaut. Wie der Schiedsrichter, der von seiner Leidenschaft, als DJ aufzulegen, berichtet. Die Forschung belegt, dass Menschen, die sich an die Führungskräfte ihrer Vergangenheit erinnern, die auf diese Weise emotionelle Verbindungen hergestellt haben, in diesem Moment sogar messbare positive Emotionen empfinden.[104]

Andrew Grove, langjähriger CEO von Intel, ist ein weiteres Beispiel für eine prominente Führungskraft, die mit ihrer Geschichte führt.[105] Seine ist sicherlich dramatischer als die Geschichten der meisten Führungskräfte und verdeutlicht besonders eindrucksvoll die Macht von Geschichten und die Bedeutung von Erlebnissen in der Jugend. Andrew Grove wurde 1936 in Budapest in eine jüdische Familie geboren und wuchs dort auf.[106] Als jüdisches Kind erlebt er zwei Dramen: zunächst den Einmarsch der Nazis, die die Juden in Budapest verfolgten, sodass er sich bei Verwandten und Bekannten auf dem Land unter teils dramatischen Umständen verstecken muss. Er überlebt, einige seiner Familienmitglieder jedoch nicht. Nach dem Zweiten Weltkrieg ging die Verfolgung weiter, dieses Mal durch die sowjetischen Machthaber. 1956 floh er in die USA, ganz ohne Sprachkenntnisse, und startete über ein Chemiestudium seine beeindruckende Karriere. Von diesen Erfahrungen und von seinem Management-Stil, der seine Karriere geprägt hat, berichtet er in seinen Büchern und Vorträgen. Sein Motto und auch der Titel eines seiner Bücher lautet: »Nur die Paranoiden überleben.« Er lebte in ständiger Angst vor Wettbewerbern, die Intels Geschäft zerstören könnten. Er achtete auf sämtliche Veränderungen im Wettbewerbsumfeld, sah Intel als eine Burg, die ständig von Wettbewerbern und neuen Technologien angegriffen wurde. Seine Einstellung war sicherlich in weiten Teilen auf die dramatischen Erfahrungen in seiner Jugend zurückzuführen. Durch seine Geschichte lernten Mitarbeiter und Geschäftspartner Andrew Grove sehr gut kennen, zumindest eine ganz wesentliche Facette seiner Geschichte, die sein Handeln als Führungskraft prägte und die Art, wie er Entscheidungen traf.

Was sollten Führungskräfte tun? Zunächst sollten sie die prägenden Geschichten aus ihrer Vergangenheit identifizieren. Was war in ihrem bisherigen Leben besonders einschneidend? Welche Person hat in der Erziehung, Ausbildung oder während erster Karrierestufen wesentlichen Einfluss ausgeübt? Hält dieser Einfluss noch heute an? Gab es einen Moment, in dem sie verstanden haben, dass sie genau den Weg einschlagen wollen, den sie dann auch verfolgt haben? Gab es ein Ereignis in der Vergangenheit, ohne das sie nicht zu dem geworden wären, was sie heute sind? Ein solches Erlebnis war im Beispiel des Schiedsrichters sicherlich der (Schul-)Wechsel zwischen der Türkei und Deutschland.

Gab es ein Ereignis, durch das sie eine besondere Fähigkeit entdeckt haben, die auch heute noch sehr wertvoll ist? Solche Fragen helfen dabei, eigene Geschichten zu entdecken. Die Bestsellerautorin Kindra Hall beschreibt in ihrem Buch *Stories that Stick* die Elemente einer guten Geschichte, die bei den Zuhörern hängen bleibt und die oben beschriebenen Effekte auslöst.[107] Gute Geschichten haben immer einen Hauptdarsteller. Geschichten laufen über Personen und nicht über Dinge oder Fakten, jedenfalls nicht primär. Darüber hinaus beinhalten Geschichten authentische Emotionen, die positiv oder negativ sein können. Diese Emotionen können Zuhörende nachempfinden und sie helfen ihnen, sich in die konkrete Situation des Erzählenden hineinzuversetzen. Zudem zeichnen sich gute Geschichten durch eine Wendung aus, einen Moment, in dem sich die Geschichte dreht und etwas Besonderes geschieht, das nicht unbedingt zu erwarten war. Auch bieten gute Geschichten Details, die hängenbleiben, obwohl sie auf den ersten Blick irrelevant erscheinen und die man weglassen könnte, ohne dass der

Inhalt der Geschichte verloren ginge. Idealerweise bleiben liebevolle und bildhafte Details hängen, die die Wahrscheinlichkeit erhöhen, dass der Zuhörende die Geschichte im Gedächtnis behält. Im einführenden Beispiel dieses Kapitels könnte es die Erfahrung sein, als Kind zweimal die Schule und das Land wechseln zu müssen. In solch eine Geschichte lassen sich starke Emotionen wie Ängste verpacken. Der Umstand, dass in der Türkei Schuluniformen getragen wurden, in Deutschland aber nicht, könnte ein Detail sein, das hängenbleibt. Das signifikante Moment könnte der Augenblick sein, in dem der aus der Türkei zurückkommende Schüler zum ersten Mal im deutschen Unterricht pflichtbewusst aufsteht, wenn der Lehrer das Klassenzimmer betritt, während die anderen Schüler sitzen bleiben und sein Verhalten erstaunt beobachten.

Dabei ist es nicht notwendig, dass Geschichten das ganze Leben erzählen. Die meisten Führungskräfte, die ihre Geschichte erzählen, fokussieren dabei auf ausgewählte, möglicherweise auch nur auf eine einzige Erfahrung, die sie sehr geprägt hat und die erklärt, warum sie heute die Führungskraft oder der Schiedsrichter sind, die oder der sie sind. Dabei ist es nicht notwendig, solch dramatische Geschichten zu erzählen wie die von Andrew Grove. Diese ist zwar besonders eindrücklich, aber realistischerweise sind die allermeisten Geschichten deutlich weniger dramatisch.

Darüber hinaus sollten Führungskräfte diese Geschichten in ihre Kommunikation integrieren. Der Top-Schiedsrichter hat die Spieler, für die er verantwortlich ist, lediglich 90 Minuten in seiner Nähe und ist daher für seine Geschichte auf die Medien angewiesen. Die Führungskraft hat den Vorteil, regelmäßig Kontakt mit ihren Mitarbeitern zu haben, und kann daher ihre Geschichten fokussiert integrieren. Dabei ist es wichtig, dass die Geschichten nicht langatmig und in einer selbstdarstellerischen Art mitgeteilt werden. Es ist wirksamer, die Geschichten eher zurückhaltend zu erzählen, im richtigen Moment, ohne große einführende Worte. Ein wesentlicher Erfolgsfaktor von Geschichten darüber, wer man ist, besteht in der Konsistenz über die Zeit. Geschichten bleiben haften und das ist in vielen Situationen ihr Vorteil. Es bedeutet aber auch, dass Mitarbeiter oder Spieler sehr schnell Inkonsistenzen bemerken, wenn Geschichten verändert werden. Daher ist Ehrlichkeit und damit die Konsistenz der Geschichte über die Zeit entscheidend.

Praktische Anwendung

Aus diesen Überlegungen aus der Schiedsrichter- und der Management-Perspektive lassen sich zwei Empfehlungen ableiten:

> Identifiziere zentrale Ereignisse aus deinem Werdegang! Welche Geschichte kann erklären, welcher Typ von Schiedsrichter du heute bist?
>
> Teile deine Geschichte mit deinen Mitarbeitern! Verdeutliche ihnen dadurch, warum du genau dieser Typ Schiedsrichter bist.

Wie lassen sich diese Erkenntnisse im Unternehmen anwenden? Die folgende Aufgabe bietet eine Möglichkeit zum strukturierten Einsatz.

Erzähle deine Geschichte

Jeder von uns hat Dinge erlebt, die in Geschichten erzählt werden können. Was ist deine Geschichte? Erzähle deine Geschichte oder Geschichten anhand von vier Elementen. Benutze dazu die folgende Tabelle. Bedenke dabei, dass gute Geschichten nicht unbedingt spektakuläre Ereignisse von großer Bedeutung sein müssen. Die meisten Geschichten handeln von Kleinigkeiten, die jedoch den weiteren Verlauf des Lebens oder der Karriere bestimmt haben. Was ist deine zentrale Botschaft der Geschichte? Wann könntest du diese erzählen?

Element der Geschichte	Beispiel	Deine Geschichte
Charakter	Deniz Aytekin als junger Schüler in der Grundschule	
Wendung	Zweimaliger Umzug zwischen Türkei und Deutschland mit entsprechend notwendigen Schulwechseln und der erneuten Gewöhnung an die lokalen Umstände	
Authentische Emotionen	Nervosität, Verwunderung über lokale Umstände bei Wechseln (wie kein Aufstehen der Schüler bei Eintritt des Lehrers in Deutschland im Vergleich zur Türkei)	
Detail	Das Tragen von Schuluniformen in der Türkei	
Botschaft	Respekt im Umgang mit hierarchisch höher Gestellten (wie Lehrern) ist mir wichtig!	

Kapitel 8

Sei berechenbar und behandle andere fair

Die Schiedsrichter-Perspektive

Wir Schiedsrichter sehen uns praktisch in jedem Spiel diversen Anschuldigungen ausgesetzt: »Heim-Schiri«, »Auswärts-Schiri«, »pfeift nur für die, die oben stehen«, »die Bayern werden immer bevorzugt und Vereine mit Sponsoren, die auch für den DFB und die DFL werben, sowieso«. Damit stehen wir grundsätzlich im Verdacht der Unfairness. Dass solche globalen Anschuldigungen nicht der Realität entsprechen, dürfte jedem mit etwas Abstand einleuchten und im Zweifel widerlegen das die Statistiken. Dennoch ist das Konzept der Fairness, der angemessenen Behandlung Einzelner und der Gleichbehandlung aller Beteiligten, auf einer anderen Ebene ein relevantes Thema. Niemand will unfair behandelt werden, auch kein Bundesligaspieler. Obwohl ich mich durch diese globalen Anschuldigungen nicht getroffen fühle, kann es vorkommen, dass ich für ähnliche Vergehen auf beiden Seiten unterschiedliche Strafen ausspreche, und dann fühlen sich Spieler und Trainer – möglicherweise in Einzelfällen sogar zu Recht – unfair behandelt. Spieler und Trainer haben dafür sehr feine Antennen. Zwar höre ich oft, dass ein gerade begangenes Foul »nicht so schlimm« sei. Genauso häufig höre ich jedoch auch, dass ein Vergehen des Gegners » viel schlimmer« sei. Ich werde gefragt, warum ich jetzt eine Verwarnung gebe, beim Gegner jedoch bei einem gleichen oder zumindest ähnlichen Foul nicht. Spieler und Trainer vergleichen meine Pfiffe gegen sie ständig mit meinen Pfiffen und Entscheidungen dem Gegner gegenüber. Wie oft hört man auch von Journalisten den Satz: »Wenn er auf der einen Seite den Elfer gibt, dann muss er den auf der anderen Seite auch geben.« Diese Aussagen zeigen: Alle Beteiligten streben nach Fairness, nach Gleichbehandlung, und es ist meine Aufgabe, das sicherzustellen.

Anzumerken ist, dass es dabei um die wahrgenommene Fairness geht. Manche Regeln sind eindeutig, dann besteht das Problem nicht. Bei klaren Notbremsen und Tätlichkeiten oder eindeutigen Fouls vergleicht niemand die Situationen. Aber es gibt auch Graubereiche. Ein typisches Beispiel, das mir schon sehr häufig passiert ist: In einem Zweikampf kurz vor dem Strafraum stoßen Abwehrspieler und Stürmer in der Luft mit der Schulter zusammen. Das ist kein Vergehen, das pfeife ich also nicht, wenn es in einem vertretbaren Rahmen bleibt. Solche Situationen bekommen trotzdem Aufmerksamkeit, weil es recht spektakulär aussehen kann, wenn ein Spieler oder beide aus einer gewissen Höhe fallen. Oft erfolgt dann ein Gegenzug und wenn es in der anderen Hälfte wieder zu einem Zweikampf in der Luft kommt, dieses Mal mit einer deutlich größeren Intensität, kann ein Pfiff zu rechtfertigen sein. Pfeife ich jetzt, dann sind die Beschwerden von Spielern der Mannschaft, gegen die ich gerade entschieden habe, sehr massiv und alle werden unmittelbar diese beiden Situationen vergleichen. Der eigentliche Pfiff ist nicht das Thema, sondern es geht nahezu immer darum, dass ich für die eigene Mannschaft vorher nicht gepfiffen habe. Hätte ich beides gepfiffen, wäre es wahrscheinlich in Ordnung gewesen, und beides nicht zu pfeifen ebenfalls. Aber nun fühlt sich die eine Mannschaft unfair behandelt. Das muss ich im Blick haben und daher bei dem zweiten Zweikampf den ersten mitbedenken. Ich pfeife dann nur, wenn es wirklich keinen Ermessensspielraum gibt und das potenzielle Foul so eindeutig ist, dass ich es pfeifen muss. Konkret habe ich so eine Situation beim Spiel Borussia Mönchengladbach gegen den 1. FC Köln am 30. Spieltag der Saison 2021/22 erlebt. Vor der Gladbacher Nordkurve wurde in der zweiten Halbzeit Breel Embolo leicht gestoßen. Zu wenig für einen Freistoß. Im darauffolgenden Angriff der Kölner sagte ich meinem Schiedsrichterassistenten, er solle die Fahne nur heben, wenn es jetzt zu einem klaren Vergehen gegen einen Kölner Spieler komme. Aber es kam, wie es kommen musste: Es folgte ein aus meiner Sicht harmloses Vergehen, die Fahne ging hoch und sofort stand der Gladbacher Lars Stindl neben mir. Es ging nicht um das Foul an sich, sondern darum, warum ich hier pfiff und vor ein paar Sekunden auf der anderen Seite nicht.

Die Gleichbehandlung auf dem Platz geht übrigens sogar so weit, dass ich vor den Spielen sicherstelle, dass ich beide Mannschaften und ihre Vertreter möglichst gleich intensiv begrüße und mich mit ihnen unterhalte. Wir alle stehen unter Beobachtung und so würde es einzelnen Spielern oder Vertretern einer Mannschaft sofort auffallen, wenn ich vor dem Spiel übermäßig viel mit der anderen Mannschaft spreche. Wenn ich beispielsweise einen Spieler einer Mannschaft vor dem Spiel zufällig als Erstes treffe und wir uns unterhalten, dann versuche ich, danach entsprechend auch eine Interaktion mit Vertretern der anderen Mannschaft zu haben, auch wenn das organisatorisch manchmal gar nicht so einfach ist und Disziplin erfordert. Aber nach all den Jahren in der Bundesliga kenne ich eigentlich aus allen Mannschaften den einen oder anderen Spieler und gehe dann auf diesen zu. Es ist aber wichtig, das zu berücksichtigen, weil sonst einzelne Beteiligte schon mit dem Gefühl in die Partie gehen, ich würde die andere Seite bevorzugen. Heute gelingt es mir in der Bundesliga sehr gut, diesen Eindruck zu vermeiden. Wir verbringen alle um das Spiel herum einige Zeit im Stadion und wir kennen uns. In den unteren Ligen war dies jedoch keinesfalls immer so. Dort war es logistisch schwieriger, mit allen gleich viel zu reden. Mir war damals aber auch noch gar nicht bewusst, wie wichtig diese Gleichbehandlung ist. Ich kann mich heute noch an eine Reihe von Situationen erinnern, in denen mir ein Spieler nach einem Pfiff gegen seine Mannschaft vorgeworfen hat, ich würde für den Gegner pfeifen. Schließlich hätten wir vor dem Spiel schon so lange geredet und uns ausgetauscht.

Es gibt aber auch Situationen auf dem Spielfeld, bei denen es gar nicht so leicht ist, die wahrgenommene Fairness im Prozess der Entscheidungsfindung aufrechtzuhalten. Kommt es zu einem offensichtlichen Foul und ist nicht ganz klar, ob daraus ein Vorteil entstehen kann, dann warte ich kurz ab und beobachte, wie sich das Spiel entwickelt. Sehe ich ein paar Sekunden später, dass kein Vorteil entsteht, pfeife ich. Das Problem: In der Zwischenzeit haben instinktiv die Mitspieler des Gefoulten einen Freistoß gefordert, den sie ein paar Sekunden später dann unter Umständen auch bekommen. Jedoch nicht aufgrund des Zurufs, sondern weil sich der Vorteil nicht eingestellt hat. Jetzt kommen die Spieler der Mannschaft, gegen die ich gepfiffen habe, und beschweren sich, ich hätte auf Zuruf gepfiffen. Hier kann ich nur durch klare Gestik, etwa, mit einem oder beiden Armen den Vorteil anzuzeigen, agieren. Dennoch kommen dann diese Einwände.

Letztlich ist diese Spielsituation ein Beispiel dafür, wie genau Spieler darauf achten, fair behandelt zu werden.

Zu einem fairen Umgang gehört es auch, Betroffene über Entscheidungen – sofern es die Situation erlaubt – vorab zu informieren und dadurch berechenbar zu sein. Am dritten Spieltag der Saison 2012/13 durfte ich die Partie Hannover 96 gegen Werder Bremen pfeifen. Hannover ging schnell 2:0 in Führung, unter anderem durch ein Tor von Szabolcs Huszti. Bremen kam noch vor der Pause zurück und erzielte den Anschlusstreffer und in der 74. Minute durch Kevin de Bruyne den Ausgleich. Alles lief auf eine Punkteteilung im Nordderby hinaus, bevor in der Nachspielzeit Szabolcs Huszti per Volley mit Seitfallzieher das 3:2 für Hannover erzielte – ein Traumtor. Danach zog er sich das Trikot aus und kletterte auf den Zaun zu den Fans zum Jubeln. Die Regeln besagen, dass beides zwingend eine Gelbe Karte nach sich ziehen muss. Man kann natürlich über die Regeln diskutieren und einem Fußballfan mag es in der Seele weh tun, dass solche Regeln durchgezogen werden müssen, wenn ein Traumtor gefallen ist. Aber mir blieb keine Wahl, ich musste zweimal Gelb, also Gelb-Rot, geben und Szabolcs Huszti in der Nachspielzeit vom Platz stellen. Zwar hatte der Platzverweis für das aktuelle Spiel keine große Bedeutung mehr, aber der Spieler war damit im nächsten Spiel automatisch gesperrt. Mir war bewusst, dass mir das Ganze als kleinlich ausgelegt werden konnte. Daher gab ich per Funk an den vierten Offiziellen an der Seitenlinie weiter, dass er Mirko Slomka, den damaligen Trainer von Hannover 96, schnell informieren solle, dass dies nun mal die Regeln seien und es mir leid tue, aber dass ich nicht anders könne, als dem Traumtorschützen nach seinem Jubeln Gelb-Rot zu geben. Das Stadion war natürlich nicht begeistert, aber die Aufregung, die aufgrund der Regeln zwar nicht berechtigt, aber dennoch in einem gewissen Ausmaß zu erwarten war, legte sich sehr schnell. Mirko Slomka ergriff sogar Partei für meine Entscheidung und teilte in Interviews mit, dass ich regelkonform gehandelt habe und mir keine andere Wahl geblieben sei. Wenn das der betroffene Trainer sagt, wird jegliche Aufregung im Keim erstickt und die Akzeptanz für die Entscheidung ist gegeben. Ich bin mir sehr sicher, dass die Vorwarnung, die der vierte Offizielle auf meine Bitte hin aussprach, bei Mirko Slomka viel Luft rausgenommen hatte. Er hatte schnell seine Erklärung für die unliebsame Entscheidung. Er merkte, dass ich mir der Konsequenzen bewusst und es mir wichtig war, dass er diese Erklärung bekam, noch bevor die Zuschauer im Stadion ihren

Unmut mir gegenüber äußern konnten. Was folgt daraus? Der Prozess der Entscheidungsfindung und hier insbesondere der Entscheidungsübermittlung ist wesentlich. Fühlen sich die von der Entscheidung negativ Betroffenen fair informiert, ist die Akzeptanz für diese Entscheidung viel höher.

Perspektive in der Managementliteratur

Das Konzept der Fairness wird meist mit Sport und jeglicher Art von Wettkämpfen in Verbindung gebracht. Fairness bedeutet, dass alle Beteiligten gleich behandelt werden. Dieses Konzept findet man auch in vielen anderen Kontexten, etwa in der Erziehung: Bereits kleine Kinder haben ein sehr ausgeprägtes Gespür für faires und unfaires Verhalten. Fühlen sich Kinder unfair behandelt, stehen Eltern zumeist einer emotionalen, von Entrüstung geprägten Reaktion des Kindes gegenüber. Die psychologische Forschung zeigt, dass Menschen in ihrer Entwicklung möglicherweise die Emotionalität ihrer Reaktion ablegen, die grundlegende Entrüstung gegenüber unfairem Verhalten bleibt jedoch bestehen.[108] Daher überrascht es nicht, dass das Konzept der Fairness in den letzten Jahren verstärkt auch in die Management-Lehre und -Praxis Einzug gehalten hat.

Fairness und unparteiisches Verhalten sind grundlegende Voraussetzungen für den Erfolg von Führungskräften. Diese sind für ihre Mitarbeiter verantwortlich, die unfaires Verhalten instinktiv ablehnen, und zwar aus verschiedenen Gründen: aufgrund ihrer eigenen Ziele, deren Erreichen durch eine unfaire Behandlung von Führungskräften erschwert wird, aber auch aufgrund der generellen Ablehnung von Unfairness. Fairness ist ein hoher Wert in nahezu allen Gesellschaften und daher sind Mitarbeiter demotiviert, wenn sie sehen, dass sie oder andere im Unternehmen nicht fair behandelt werden. Die zentrale Quelle für mögliche Unfairness in Unternehmen sind Führungskräfte und ihr Verhalten. Sie schaffen ein Umfeld, das von Fairness oder Unfairness geprägt ist, ähnlich wie bei einem Schiedsrichter auf dem Fußballplatz. Aber eben nicht in Bezug auf Freistoßpfiffe oder Platzverweise, sondern auf eine ganze Reihe anderer Entscheidungen, wie beispielsweise die Berücksichtigung der Interessen von Mitarbeitern bei Budgetentscheidungen oder Beförderungen. Wichtig ist dabei die Erkenntnis, dass es aus der Sicht der Mitarbeiter auf die subjektiv wahrgenommene Fairness ankommt.[109] Deshalb kann auch eine für den einen Mitarbeiter positive Entscheidung aus seiner Sicht durchaus als unfair angesehen werden, wenn er selbst meint, diese nicht zu verdienen. Der häufigere Fall wird jedoch sein, dass eine inhaltlich aus der Unternehmenssicht richtige Entscheidung aus der Sicht eines negativ betroffenen Mitarbeiters als unfair wahrgenommen wird.

Wesentlich für das Verständnis, wie Mitarbeiter Fairness wahrnehmen und bewerten, ist die Beobachtung, dass Mitarbeiter und generell Menschen in Gruppensituationen zur Bewertung von Fairness ihre Situation mit der von Mitarbeitern beziehungsweise Mitgliedern einer Gruppe vergleichen. Diesen Sachverhalt hat

J. Stacy Adams untersucht und in seiner Equity-Theorie zusammengefasst.[110] Sie beschreibt die Gedanken, die ein Mitarbeiter in einer Situation hat, um zu bewerten, ob er sich fair behandelt fühlt oder nicht. Dabei durchläuft er zwei Phasen: In einem ersten Schritt bewertet der Mitarbeiter für sich allein zunächst, ob die von ihm geleisteten Inputs in einem gesunden Verhältnis zu den für ihn generierten Outputs stehen. Inputs können die geleisteten Arbeitsstunden sein, die Mühe und Energie, die investiert wurden, der Verzicht auf Freizeit oder ein anderes Arbeitsverhältnis. Seine Anpassungsfähigkeit, seine Loyalität oder die Unterstützung von Kollegen können ebenfalls Inputfaktoren sein. Der Output besteht in der Arbeitssituation aus der finanziellen Entlohnung, aber auch aus Lernerfahrungen, Weiterentwicklung, dem Lob eines Vorgesetzten oder Kunden, auch die individuelle intellektuelle Erfüllung oder eine gute Arbeitsatmosphäre können relevante Outputfaktoren sein. Der Mitarbeiter wird diese für sich in ein Verhältnis setzen und wenn die Outputs die Inputs mindestens kompensieren, wird er seine Arbeitssituation als fair bewerten.

In einem zweiten Schritt vergleicht ein Mitarbeiter oder ein Mensch in Gruppensituationen, in denen es um Input und Output geht, sein Input-Output-Verhältnis mit dem anderer. Selbst wenn wir unser Input-Output-Verhältnis individuell isoliert gesehen als fair betrachten, können wir uns dennoch unfair behandelt fühlen, wenn unser Input-Output-Verhältnis schlechter ist als das eines vergleichbaren Kollegen, wenn beispielsweise ein Kollege mit dem gleichen Input mehr Gehalt als Output erzielt als wir selbst, dann empfinden Menschen die Situation nicht mehr als fair, selbst wenn sie zunächst mit ihrem Input-Output-Verhältnis zufrieden waren. Auf den Fußball bezogen erklärt diese Logik, warum ein Spieler, der gerade unzweifelhaft ein gelbwürdiges Vergehen begangen hat, über die resultierende Gelbe Karte meckert und sich unfair behandelt fühlt, selbst wenn er sich der Schwere seines Vergehens bewusst ist. Möglicherweise hat er zuvor ein ähnliches Vergehen auf der anderen Seite beobachtet, bei dem es keine Verwarnung gab. Dabei kommt es nicht darauf an, ob das objektiv vergleichbar war – was zählt, ist die Wahrnehmung. Ähnlich ist es mit der Wahrnehmung einer Mannschaft, dass sich der Schiedsrichter vor dem Spiel deutlich mehr mit den Spielern oder Betreuern der anderen Mannschaft unterhalten habe. Das schafft Wahrnehmungen und Eindrücke in der relativen Bewertung der eigenen Position, die das Gefühl unfairen Verhaltens entstehen lassen.

Interessant ist, dass sich Menschen in beide Richtungen unwohl fühlen. Wenn sie sich (auch nur in geringem Maß) schlechter behandelt fühlen in ihrem Input-Output-Verhältnis, dann nehmen sie die Situation eher als unfair wahr. Außerdem können sich Menschen unwohl fühlen und die Situation als unfair bezeichnen, wenn sie ein gegenüber dem vergleichbaren Mitarbeiter besseres Input-Output-Verhältnis haben. Denn wir können eine Situation auch als unfair wahrnehmen, wenn wir uns zu gut behandelt fühlen. Studien zeigen allerdings, dass die Abweichung in diesem Fall sehr groß sein muss. Doch selbst wenn unser Input-Output-Verhältnis in einer Situation nur unwesentlich schlechter ist als das eines Kollegen, beschreiben wir die Situation als unfair. Fühlen wir uns nur leicht besser gestellt, dann sehen wir das nicht als unfair an.

Für die Führungssituation sind diese Erkenntnisse relevant. Denn Mitarbeiter sind nach dieser Equity-Theorie nur motiviert und zufrieden, wenn es der Führungskraft gelingt, eine Situation zu schaffen, in der die wahrgenommenen Input-Output-Verhältnisse in einem gesunden Verhältnis stehen. Das gilt für die Entlohnung, aber beispielsweise auch für das Aussprechen eines Lobes. Lobt eine Führungskraft öffentlich einen Mitarbeiter für eine bestimmte Leistung, dann sollte sie dies auch tun, wenn ein anderer Mitarbeiter mit ähnlichen Voraussetzungen diese Leistung erzielt. Des Weiteren besagt die Equity-Theorie, dass Mitarbeiter, die sich unfair behandelt fühlen, eine geringere Motivation zeigen. Darüber hinaus wehren sich Mitarbeiter gegen nachteilige Input-Output-Verhältnisse und versuchen, ein Gleichgewicht mit den Input-Output-Verhältnissen der anderen zu schaffen. Bekommt beispielsweise ein Kollege für eine wahrgenommen ähnliche Leistung ein Lob, man selbst aber nicht, dann wäre eine mögliche negative Konsequenz, dass der Mitarbeiter seine Arbeitsleistung reduziert. Er sieht nicht den Output für sich selbst, also reduziert er seinen Input. Übertragen auf den Fußballplatz könnte ein Spieler, der sich unfair behandelt fühlt, seine Spielweise anpassen und noch aggressiver spielen. Im Extremfall führen nachteilige Input-Output-Verhältnisse, die sich nicht beseitigen lassen, zur Kündigung oder anderem Fluchtverhalten. Der Spieler auf dem Platz lässt sich vielleicht sogar zu einer Tätlichkeit hinreißen.

Für konkrete Handlungsempfehlungen für Führungskräfte hat die Management-Lehre verschiedene Arten von Fairness in Führungssituationen abgeleitet. Grundlegend ist die Unterscheidung zwischen inhaltlicher und prozessualer Fairness.[111] Nehmen wir zum Beispiel eine Budgetentscheidung für eine Produktentwicklung. Verschiedene Abteilungen haben sich darum bemüht und nun steht die Entscheidung an, wie es auf die verschiedenen Ideen verteilt wird. An welchen Stellen im Entscheidungsprozess kann Unfairness aus der Sicht der beteiligten Abteilungen auftreten? Zunächst in Bezug auf den Inhalt der Entscheidung. Wenn eine Abteilung einen großen Teil des zu verteilenden Budgets bekommt und eine andere Abteilung deutlich weniger, dann kann diese inhaltliche Entscheidung als unfair wahrgenommen werden, selbst wenn sie inhaltlich aus der Gesamtunternehmenssicht zu vertreten ist. Dabei handelt es sich um eine wahrgenommene inhaltliche Fairness bzw. Unfairness.

Davon zu unterscheiden ist die prozessuale Fairness. Entscheidend ist hierbei die Wahrnehmung des Mitarbeiters und wie er den Prozess, der zu dieser Entscheidung geführt hat, bewertet. War dieser bis zur Entscheidung fair – aus der Sicht des Mitarbeiters? Dabei spielt es insbesondere eine Rolle, ob der Mitarbeiter die Entscheidungsfindung grundsätzlich als unvoreingenommen empfunden hat. Gab es von vornherein einen Liebling, der ein Budget auf jeden Fall bekommen sollte? Oder gab es keine objektiven Kriterien zur Herleitung der Entscheidung? Ist die Entscheidungsfindung ernsthaft und mit viel Mühe erfolgt oder stand die Entscheidung schon vorher fest? Die Forschung zeigt, dass Mitarbeiter oder andere Betroffene die Prozesse, die zu Entscheidungen führen, sehr genau wahrnehmen und beobachten. Hier kommt der tief verankerte menschliche Wunsch nach Fairness zum Tragen.[112]

Welche dieser beiden Arten von Fairness bestimmt primär die Zufriedenheit von Mitarbeitern und wann wird ein Gesamtprozess als fair wahrgenommen? Die Studie eines niederländischen Forscherteams um Kees van den Bos von der Universität Utrecht gibt einen interessanten Einblick:[113] Menschen bewerten – sicherlich zu großen Teilen unbewusst – die erste wahrgenommene Fairness beziehungsweise Unfairness am stärksten. Hergeleitet wurde dies in einem Experiment um einen Bewerbungsprozess. Der einen Gruppe von Bewerbern wurde vorab mitgeteilt, wie der Prozess abläuft, welche Kriterien gelten und alle Bewerber konnten (anonymisiert über ein Portal) vorab Fragen stellen. Der Prozess war fair und berechenbar. Der anderen Gruppe wurden diese Informationen und Möglichkeiten vorenthalten und es wurden den Mitgliedern unmittelbar die Einstellungsentscheidungen übermittelt. Im Anschluss erfolgte die Messung der Zufriedenheit der beteiligten Bewerber sowohl bei der Gesamtzufriedenheit als auch bei der Zufriedenheit mit dem Prozess und dem Ergebnis. Bei der ersten Gruppe wurde die Gesamtzufriedenheit eindeutig durch die Zufriedenheit mit dem Prozess getrieben. Sogar abgelehnte Bewerber zeigten eine beträchtliche Zufriedenheit. Bei der zweiten Gruppe war die Zufriedenheit mit dem eigenen Ergebnis die treibende Kraft hinter der Gesamtzufriedenheit. Vor allem abgelehnte Bewerber waren besonders unzufrieden – sowohl mit dem Ergebnis als auch mit dem Gesamtentscheidungsprozess.

Diese Ergebnisse zeigen, dass Führungskräfte – ähnlich wie der Schiedsrichter vor Entscheidungen im Umgang mit den beteiligten Vereinen – großen Wert auf eine ausgeprägte Prozess-Fairness legen sollten. Berechenbarkeit ist ein wesentlicher Bestandteil der Prozess-Fairness. Auch wenn die später inhaltlich zu treffende Entscheidung nicht im Sinn einer Person oder einer Abteilung ausfällt, kann diese dennoch insgesamt eine hohe Fairness wahrnehmen. Das ist für Führungskräfte eine sehr gute Nachricht. Denn inhaltliche Entscheidungen sind oft – in der Wahrnehmung der Beteiligten – kaum für alle fair gestaltbar, insbesondere, wenn es um die Verteilung knapper Ressourcen geht (wie die Verteilung von Budgets). Wenn jedoch vorab eine ausgeprägte Prozess-Fairness gelebt wird, die von allen Beteiligten wahrgenommen wird, kann die Führungskraft dennoch insgesamt als fair gelten.

Eine ganze Reihe empirischer Studien unterstreicht, dass es sich für Führungskräfte lohnt, als fair wahrgenommen zu werden. Die Studie eines Forscherteams um Sandra Walker von der SKEMA Business School zeigt für 100 französische Unternehmen, dass Mitarbeiter in Unternehmen mit Führungskräften, die von Mitarbeitern als fair eingestuft werden, Veränderungsprozesse deutlich besser mittragen.[114] Eine Studie der Forscher David De Cremer und Daan Van Knippenberg belegt, dass die Zufriedenheit mit Führungskräften größer ist, wenn eine Prozess-Fairness wahrgenommen wurde.[115] Robert Folger und Mary Konovsky ergänzen durch ihre Studien, dass Führungskräfte, die als fair wahrgenommen werden, von ihren Mitarbeitern ein deutlich höheres Maß an Vertrauen erfahren.[116] Ein Forscherteam um Allan Lind von der Duke University fand heraus, dass gekündigte Mitarbeiter deutlich schneller rechtliche Schritte einleiten, wenn sie das Gefühl haben, unfair behandelt worden zu sein.[117] Nur ein Prozent der gekündigten Mitarbeiter, die bei der Kündigung prozessuale Fairness empfunden haben, ringen sich zu rechtlichen Schritten durch. Dagegen leiten 17 Prozent der Gekündigten, die keine prozessuale Fairness empfunden haben, rechtliche Schritte ein.[118]

Weitere Studien belegen, dass Unternehmen, deren Führungskräfte für Fairness stehen, nicht nur intern bessere Prozesse aufsetzen, sondern auch deutlich nachhaltigere Beziehungen zu Externen wie Lieferanten und Kunden aufbauen – Fairness und unparteiisches Verhalten stehen für eine Art Kultur des Umgangs im gesamten Unternehmen. Auch Studien außerhalb des unmittelbaren Unternehmenskontexts unterstreichen diese Erkenntnisse. Studien aus dem rechtlichen und politischen Kontext zeigen, dass die Zufriedenheit mit Führungskräften (beispielsweise Politikern) größer ist, wenn diese als fair wahrgenommen werden.[119]

Eine der Studien hat herausgefunden, dass Führungskräfte eher zu einem als unfair wahrgenommenen Verhalten tendieren, wenn sie überlastet sind.[120] An Tagen mit hoher Arbeitsbelastung priorisieren Führungskräfte technische Aufgaben und verhalten sich gegenüber Mitarbeitern in einer Art und Weise, die diese als unfair wahrnehmen. Eine zweite Studie unterstreicht, dass Überlastung über längere Zeit zu den Wahrnehmungen eines zunehmend unfairen Verhaltens durch den Vorgesetzten führt. Eine dritte Studie führte ein Experiment durch, bei dem Führungskräfte eine technische Aufgabe bekommen und zusätzlich die Aufgabe, eine Begründung zu verfassen, warum eine bestimmte Führungskraft nicht befördert wurde. Je umfangreicher die technische Aufgabe, desto kürzer die Begründung, sofern sie überhaupt geschrieben wurde.[121] Die Ergebnisse zeigen, dass Fairness gegenüber Mitarbeitern, insbesondere das Erklären von Sachverhalten, Zeit kostet und diese Zeit häufig für andere, vermeintlich wichtigere Dinge verwendet wird. Führungskräfte widmen sich nicht automatisch prozessualer Fairness.

Die Management-Lehre benennt jedoch einige Ansatzpunkte, wie Führungskräfte als fairer wahrgenommen werden können. Die intuitivsten und am besten zu adressierenden Ansatzpunkte finden sich in der Prozess-Fairness. Wahrgenommene inhaltliche Fairness herzustellen ist schwer und in einigen Fällen unmöglich; dagegen bietet die Prozess-Fairness einige gut handhabbare Hebel. Rechtzeitig ausreichende Informationen – etwa über einen notwendigen anstehenden Platzverweis in der Nachspielzeit wie im Spiel Hannover gegen Bremen an den Hannoveraner Trainer Mirko Slomka – bereitzustellen oder Beteiligte vorab gleich zu behandeln, sind wichtige Ansatzpunkte. Dabei zeigt sich, dass auch symbolische Handlungen – wie die des Schiedsrichters, der beide Mannschaften gleich intensiv begrüßt – eine beträchtliche Wirkung haben. Alle Beteiligten gleichberechtigt nach ihrer Meinung zu fragen, beweist Prozess-Fairness und erfordert bei der Umsetzung zwar Disziplin, ist aber häufig gut durchführbar und mit einem geringen Ressourceneinsatz (wie Zeit) möglich.

Was sollten Führungskräfte konkret tun? Erstens sollten sie sich Transparenz darüber verschaffen, ob sie ihre Teammitglieder oder auch andere dem Unternehmen verbundene Personen fair behandeln. Wie der Schiedsrichter, der Entscheidungen im Graubereich auf beide Mannschaften abstimmt und auf eine konsistente Vorgehensweise auf beiden Seiten achtet. Dabei kommt es wie beschrieben besonders auf die wahrgenommene Fairness an. Es ist zudem zu bedenken, dass einzelne Mitarbeiter Fairness nicht nur auf sich selbst beziehen, sondern insgesamt faires Verhalten wertschätzen beziehungsweise unfaires Verhalten abstrafen. Selbst wenn sich ein Mitarbeiter persönlich fair behandelt fühlt, kann dieser Mitarbeiter die Führungskraft dennoch insgesamt als unfair ansehen, wenn sie andere Mitarbeiter nicht fair behandelt. Da wahrgenommene Fairness subjektiv ist, können einzelne Mitarbeiter befragt werden, wie sie die Fairness der Führungskraft wahrnehmen. Möglicherweise legt eine Führungskraft bestimmte Verhaltensweisen an den Tag, die ihr selbst nicht bewusst sind, die aber von einzelnen Mitarbeitern in bestimmter Hinsicht als unfair wahrgenommen werden.

Zweitens sollten Führungskräfte in allen Situationen daran denken, vorab Informationen und Kriterien zugänglich zu machen, wenn sich dies anbietet oder inhaltlich sinnvoll ist, um von allen Beteiligten als berechenbar wahrgenommen zu werden. Wenn Führungskräfte Bewertungsprozesse durchführen, sollten sie vorab die Kriterien kommunizieren und deutlich machen, worauf es ihnen ankommt. Ebenso sollten sie Informationen, sobald sie verfügbar und teilbar sind, im Team oder an die jeweils betroffene Person weitergeben. Unklare Kriterien in Bewertungsprozessen und das Zurückhalten von Informationen sind zwei zentrale Treiber wahrgenommener Unfairness. Umgekehrt sind eine hohe Transparenz der Entscheidungskriterien sowie Vorabinformationen über sich anbahnende Entscheidungen zwei wesentliche Hebel, die als fair wahrgenommen werden.

Praktische Anwendung

Aus diesen Überlegungen aus der Schiedsrichter- und der Management-Perspektive lassen sich zwei Empfehlungen ableiten:

> Hinterfrage dich kontinuierlich, ob du alle Mitarbeiter fair behandelst, und hole dazu das Feedback dritter Personen ein! Hinterfrage dich kontinuierlich, ob du nicht doch ein Heim-Schiri bist!
>
> Mache Bewertungskriterien transparent, sei berechenbar und informiere alle Beteiligten vorab, wenn sich Entscheidungen anbahnen. Erkläre den Spielern vorab, wofür sie verwarnt werden und wenn ein Platzverweis droht!

Wie lassen sich diese Erkenntnisse im Unternehmen anwenden? Die folgende Aufgabe bietet eine Möglichkeit.

Die Zeit-pro-Mitarbeiter-Logik

Alle Mitarbeiter konsequent fair zu behandeln, ist eine große Herausforderung. Gehe die Liste der Mitarbeiter durch, die unmittelbar für dich arbeiten. Notiere, wie viel Zeit du mit ihnen jeweils in persönlichen Gesprächen im Lauf der letzten Monate verbracht hast. Unterteile die Mitarbeiter danach in vergleichbare Gruppen (beispielsweise alle Berufsanfänger oder alle Marketing-Mitarbeiter). Überprüfe innerhalb der Gruppen, ob du dich gleichmäßig um alle in der Gruppe gekümmert hast. Wenn nein, überlege, ob es nachvollziehbare Gründe dafür gibt (z. B. brauchen ältere Mitarbeiter vielleicht weniger Unterstützung als jüngere, unerfahrene) und ob eine faire Anpassung deines Verhaltens möglich ist.

Kapitel 9

Betrachte Scheitern und Fehler als Lernerfahrung

Die Schiedsrichter-Perspektive

Jeder Schiedsrichter hat in seiner Karriere eine ganze Reihe von Fehlentscheidungen getroffen. Sicherlich sind die meisten Entscheidungen objektiv richtig, aber im Gedächtnis bleiben vor allem die Fehlentscheidungen. Diese werden diskutiert, in Übertragungen aus allen möglichen Perspektiven gezeigt und von Experten kommentiert. Obwohl auch diese sich nicht immer einig sind, bleibt die Entscheidung an uns Schiedsrichtern hängen und wir stehen im Kreuzfeuer. Durch die Einführung des Videoassistenten sind unsere Entscheidungen im Team noch einmal besser geworden, aber strittige Entscheidungen und auch Fehlentscheidungen gibt es dennoch. Daher müssen wir Wege finden, mit diesen Fehlentscheidungen umzugehen. Meiner Erfahrung nach ist der offene Umgang mit solchen Fehlern der beste Weg.

Doch den souveränen Umgang mit Fehlern musste ich über die Zeit erst schmerzhaft lernen. Ein Beispiel aus den ersten Jahren meiner Bundesligakarriere: Am dritten Spieltag der Saison 2012/13 habe ich das Spiel Hannover 96 gegen Werder Bremen geleitet. Beim Stand von 2:2 habe ich in der 83. Minute ein vermeintliches Foul des Bremers Sokratis Papastathopoulos an dem Hannoveraner Karim Haggui gepfiffen. Das erregte die Gemüter der Bremer, da im Anschluss an das Foul Bremen ein vermeintliches Tor zum 3:2 geschossen hatte. Da Hannover in der Nachspielzeit tatsächlich noch das 3:2 erzielte, verlor Bremen die Partie. Die Sportmedien kamen nach dem Spiel und dem Studium der Fernsehbilder zu der Ansicht, dass wohl kein Foul vorgelegen hatte und das Bremer Tor hätte zählen müssen. Dann hätte das Spiel mit hoher Wahrscheinlichkeit einen anderen Ausgang genommen. Den Videoassistenten gab es noch nicht. Ich habe damals den Fehler in Interviews nicht eingestanden und versucht, meine Entscheidung zu verteidigen. Thomas Schaaf, damals Trainer bei Werder Bremen, reagierte mit Unverständnis. Konkret gab er zu Protokoll: »Wenn ich das höre, finde ich es nur traurig. Da fehlt mir jegliches Verständnis. Ich finde es schlimm, solche Aussagen zu erleben. Es können durchaus Fehler vorkommen, auch wir haben in dem Spiel Fehler gemacht. Aber dann muss man auch dazu stehen.« Der *Kicker* strafte mich mit einer schlechten Benotung ab und Sympathien habe ich dadurch sicherlich nicht gewonnen.

Heute gehe ich mit Fehlern anders um. Am 22. Spieltag der Saison 2021/22 habe ich das Spiel SC Freiburg gegen den FSV Mainz 05 geleitet. Nach etwa einer halben Stunde erzielte der Mainzer Alexander Hack die 1:0-Auswärtsführung. Im Rahmen dieser Führung kam es zu einer meiner kuriosesten Fehlentscheidungen. Die Freiburger Spieler reklamierten Handspiel. Der Videoassistent und ich beschäftigten uns damit, kamen aber zu dem richtigen Ergebnis, dass kein strafbares Handspiel vorlag. So weit, so gut. Was allerdings niemand von uns erkannte, weil wir uns auf das mögliche Handspiel konzentrierten: Es lag eine Abseitsstellung vor. Das Tor hätte nicht zählen dürfen. Nach dem Spiel war die Sachlage klar, da konnte ich nichts wegdiskutieren. Eine sehr ärgerliche Fehlentscheidung. Das Spiel ist 1:1 ausgegangen, aber Freiburg war zu Recht nicht glücklich mit meiner Entscheidung. Mir blieb nichts anderes übrig, als mich den Fernsehkameras zu stellen. Dabei erklärte ich genau unseren Fehler. Wie konnte das passieren? Ich legte dar, dass wir uns auf das Handspiel konzentriert und dadurch das Abseits übersehen hatten. Ich kommunizierte, dass ich mich wirklich ärgere und auch verstehe, dass die Freiburger verärgert sind. Ich sagte klipp und klar, dass das Tor nicht hätte zählen dürfen. Wie reagierten die Freiburger? Der Freiburger Trainer Christian Streich meinte nach dem Spiel: »Herr Aytekin kann nichts dafür, weil er das nicht sehen kann. Ich finde es gut, dass er sich einfach entschuldigt hat und sich gewissermaßen für seine Kollegen hingestellt hat. So macht man das auch.« Obwohl das Lehrbuch sagt, dass man Fehler erklären und dafür auch geradestehen soll, überraschte mich die Reaktion dann doch. Wir machen auf dem Platz einen Fehler und Christian Streich ist zwar nicht erfreut, aber beendet seine Aussage mit einem Lob über meine Art und

Weise des Umgangs mit dem Fehler. Mir hat diese Situation eindrucksvoll gezeigt, wie effektiv es ist, bei Fehlern nicht wegzurennen und sie nicht zu leugnen. Der offene Umgang mit Fehlern macht das Beste aus einem Fehler. Natürlich wäre es besser, er wäre gar nicht passiert. Wenn er aber geschehen ist, dann kann man an dem Umgang mit diesem Fehler wachsen.

Doch die Reaktion von Christian Streich hat mir noch etwas gezeigt. Er sagte, ich hätte mich gewissermaßen für meine Kollegen hingestellt. Ja, wir alle im Team haben das Abseits nicht wahrgenommen. Das hätte der Videoassistent auf dem Bildschirm streng genommen sehen müssen, und zwar noch besser als wir auf dem Platz, da er mit Kalibrierungslinien arbeiten kann. Doch auch er war auf das mögliche Handspiel konzentriert. Ich habe mich jedoch bewusst dazu entschieden, dass wir als Team den Fehler einräumen und ich mich in die vorderste Reihe stelle. Zum einen treffe ich auf dem Platz die finalen Entscheidungen, nicht der Videoassistent. Zum anderen halte ich es für notwendig, dass mir mein Team vertraut und weiß, dass es Fehler machen darf. Wir haben eine klare No-Blame-Kultur untereinander. Was wäre die Alternative gewesen? Ich hätte mich hinstellen und in die Kameras argumentieren können, der Videoassistent habe mich im Stich gelassen und ich stünde jetzt blöd da – extrem ausgedrückt. Sicherlich hätte ich damit zu Recht keine Sympathiepunkte gewonnen. Was aber noch viel schlimmer gewesen wäre und eine negative Auswirkung weit über den Nachmittag in Freiburg hinaus gehabt hätte: Ich hätte die Kultur in meinem Team nachhaltig negativ beeinflusst. Mit meinen Schiedsrichterassistenten arbeite ich typischerweise langfristig zusammen, diese hätten es mitbekommen und beim nächsten Spiel mit etwas mehr Angst an der Seitenlinie gestanden und so sicherlich nicht mehr ihre beste Leistung abrufen können. Die Videoassistenten wechseln zwar in jedem Spiel, aber durch die öffentliche Aufmerksamkeit hätte der nächste mein Verhalten ebenfalls entsprechend gedeutet. Daher ist es eindeutig die überlegene Strategie, dass ich den Fehler nicht einer einzelnen Person zuschiebe, sondern Verantwortung übernehme.

Von einem solchen Vorgehen habe ich übrigens ganz zu Beginn meiner Bundesligakarriere selbst profitiert. Im August 2006 stand ich zum ersten Mal auf einem Bundesligaspielfeld. Ich war Schiedsrichterassistent im Team von Günter Perl, und zwar beim Spiel Energie Cottbus gegen den Hamburger SV. Hamburg ging durch Boubacar Sanogo im ersten Durchgang 1:0 in Führung. Nach der Halbzeit drängte Cottbus auf den Ausgleich und bekam einen Eckball auf meiner Seite zugesprochen. Der Eckball wurde zunächst abgeblockt, aber dann schoss der Cottbuser Spieler Mariusz Kukiełka aus der zweiten Reihe. Ich fokussierte das Hamburger Tor und sah eindeutig, dass ein Hamburger Spieler auf der Torlinie ein Handspiel beging und so den Ausgleich verhinderte. Wie die Fernsehbilder nachher zeigten, war das Handspiel unstrittig. Günter Perl hatte allerdings aus seiner Position nichts bemerkt und so winkte ich ihn zu mir. Mit Funk waren wir damals noch nicht ausgestattet, auch Videoassistenten gab es noch nicht. Er kam zu mir, ich berichtete von dem Handspiel und es war klar, dass es Elfmeter für Cottbus gab. Dann aber kam die Frage: Wer hat das Handspiel begangen? Die Regeln besagen, dass es in diesem Fall neben einem Elfmeter auch noch eine Rote Karte geben muss. Und in dem Moment stutzte ich. Ich hatte tatsächlich den Hamburger Spieler aus den Augen verloren und ich konnte nicht sagen, wer es war. Da keiner aus dem Team nachvollziehen konnte, wer der Übeltäter war, konnten wir nur Elfmeter geben und Hamburg durfte vollzählig weiterspielen. Das Stadion tobte und wir standen extrem in der Kritik. »Vier Schiris. Acht Augen. Null Durchblick«, titelte die Boulevardpresse am Folgetag. Cottbus verwandelte den Elfer. Es fielen noch zwei Tore und die beiden Mannschaften trennten sich 2:2. Im Mittelpunkt stand aber unser, primär mein Fehler. Günter Perl musste die Angelegenheit Volker Roth, damals Vorsitzender des DFB-Schiedsrichterausschusses, erklären. Günter Perl zeigte Größe und nahm die Schuld auf sich, verteidigte mich bei Volker Roth und setzte sich dafür ein, dass ich weitere Chancen bekam.

Perspektiven in der Managementliteratur

Im Unternehmenskontext waren Scheitern oder Fehler über lange Zeit durchweg negativ belegt. Führungskräfte versuchten, Momente des Scheiterns und ihre Fehler nicht zu kommunizieren, da diese als ein Versagen verstanden wurden. In den letzten Jahren hat jedoch eine Bewegung aus dem Start-up-Umfeld das Scheitern auch im Kontext etablierter Unternehmen in ein neues Licht gestellt.[122] Scheitern gilt seitdem als wichtiger Teil der Weiterentwicklung von Individuen, aber auch ganzer Unternehmen. Dabei kann ein Scheitern sehr breit gesehen werden, beispielsweise als das Scheitern eines Unternehmens beim Eintritt in einen ausländischen Markt und damit eine Entscheidung, die typischerweise viele Ressourcen verbraucht. Oder auf individueller Ebene mit dem Scheitern in einer Position, wenn eine Führungskraft einer neuen Rolle nicht gewachsen ist und, ohne ihr Ziel erreicht zu haben, die Position wieder verlässt. Scheitern kann sich aber auch auf einzelne Aufgaben und Entscheidungen beziehen. Beispielsweise einen Kunden nicht so behandelt zu haben, wie es angebracht gewesen wäre, und ihn dadurch zu verlieren oder zumindest einen Auftrag in einer gewissen Größenordnung nicht zu bekommen. Oder ein im Nachhinein als unfair betrachteter Umgang mit einem Mitarbeiter.

Ein Team um die Forscherin Alison Wood Brooks von der Harvard Business School hat sich damit beschäftigt, wie Führungskräfte, die über ihre Fehler reden, auf ihre Mitarbeiter wirken.[123] Dabei werden diese Führungskräfte keinesfalls als weniger kompetent angesehen und ihre Fähigkeit, das Unternehmen zu führen, nicht generell infrage gestellt. Von vergangenen Scheitererfahrungen und Fehlern wird demnach nicht zwangsläufig auf zukünftige geschlossen. Interessanterweise rücken solche Erzählungen die Führungskraft sogar in ein positives Licht. Sie wird als menschlich angesehen, das Vertrauen der Mitarbeiter in ihre Ehrlichkeit wächst und die Mitarbeiter erklären, sich bei zukünftigen Problemen viel eher an diese Führungskraft zu wenden. Als Resultat hält die Forscherin fest, dass Mitarbeiter in solchen Situationen einen »wohlwollenden Neid« entwickeln. Sie sind wohlwollender gegenüber der Führungskraft und auf solche Entwicklungsschritte in gewisser Weise neidisch – auch wenn dies zunächst ungewöhnlich klingen mag. Mitarbeiter erfassen den Wert dieser Erfahrungen, die wichtig für zukünftige Entscheidungen sind und fühlen sich dadurch wiederum selbst für ihre Aufgaben motiviert.

Eine weitere Studie zeigt, dass solche positiven Wahrnehmungen von Scheitererfahrungen und Fehlern von Führungskräften bei der Mitarbeiterführung besonders effektiv sind, wenn die Führungskraft bereits Erfolge vorzuweisen hat. Je mehr Erfolge, über die in der konkreten Situation zwar nicht gesprochen wird, die den Mitarbeitern aber bewusst sind, desto effektiver ist die Kommunikation über eine eigene Scheitererfahrungen oder Fehler in der Vergangenheit. Wenn diese Erfolge noch nicht erzielt wurden, beispielsweise zu Beginn einer Karriere, dann, so belegen Studien, kann die Kommunikation solcher Scheitererfahrungen und Fehler dennoch Sinn machen, allerdings sollten junge Führungskräfte diese unbedingt mit einer dosierten Kommunikation von Erfolgen kombinieren.[124]

Xiaodong Lin-Siegler von der Columbia University und ihr Team beschäftigen sich mit den positiven Auswirkungen von Wissen über Scheitererfahrungen auf die Lernerfolge von Schülern.[125] Er zeigt, dass die Lernleistungen von Schülern, unter anderem gemessen an Noten, anstiegen, wenn man mit ihnen ausführlich über die wissenschaftlichen Karrieren von Albert Einstein und Marie Curie gesprochen hatte, und zwar insbesondere dann, wenn man dabei auch auf Momente des Scheiterns und Rückschläge eingegangen war. Allein das Wissen, dass selbst die prominentesten und erfolgreichsten Forscher schon scheiterten und dieses Scheitern auf dem Weg zu den größten Erkenntnissen sogar notwendig war, erhöhte die Disziplin und Scheitertoleranz der Schüler.

In einem Experiment im Universitätskontext analysierten Forscher, was akademische Leistungen beeinflusst. Dabei wurden zwei Gruppen gebildet. Die erste Gruppe sollte Informationen zu einem bestimmten Sachverhalt auswendig lernen. Die zweite Gruppe sollte zu demselben Sachverhalt zunächst selbst Gedanken sammeln, die ihnen als relevant für diesen Sachverhalt erschienen. Die zweite Gruppe bekam Feedback zu ihren Gedanken, die meist nicht vollständig zutreffend waren. Mit etwas zeitlichem Abstand wurden die Informationen abgefragt. Dabei schnitten die Studenten der zweiten Gruppe deutlich besser ab, obwohl es inhaltlich am Ende um dieselben Informationen ging. Die Forscher schlossen daraus, dass das Feedback und die Korrektur des eigenen Anteils die Studenten dazu zwangen, nachzudenken und über ihre Fehler zu reflektieren. Diese Lernerfahrung war deutlich effektiver, als von vorneherein die richtigen Antworten zu bekommen und diese lediglich zu lernen.[126] Auf den Schiedsrichter-Kontext übertragen könnte dies bedeuten, dass die Lernerfahrung in Freiburg mit dem zu Unrecht gegebenen Tor aufgrund des nicht wahrgenommenen Abseits eine ganz wesentliche war. Der betroffene Schiedsrichter und der betroffene Videoassistent werden diesen Fehler mit hoher Wahrscheinlichkeit nicht mehr machen. Hätten sie vorher gewusst, dass so etwas passieren kann, wäre – wenn man die Ergebnisse des Experiments überträgt – die Wahrscheinlichkeit, dass ihnen so ein Fehler unterläuft, zwar geringer gewesen. Ihn selbst gemacht zu haben, stärkt die Kompetenz für zukünftige Aufgaben jedoch mehr, als nur davon gehört zu haben.

Studien bestätigen, dass Fehler und die Notwendigkeit, sie zu rechtfertigen, zu erklären oder zu korrigieren, zu mehr Wissen führt. Die zusätzliche erforderliche Zeit und Energie, um über die eigene Antwort beziehungsweise den Fehler nachzudenken, zwingt uns zu einer kritischen Auseinandersetzung.[127] Dadurch merken wir uns mehr, verstehen die Situation besser und wachsen an diesen Fehlern. Das kann wertvoller sein als die kurzfristige Freude über eine unmittelbar richtige Entscheidung.

Amy Edmondson von der Harvard Business School unterscheidet drei Typen von Scheitererfahrungen:[128] vermeidbares Scheitern, komplexes Scheitern und intelligentes Scheitern. Vermeidbares Scheitern wird in fast keiner Situation von Dritten positiv gesehen. Hierbei handelt es sich um Fehler, die durch mehr Sorgfalt oder Anstrengung hätten vermieden werden können, beispielsweise das Zuspätkommen bei einem Kundentermin aufgrund einer Fehlplanung. Solche Scheitererfahrungen oder Fehler besitzen kaum Lernpotenzial. Ihre Kommunikation hat nur wenig positiven Nutzen. Komplexe Scheitererfahrungen und Fehler sind durch eine Kombination vieler interner und externer Faktoren zustande gekommen, die vorher so nicht absehbar waren. Wenn ein Schiedsrichter trotz sehr guter Position und bei voller Aufmerksamkeit in einem Pulk dennoch nicht erkennen kann, was gerade passiert, dann könnte ein solcher Fehler vorliegen.

Intelligentes Scheitern bezieht sich auf Sachverhalte, die bislang noch nicht aufgetreten sind und für die es kein etabliertes Wissen gibt. Das könnte beispielsweise auf eine Produktentwicklung im Rahmen eines Innovationsprozesses zutreffen. Schiedsrichter haben seit der Einführung des Videoassistenten sicherlich Situationen erlebt, die vorher einfach nicht bedacht worden waren. Die Kommunikation über komplexes und intelligentes Scheitern ist besonders hilfreich und effektiv und erreicht bei den Mitarbeitern positive Effekte, insbesondere dann, wenn die betroffene Führungskraft mögliche Lernerfahrungen aus diesen Ereignissen zieht und diese offen kommuniziert.

Während die Forschung und die Management-Praxis die positiven Effekte der offenen Kommunikation über Scheitererfahrungen und Fehler in bestimmten Situationen hervorhebt, zeigen Experimente, dass Menschen die Tendenz haben, nicht über diese Erfahrungen zu sprechen, sondern lieber Positives zu berichten. In einem Experiment erhielten die Probanden drei geschlossene kleine Boxen und sollten zwei dieser drei Boxen öffnen. Ihnen wurde mitgeteilt, dass in einer Box 80 Cent sind und in einer anderen Box 20 Cent.[129] Bei der Wahl der dritten Box muss der Proband einen Cent zahlen. Die Probanden wissen nicht, was in welcher Box ist. Was die Probanden jedoch auch nicht wissen, ist, dass das Experiment beeinflusst ist und dass sie jedes Mal, ganz gleich, wie ihre Wahl ausfällt, die Box mit dem 20-Cent-Gewinn und die Box ohne den Gewinn, die die Zahlung von einem Cent erfordert, öffnen, also eine *gute* Box und eine *schlechte* Box. Die Probanden konnten im nächsten Schritt dem folgenden Probanden einen Tipp geben, aber nur für eine Box. Sie konnten dem nächsten Probanden entweder mitteilen, welche der Boxen die 20-Cent-Box ist (die *gute*) oder welche der Boxen die Zahlung von einem Cent erfordert (die *schlechte*). Bezogen auf den Sachverhalt dieses Kapitels bedeutet die Benennung der 20-Cent-Box die Kommunikation des *Erfolgs* und die der anderen Box die Kommunikation des *Misserfolgs*. Rein logisch sollte der Proband dem nächsten mitteilen, wo die *schlechte* Box liegt, die die Zahlung von einem Cent erfordert. Dann könnte der nächste Proband auf jeden Fall unter den beiden guten Boxen auswählen, die Probanden hätten also gemeinsam etwas gelernt. Interessanterweise hat das allerdings nur knapp über ein Drittel auch wirklich getan. Die meisten kommunizieren die Erfahrung über das Wissen der *guten* Box mit dem 20-Cent-Gewinn. Dadurch besteht für den nächsten Probanden die Gefahr, die *schlechte* Box zu wählen. Warum handelt der erste Proband so? Er wählt die Kommunikation seiner besseren Wahl (seines *Erfolgs*), und zwar aus zwei möglichen Gründen. Erstens spricht der Proband, wie die meisten Menschen, lieber über Erfolge, wenn es hier auch nur um eine gewählte Box geht. Zweitens unterschätzen Menschen häufig den Wert negativer Informationen. Die negative Information, das heißt hier die Position der schlechtesten Box, hätte den größten Wert für die anderen gehabt. Genauso ist es häufig mit Informationen im Unternehmenskontext: Oft ist es wichtiger zu wissen, welche Kunden nicht mehr angefragt werden sollen, weil sie nicht profitabel sind. Menschen sprechen jedoch lieber über die gewonnenen Kunden und der nächste Vertriebler steckt möglicherweise wieder viel Aufwand in die Akquise eines Kunden, der ohnehin nicht zu gewinnen ist.

Eine Anekdote unterstreicht die typische Haltung von Menschen, besonders im Arbeitskontext nicht über Fehler oder aktuelle Missstände zu sprechen. Alan Mulally übernahm 2006 die Führung der Ford Motor Company, nachdem er zuvor viele Jahre bei Boeing gearbeitet hatte. Er berichtet, dass er zu seinem Eintritt bei Ford ein Reporting-System einführen wollte, das aktuelle Projekte, die gut laufen, grün, Projekte, bei denen man genauer hinsehen muss und die aus dem Ruder laufen könnten, gelb, und Projekte, bei denen bereits erhebliche Probleme bestehen, rot markiert.[130] In der ersten Sitzung, in der diese Reports besprochen werden sollten, waren alle Projekte grün dargestellt. Da Ford damals in einer tiefen Krise steckte und im Vorjahr viele Milliarden US-Dollar verloren hatte, fragte er, wie das sein könne. Beim nächsten Mal wurde zumindest ein Projekt auf gelb gesetzt, was Alan Mulally sehr positiv hervorhob. Dies war der Anstoß für eine neue Offenheit und von diesem Moment an waren die Reports immer sehr ehrlich »farbenfroh«, wie er erzählt. Diese Anekdote zeigt, dass Menschen grundsätzlich erst einmal vermeiden, über Negatives zu berichten und Fehler darzulegen. Wenn jedoch von Vorgesetzen ein positives Signal für die offene Besprechung auch von Problemen und aktuellen Missständen gesetzt wird, dann steigt die Bereitschaft, dies ehrlich zu tun, deutlich.

Auch außerhalb der Start-up-Welt belegen Anekdoten von Persönlichkeiten, die offen über ihre Scheitererfahrungen und Fehler sprechen, positive Effekte. Johannes Haushofer ist Psychologie-Professor an der Princeton University. Er veröffentlichte 2016 seinen *Lebenslauf des Scheiterns*.[131] Darin listet er auf, für welche Positionen er sich in der Vergangenheit beworben hat, aber nicht angenommen wurde. Welche Stipendien er nicht erhalten hat. Bei welchen wissenschaftlichen Zeitschriften seine Arbeiten abgelehnt wurden. Bei welchen Auszeichnungen er nicht berücksichtigt wurde. Und welche finanziellen Mittel er für seine Forschung nicht erhalten hat, nachdem er sich dafür beworben hatte. Dieser Lebenslauf war deutlich länger als sein ebenfalls online einsehbarer Lebenslauf mit seinen beruflichen Stationen und Erfolgen. Seine Absicht war es zu zeigen, dass hinter jedem erfolgreichen Lebenslauf mit vielen positiven Stationen und Erfolgen auch immer eine ganze Reihe von Misserfolgen und Fehlern steht, die Menschen typischerweise verschweigen. Sein *Lebenslauf des Scheiterns* erreichte deutlich mehr Aufmerksamkeit als sein regulärer Lebenslauf und er berichtete, er sei niemals vorher um so viele Interviews gebeten worden wie zu der Zeit, als er den *Lebenslauf des Scheiterns* veröffentlichte. Er berichtet zudem, dass er durchweg für seine Aktion gelobt wurde und fast ausschließlich positive Rückmeldungen erhalten hat.

Eine ähnliche Aktion initiierte die Bestsellerautorin Monica Byrne.[132] Nach ihren ersten größeren Erfolgen fragten sie Nachwuchsautoren, was sie gemacht haben, um so erfolgreich zu werden. Da sie diese Frage selbst verstehen wollte, fasste sie ihre beruflichen Aktivitäten der letzten sechs Jahre in einem Excel-Arbeitsblatt zusammen. Darunter waren Einreichungen von Buchideen bei Verlagen, Workshops, Konferenzbesuche und -vorträge, Bewerbungen um Stipendien und Preise und weitere ähnliche Aktivitäten. Dabei notierte sie für jede Aktivität, ob sie erfolgreich war, also ob diese Aktivität ein Ergebnis erbracht hat, mit dem sie zufrieden war und auf das sie gehofft hatte. Sie fand heraus, dass nur drei Prozent aller Aktivitäten das Ergebnis erzielten, das sie sich erhofft hatte, die restlichen 97 Prozent waren für sie negative Ergebnisse. Sie fasste diese Aktivitäten als ihren *Anti-Lebenslauf* zusammen.

Während diese Gedanken bislang den Umgang mit Scheitern und Fehlern in der Vergangenheit betreffen, so gibt es Hinweise darauf, dass erfolgreiche Führungskräfte auch zukünftiges Scheitern und Fehler einkalkulieren und dass nach Phasen überwiegenden Erfolgs – entweder für das Unternehmen im Markt oder in Bezug auf die eigene individuelle Karriere – weitere Scheitererfahrungen folgen werden. Dadurch bereiten sich erfolgreiche Führungskräfte emotional auf zukünftige Rückschläge vor, aber sie erhöhen auch ihre Aufmerksamkeit und Wachsamkeit dafür. Studien zeigen, dass die meisten Unternehmensentwicklungen und auch Managerkarrieren nicht durchweg positiv in eine Richtung verlaufen, sondern dass jedes aktuell kämpfende Unternehmen irgendwann einmal sehr erfolgreich gewesen ist, wenn es bereits eine gewisse Größe erreicht hat. Ein Forscherteam um Matthew Olson zeigt, dass von den 100 größten US-amerikanischen Unternehmen 87 Prozent in der Vergangenheit schon einmal einen plötzlichen Wachstumseinbruch erlebt haben, der das bis dahin funktionierende Geschäftsmodell auf die Probe stellte, und dass sich die Unternehmen neu erfinden mussten.[133] Da sich Marktdynamiken über die Zeit eher verstärken, ist davon auszugehen, dass sich dies in der Zukunft für aktuell erfolgreiche Unternehmen nicht ändern wird und auch sie solche Zeitpunkte des Misserfolgs erleben werden. Ganze Branchen und Industrien können über die Zeit ihre Attraktivität und ihr Wachstumspotenzial verlieren oder wie Theodore Levitt, legendärer Marketing-Professor an der Harvard Business School, schon in den 1960er-Jahren sagte: »Jede Industrie war irgendwann mal eine Hoch-Wachstums-Industrie«.[134] Einige Unternehmen nutzen kreative Wege, um ihren Mitarbeitern das klarzumachen. Einige Räumlichkeiten der Meta-Hauptniederlassung sind in den ehemaligen Gebäuden von Sun Microsystems untergebracht.[135] Meta drehte beim Einzug das große Schild mit dem Sun-Logo vor dem Eingang um und brachte das eigene Logo samt Schriftzug an. Man stellte das Schild aber bewusst so auf, dass die Rückseite noch sichtbar war. Dadurch wird vorbeigehenden Mitarbeitern immer wieder verdeutlicht, dass Erfolg vergänglich ist und Unternehmen alles dafür tun sollten, damit ihr Schild nicht auch irgendwann umgedreht wird.

Ein weiterer Ansatz besteht darin, das Szenario des zukünftigen Scheiterns in die aktuelle Entscheidung einfließen zu lassen und ein sogenanntes Pre mortem durchzuführen. Ein Post mortem (wörtlich übersetzt mit Obduktion) untersucht die

Ursachen für ein Scheitern nach einer Entscheidung. Warum ist in der Vergangenheit etwas schiefgelaufen und was können wir daraus lernen? In einem Pre mortem fragt man bereits vor der Entscheidung, was schieflaufen könnte. Wenn beispielsweise die Entscheidung zu treffen ist, ob man ein bestimmtes Produkt auf den Markt bringt, und man dabei abschätzen muss, wie hoch die Erfolgswahrscheinlichkeiten sind, dann würde ein Pre mortem beispielsweise darin bestehen, zu fragen, warum dieses Produkt kein Erfolg geworden ist. Also: Stellen wir uns vor, das Produkt hat in fünf Jahren die Ziele nicht erreicht, was ist dann wohl schiefgelaufen? Diese negative Sicht lenkt die Aufmerksamkeit auf die potenziellen Scheitergründe. Diese sehen wir häufig nicht, wenn wir in Situationen unsere Entscheidungskompetenz (etwa in Bezug auf Produkteinführungsfähigkeiten) überschätzen.

Die bisherigen Gedanken beziehen sich insbesondere darauf, wie die Führungskraft mit ihren eigenen Fehlern und Scheitererfahrungen umgehen sollte. Als Führungskraft geht es aber auch insgesamt darum, ein Klima zu schaffen, in dem die Mitarbeiter sich trauen, Dinge auszuprobieren, Meinungen zu äußern und Entscheidungen zu treffen, die Positives bewegen, aber eben auch in Fehlern münden können. Amy Edmondson von der Harvard University hat sich in ihrer Forschung intensiv damit beschäftigt, unter welchen Voraussetzungen Mitarbeiter so handeln, und dabei das Konzept der psychologischen Sicherheit entwickelt.[136] Es bezieht sich auf ein Klima im Unternehmen, in dem sich Mitarbeiter sicher und wohl damit fühlen, ihre Meinungen und Bedenken zu äußern. Sie vertrauen ihren Kollegen und Vorgesetzten und haben keine Angst vor Fehlern. Bei Fehlern wird insbesondere keine unsachliche Kritik geäußert, vielmehr werden sie als unvermeidbarer Teil anspruchsvoller Arbeit gesehen. Offenheit mit Problemen wird geschätzt, ebenso das Stellen von Fragen, wenn ein Mitarbeiter zu einem bestimmten Problem keine Lösung weiß und Hilfe benötigt.

Ob sich in einem Team eine psychologische Sicherheit etabliert, ist in weiten Teilen von der Führungskraft abhängig. Wenn sie ausstrahlt und vorlebt, dass Scheitern und Fehler – sofern sie nicht auf offensichtlicher Nachlässigkeit beruhen – zum Arbeiten dazugehören und die Quelle wichtiger Lernerfahrungen sind, dann wird das Team das eher akzeptieren und auch übernehmen, als wenn sie nicht so handelt. Wenn die Führungskraft zwar Fehler anspricht, sie aber nicht einzelnen Personen zuweist, sondern sie als Fehler des gesamten Teams behandelt, wird dadurch ebenfalls eine psychologische Sicherheit erreicht – wie für das Schiedsrichterteam beim übersehenen Handspiel im Spiel Freiburg gegen Mainz, bei dem der Schiedsrichter sich öffentlich vor sein Team stellte. Studien zeigen, dass das

Verhalten von Führungskräften in solchen kritischen Situationen für die Mitglieder des Teams auch dann als Vorbild dient, wenn die Führungskraft nicht anwesend ist. Gleichzeitig werden negative Verhaltensweisen wie die abstrafende Kommunikation bei Fehlern, Unsicherheiten und Fragen der Mitarbeiter ebenfalls von Teammitgliedern übernommen, was die große Bedeutung der Vorbildfunktion der Führungskraft bei der Schaffung psychologischer Sicherheit im Team verdeutlicht.

Gelingt es einer Führungskraft, psychologische Sicherheit zu etablieren, dann fühlen sich die Mitarbeiter wohler. Studien zeigen, dass nicht nur die Mitarbeiter in Bezug auf ihr Wohlbefinden von der psychologischen Sicherheit profitieren. Auch die Leistung des Teams und des Unternehmens steigen deutlich.[137] Fehler werden eher berichtet und nicht verschwiegen. Zudem nimmt die Kooperationsbereitschaft in der Organisation deutlich zu und Mitarbeiter lernen und leisten deutlich mehr, wenn statt der Angst vor Fehlern psychologische Sicherheit vorherrscht.

Forschungen in der Neurowissenschaft zeigen, dass durch Angst große Teile unserer Gehirnleistung absorbiert werden. Diese Teile gehen von den Gehirnarealen ab, die für die Aufnahme neuer Informationen und das Behalten von Informationen verantwortlich sind. Analytisches Denken, Kreativität und Problemlösung sind dadurch eingeschränkt. Daher sind Menschen nicht in der Lage, ihre bestmögliche Leistung abzurufen, wenn sie Angst vor Fehlern haben oder davor, Fragen zu stellen. Zudem wird durch diesen Zustand die Kooperationsbereitschaft mit anderen Teammitgliedern eingeschränkt. Im Endeffekt entstehen durch die Angst weitere Fehler, auch solche, die eigentlich vermeidbar gewesen wären.

Psychologische Sicherheit fördert hingegen, dass Menschen ihre Gehirnleistung auf die Bereiche fokussieren, die dem Verfolgen der tatsächlichen Aufgabe und der Kooperation untereinander dienen. Teams widmen sich größeren Herausforderungen, die Arbeitsleistung steigt und die Anzahl der Fehler reduziert sich. Die psychologische Sicherheit zielt aber nicht darauf ab, eine gemütliche Atmosphäre zu schaffen, in der sich jeder wohlfühlt und die Arbeitsleistung zweitrangig wird. Im Gegenteil steigt die Arbeitsleistung, wenn sich die Teammitglieder wohlfühlen, und zwar konkret in dem Sinn, dass sie keine Angst vor Fehlern haben oder davor, Fragen zu stellen und offen miteinander umgehen.

Hannes Leroy hat in vier belgischen Krankenhäusern untersucht, inwiefern leitende Krankenschwestern ihre Teams dazu ermutigt haben, Fehler zu berichten, und inwiefern sie hohe Standards für Sicherheit und Hygiene etabliert haben.[138] Die Herausforderung für eine leitende Krankenschwester bestand darin, ein Klima zu schaffen, in dem die Teammitglieder über Fehler sprachen, aber gleichzeitig alle Fehler vermeiden wollten. Die Studie erbrachte, dass in Teams mit leitenden Krankenschwestern, die die psychologische Sicherheit in ihren Teams förderten, mehr Fehler berichtet wurden. Gleichzeitig wurden in Teams mit hoher psychologischer Sicherheit und hohem Anspruch an Sicherheit und Hygiene nachweislich weniger Fehler gemacht. Teams, die in psychologischer Sicherheit arbeiten, machen weniger Fehler, berichten diese aber ehrlicher und gehen produktiver damit um.

Was sollten Führungskräfte tun? Erstens sollten sie ihre Sicht auf das Scheitern und die Fehler in der Vergangenheit ändern. Sie sollten sie als prägende Elemente ihrer Karriere ansehen und diese schätzen, auch wenn es zunächst ihrer Intuition widerspricht.[139] Sie sollten sich bewusst machen, welche Lernerfahrungen sie aus diesen Scheitererfahrungen und Fehlern gezogen haben und was sie danach anders gemacht haben, was möglicherweise zu noch größeren Erfolgen und wichtigeren Ereignissen geführt hat. Insbesondere sollten sie über ihre Scheitererfahrungen und Fehler sprechen und diese in die Kommunikation mit ihren Mitarbeitern einbinden. Dadurch wirken sie menschlicher, authentischer und haben die Möglichkeit, die Arbeitskultur ihres Umfelds zu prägen und notwendige Scheitererfahrungen und Lehren aus Fehlern zu legitimieren.

Zweitens sollten Führungskräfte nicht nur Offenheit für ihre eigenen Scheitererfahrungen zeigen, sondern sich bewusst machen, dass zukünftige Scheitererfahrungen und Fehler, verbunden mit möglichen kurzfristigen Karriereknicks oder anderen Rückschlägen, praktisch unausweichlich sind. Selbst Top-Schiedsrichter mit großer Erfahrung und vielen Auszeichnungen werden weiterhin Fehlentscheidungen treffen und in der Kritik stehen. Letztlich haben alle uns bekannten Unternehmen, die sich heute in Krisen befinden und von der Öffentlichkeit so wahrgenommen werden, eines gemeinsam: Sie haben eine erfolgreiche Wachstumsgeschichte hinter sich, ansonsten würden wir sie nicht kennen. Während eine solche Sicht eine gewisse Demut schafft und zu authentischem Verhalten führt, hilft sie auch dabei, wachsam zu sein und in der Terminologie von Amy Edmondson vermeidbares Scheitern und vermeidbare Fehler zu minimieren.

Drittens sollten Führungskräfte ihre besondere Stellung verstehen, wenn es darum geht, wie Teammitglieder mit Fehlern umgehen. Fehler und die Angst vor Fehlern können ihre gesamte Leistung und die Zusammenarbeit im Team gefährden. Wenn Angst vor Fehlern und der offenen Kommunikation von Fragen und Befürchtungen vorherrscht, dann steht die Leistungsfähigkeit des gesamten Teams, inklusive des Wohlbefindens der Mitarbeiter, auf dem Spiel. Daher sollten Führungskräfte Angst vor Fehlern im Team reduzieren und idealweise eliminieren, zumindest für solche Fehler, die nicht auf Nachlässigkeit beruhen. Die dafür notwendige psychologische Sicherheit kann beispielsweise dadurch geschaffen werden, dass die Führungskraft Fehler, die objektiv eine einzelne Person zu großen Teilen zu verantworten hat, als Fehler des Teams darstellt. Alternativ kann sich eine Führungskraft die Fehler selbst zuschreiben und ihre Rolle in der Fehlerentstehung transparent machen. Dadurch wird die einzelne Person geschützt, was – wie die Forschung zur psychologischen Sicherheit zeigt – langfristig weitere Fehler minimiert, die Kooperationsbereitschaft erhöht und die Kreativität steigert.

Praktische Anwendung

Aus diesen Überlegungen aus der Schiedsrichter- und der Management-Perspektive lassen sich zwei Empfehlungen ableiten:

> Betrachte Scheitererfahrungen und Fehler als notwendige Bestandteile von persönlichem Wachstum und schaffe Akzeptanz für den offenen Umgang mit Fehlern im Team! Auch vergangene spielentscheidende Fehlentscheidungen können noch wertvoll sein!
>
> Sei dir bewusst, dass aktueller Erfolg häufig der Vorläufer für zukünftige Probleme ist! Bedenke, dass das Spiel dir jederzeit entgleiten kann.

Wie lassen sich diese Erkenntnisse im Unternehmen anwenden? Die folgenden Aufgaben bieten Ansätze, wie Führungskräfte ihre Einstellung zum Scheitern und zu Fehlern reflektieren können.

Identifiziere deine Lernquellen

Aus Scheitererfahrungen und Fehlern entstehen die größten Lern- und Weiterentwicklungspotenziale. Reflektiere für deine Vergangenheit, welche Fehler du im beruflichen Kontext gemacht hast und welche Schlüsse du daraus gezogen hast. Was machst du heute anders? Haben diese Lernerfahrungen später zu einer besonders guten Leistung beigetragen?

Baue deinen Lebenslauf des Scheiterns

Sicherlich hast du einen Lebenslauf, der die Positionen deiner bisherigen Ausbildung und deiner Karriere positiv darstellt. Auch Auszeichnungen oder Ähnliches wirst du erwähnen. Erstelle nun jedoch einen Lebenslauf mit Dingen, die nicht geklappt haben. Welchen Studien- oder Ausbildungsplatz hast du nicht bekommen? Welche Prüfungen nicht bestanden? Welchen Wettbewerb nicht gewonnen? Liste diese Dinge auf und überlege, welche Rolle diese Erlebnisse für deine weitere Karriere gespielt haben!

Kapitel 10

Gehe konstruktiv mit Kritik um

Die Schiedsrichter-Perspektive

Mir ist in meiner Schiedsrichterkarriere immer wieder aufgefallen, dass mich negatives Feedback, egal ob berechtigt oder unberechtigt, deutlich mehr mitnimmt, als mich positives Feedback freut, insbesondere zu Beginn meiner Karriere. In der Rückrunde der Saison 2010/11 habe ich sieben Bundesligaspiele geleitet. Es ist nicht zu diskutieren, dass ich bei den beiden letzten Spielen (Mainz gegen Mönchengladbach am 30. Spieltag und Köln gegen Leverkusen am 32. Spieltag) jeweils mindestens einen Fehler gemacht habe, der die Spielverläufe wesentlich beeinflusst hat. Mainz hat 1:0 gegen Gladbach gewonnen und das Tor erst kurz vor Schluss erzielt. Ich hätte Gladbach beim Stand von 0:0 einen Elfmeter geben müssen, ebenso war eine Gelbe Karte gegen den Gladbacher Mike Hanke unberechtigt. Eine zweite allerdings nicht, sodass er insgesamt mit Gelb-Rot vom Platz geflogen ist. Im Spiel Köln gegen Leverkusen habe ich eine Abseitsstellung vor dem entscheidenden 2:0 für Köln übersehen. In diesen Spielen waren das aus meiner Sicht die einzigen Fehlentscheidungen. Aber es ist völlig verständlich, dass die Presse und die jeweiligen Vereine sich darauf fokussierten, denn sie waren möglicherweise spielentscheidend, und dass die zahlreichen richtigen Entscheidungen in diesen Spielen nicht honoriert wurden.

Was aber für mich wichtiger ist: In dieser Rückrunde habe ich weitere Spiele geleitet und für diese teilweise sehr gutes Feedback bekommen. Einige Beispiele: Am 20. Spieltag habe ich Schalke 04 gegen die TSG Hoffenheim gepfiffen, der *Kicker* urteilte damals: »Souveräne Spielleitung«. Am 28. Spieltag bewertete der *Kicker* meine Leistung bei FC St. Pauli gegen Schalke 04 mit der Note 1,5 und schrieb: »In einer hektischen Partie mit vielen strittigen Szenen eine fast perfekte Leistung.« Am 29. Spieltag beim Spiel Stuttgart gegen Kaiserslautern wurde ich vom *Kicker* bewertet mit »sicherer Leiter eines nickligen Spiels«. Es geht mir nicht darum, Leistungen aufzurechnen. Was ich allerdings gelernt habe, ist, dass ich mich von dem negativen Feedback deutlich mehr habe herunterziehen lassen und dass ich über die Zeit die positiven Bewertungen beziehungsweise Leistungen zwar nicht vergessen, aber deutlich weniger prominent im Kopf hatte. Natürlich setze ich mich mit jedem Fehler auseinander, aber, das habe ich mittlerweile gelernt, es ist emotional deutlich einfacher, mit Kritik umzugehen, wenn ich mir bewusst mache, dass es gute und schlechte Spiele gibt, aber ich die Bewertung meiner Leistungen in der Gesamtschau betrachte, beispielsweise für eine gesamte Hin- oder Rückserie.

Ein konkretes Beispiel: Am sechsten Spieltag der Saison 2020/21 habe ich im Borussia-Park die Partie Mönchengladbach gegen Dortmund gepfiffen. Nach einem engen und umkämpften Spiel hat Gladbach mit 1:0 gewonnen. Diskutiert wurde nach dem Spiel besonders eine Szene: In der 40. Spielminute habe ich den Dortmunder Mahmoud Dahoud mit einer Gelb-Roten Karte vom Platz gestellt. Die zweite Gelbe Karte hatte ich ihm für ein Abwinken in meine Richtung nach einem Foul im Mittelfeld gegeben. Ein solches Abwinken empfinde ich als respektlos und wir Schiedsrichter sind angehalten, respektloses Verhalten entsprechend zu ahnden. Sicherlich kann man die Entscheidung als hart ansehen, aber grundsätzlich ist sie durch die Regeln gedeckt. Die Dortmunder waren mit dieser Entscheidung und meinem Auftreten in dieser Partie insgesamt nicht zufrieden. Sie sahen es wohl als einen Grund für die Dortmunder Niederlage. Hans-Joachim Watzke hat mich im *Doppelpass* bei Sport1 am folgenden Tag als einen »Kapellmeister« bezeichnet, der aufgrund seiner Gestik Hektik ins Spiel gebracht habe. Die Bezeichnung »Kapellmeister« haben sehr viele Medien in den Folgetagen aufgenommen, sie war das Wort des Spieltags, wenn es so etwas gibt. Nach solchen Ereignissen rufen viele Medienvertreter bei mir an und versuchen, ein Statement zu bekommen. Dabei spekulieren einige auf eine freche Antwort meinerseits, die eine attraktive Schlagzeile für den jeweiligen Journalisten liefert. Natürlich freut mich ein Feedback wie das von Hans-Joachim Watzke nicht, sodass es mich durchaus reizt – insbesondere unmittelbar nach solchen Ereignissen –, darauf zu reagieren. Aber ist das klug? Mit ein wenig Abstand begreife ich immer recht gut, dass ich das gar nicht will. Ich will keinen Streit, sondern gut mit den Leuten auskommen. Auch wenn ich inzwischen hinter meiner Gestik stehe und sie für zielführend halte, ist vielleicht doch ein kleines Körnchen Wahrheit auch an größtenteils überzogenem Feedback. Kann ich daraus sogar etwas lernen? Und was bringt eine Eskalation? Ich werde den Leuten, die mich kritisieren, wieder begegnen und wir werden miteinander auskommen müssen, und das will ich natürlich auch.

Im konkreten Fall habe ich auf eine Aufsehen erregende Antwort verzichtet. Ein paar Wochen später habe ich im Rahmen eines Vortrags einen seiner Mitarbeiter getroffen und ihm für Herrn Watzke mein Buch *Respekt ist alles* mitgegeben, mit einer kurzen Nachricht, in der ich mich für sein Feedback bedankte. Zu Beginn der Rückrunde habe ich dann Dortmund in Hoffenheim gepfiffen und die Verantwortlichen wiedergetroffen. Es war ein freundliches und respektvolles Begrüßen und ein toller Umgang miteinander. Ich habe daraus gelernt, dass es besser ist, auf Kritik erst einmal ruhig zu reagieren und nicht gleich zurückzuschlagen, auch wenn dies oft der erste Reflex ist. Hier war es außerdem gut, das Medium zu wechseln. Auch wenn ich in einer Fernsehsendung kritisiert wurde, habe ich nicht genauso geantwortet, sondern den persönlichen Weg einer schriftlichen Nachricht gewählt – auch, weil sich die Gelegenheit im konkreten Fall gut ergeben hat. Ich kann natürlich nicht genau nachvollziehen, wie die Kommunikation ankam oder ob sie überhaupt so in Verbindung gebracht wurde, wie ich es tue, aber ich habe ein gutes Gefühl bei meinem Umgang mit dieser Kritik und würde wieder in ähnlicher Weise vorgehen.

Perspektiven in der Managementliteratur

Menschen, insbesondere in Arbeitssituationen, reagieren auf Kritik typischerweise verteidigend. Das ist die natürliche Reaktion, wenn wir uns angegriffen fühlen: Wir wollen uns und unsere Integrität verteidigen.[140] Dementsprechend reagieren Menschen häufig impulsiv und möglicherweise sogar laut, wenn sie Kritik bekommen. Führungskräfte sind für eine ganze Reihe von Gruppen verantwortlich wie Kunden, Mitarbeiter, Lieferanten, sogar die Öffentlichkeit und müssen zumeist unter Unsicherheit zukunftsgerichtete Entscheidungen treffen. Daher wird jede Führungskraft regelmäßig Kritik ausgesetzt sein, das ist gar nicht zu vermeiden. Die Art und Weise, wie Führungskräfte Kritik aufnehmen, spielt jedoch eine wesentliche Rolle dabei, wie Mitarbeiter ihre Führungskräfte wahrnehmen. Wir wünschen uns von unseren Führungskräften wie von unseren Mitmenschen, dass wir in zukünftigen Krisen auf sie zählen können, und dafür ist die Art und Weise, wie sie mit Kritik umgehen, ein ganz entscheidender Indikator. Zudem ist der Moment, in dem wir Kritik empfangen, ein wesentlicher Moment, der bestimmt, wie authentisch wir uns geben und wie uns Mitmenschen wahrnehmen. Authentische Führungskräfte handeln in solchen Momenten entsprechend ihrer Werte und Vorstellungen und lassen sich nicht von kurzfristigen inneren Kräften, die sie zu einer impulsiven, lauten, verteidigenden Antwort drängen, überwältigen.

Eine Studie des Dale-Carnegie-Trainings-Instituts mit über 3000 Mitarbeitern aus verschiedenen Nationen hat aufgedeckt, dass der Umgang von Führungskräften mit Kritik einen wesentlichen Einfluss darauf hat, wie Mitarbeiter ihre Führungskräfte wahrnehmen. 81 Prozent der befragten Mitarbeiter gaben an, dass ihnen Führungskräfte, die Fehler zugeben und für Kritik offen sind, wichtig oder sehr wichtig sind. Gleichzeitig gaben allerdings nur etwa 40 Prozent an, dass sich ihre aktuellen Führungskräfte tatsächlich so verhalten.

Doch betrachten wir zunächst die Kritisierten selbst und wie sie Kritik wahrnehmen. Denn hier gibt es eine ganz entscheidende Verzerrung: Menschen nehmen Kritik deutlich intensiver wahr als Lob oder positive Bewertungen – genau wie im Schiedsrichter-Beispiel.[141] Die beiden Fehlentscheidungen, über die viel Kritisches geäußert wurde, bleiben hängen, die positiven Bewertungen in vielen anderen Spielen rücken in den Hintergrund. Darüber hinaus beschäftigt uns negatives Feedback deutlich länger als positives. Diese Verzerrung wird in der Managementliteratur als negativer Bias bezeichnet.[142] Aufgrund dieses Bias schenken wir negativem Feedback mehr Aufmerksamkeit als positivem und verweilen länger dabei. Daher speichern wir traumatische Ereignisse besser und länger als positive Ereignisse, ebenso beschäftigen uns Beleidigungen länger als Lob und wir reagieren extremer auf negatives Feedback als auf positives. Wenn wir insgesamt einen sehr positiven Arbeitstag hinter uns gebracht haben, beispielsweise einen lange erwarteten Auftrag und positives Feedback von Mitarbeitern bekommen haben, auf dem Weg aus dem Büro ein Kollege aber einen leicht irritierenden Kommentar abgibt, der möglicherweise eine gewisse Kritik an unserer Arbeit enthält, dann hat dieses Feedback häufig einen größeren Einfluss auf unser Wohlbefinden und die Stimmung als alle positiven Ereignisse an diesem Tag. Und das selbst dann, wenn diese Ereignisse objektiv gesehen deutlich wichtiger waren als der Kommentar des Kollegen. Studien belegen, dass für unsere Stimmung zwei bis fünf sehr positive Erlebnisse in einem gewissen Zeitraum notwendig sind, um ein einziges negatives Erlebnis wenigstens auszugleichen.[143]

Neuropsychologische Studien zeigen, dass solche Eindrücke nicht nur subjektiv wahrgenommen werden, sondern unser Gehirn tatsächlich anders auf negative als auf positive Stimuli reagiert.[144] Negative Stimuli führen zu deutlich mehr Aktivität im Gehirn, es werden mehr Gehirnareale aktiviert als es positive Stimuli typischerweise tun. In Experimenten, in denen man Probanden ein Szenario präsentierte, in dem sie 20 US-Dollar gewinnen konnten, und dann ein Szenario, in dem sie 20 US-Dollar aus ihrem Besitz verlieren konnten, verursachte das Szenario mit Verlustpotenzial deutlich mehr Gehirnaktivität. Kritik birgt in vielen Fällen das Potenzial, dass wir Reputation verlieren, beispielsweise in Bezug auf unsere Kompetenz, unser Image oder vielleicht sogar unseren Posten. Genau wie bei dem Schiedsrichter, der zwei Fehlentscheidungen in einer ansonsten sehr guten Serie fällt. Die Fehlentscheidungen bleiben hängen, die zahlreichen anderen richtigen Entscheidungen kaum.[145]

Eine Studie dazu hat John Cacioppo von der University of Chicago durchgeführt. Er zeigte Probanden in einem Experiment Bilder, die positive, negative oder neutrale Gefühle verursachen, beispielsweise von sympathischen Menschen in schönen Situationen oder von Straftätern in sehr negativen Situationen.[146] Er maß die Gehirnaktivität und stellte fest, dass unser Gehirn viel aktiver wird, wenn wir negativen Eindrücken oder Gefühlen gegenüberstehen. Etwa zwei Drittel unseres Gehirns in den relevanten Regionen sind darauf ausgelegt, Negatives zu entdecken. Angesichts der Gefahren, denen unsere Vorfahren vor vielen Hunderten oder Tausenden Jahren ausgesetzt waren, ist dieser Fokus gut zu verstehen, heute jedoch in vielen Situationen nicht mehr angebracht, auch wenn er nach wie vor in uns Menschen verankert ist. Weitere Forschungsarbeiten stellten fest, dass negative Eindrücke schnell in unserem Langzeitgedächtnis gespeichert werden, positive Eindrücke jedoch wesentlich seltener. Studien zeigten zudem, dass sich Menschen im Schnitt etwa zehn bis 20 Sekunden bewusst mit einer positiven Information oder einem positiven Eindruck beschäftigen müssen, damit dieser in das Langzeitgedächtnis übergehen kann. Wir müssen uns demnach anstrengen, um Positives zu behalten, während das Speichern von Negativem automatisch passiert. Wie stark solche Neigungen zum Negativen verankert sind, zeigen Studien bei Kindern. Im Alter von fünf Jahren nehmen sie auf Bildern traurige Gesichter eher wahr und konzentrieren sich auf diese viel stärker als auf glückliche Gesichter.[147]

Das bedeutet aber auch, dass Personen, die uns bewerten, unsere negativen Leistungen stärker wahrnehmen als unsere positiven. Diese Tendenz veranschaulicht folgendes Experiment: Ein Proband soll ein größeres Puzzle legen. Dann kommt eine zweite Person in den Raum, die verspricht, beim Puzzeln zu helfen. Die Person ist als Schauspieler instruiert und Teil des Experiments. In einem Szenario verspricht dieser Schauspieler, ein wenig zu helfen, tut dann aber deutlich mehr und hilft, das Puzzle komplett zu legen. Danach soll der Proband die Puzzle-Leistung der zweiten Person bewerten. Obwohl die zweite Person deutlich mehr als erwartet geleistet hat, tendiert der Proband dazu, sie trotzdem so zu bewerten, als hätte sie tatsächlich nur ein wenig geholfen. Der positive Aspekt der geleisteten Arbeit wird im Vergleich zur Ankündigung nur mäßig honoriert. In einem zweiten Szenario verspricht die zweite Person wieder, etwas zu helfen, tut dann aber sehr wenig, um das Puzzle zu legen. In diesem Fall bewertet der Proband die Leistung der zweiten Person sehr negativ. Was heißt das? Wenn wir bewertet werden, dann bekommen wir typischerweise für eine Leistung, die über der versprochenen liegt, nur eine kleine positive Würdigung. Liegt unsere Leistung unter dem Versprochenen, erfolgt eine sehr negative Würdigung.[148]

Grundsätzlich werden wir mehr kritisiert als gelobt. Daher unterliegen Situationen, in denen wir uns negativ bewertet fühlen, zwei Verzerrungen, derer wir uns bewusst sein sollten. Erstens ignorieren wir möglicherweise positive Bewertungen, die von der kritisierenden Person oder Dritten geäußert wurden. Wir halten uns bei den negativen Aspekten auf, die uns bewegen. Zweitens hat die uns kritisierende Person mit einer hohen Wahrscheinlichkeit positive Aspekte unserer Leistung weniger gewürdigt als womöglich negative. Damit hält sich die kritisierende Person unbewusst bei unseren Schwachstellen auf. Zwar heißt dies nicht, dass wir die geäußerte Kritik nicht wahrnehmen oder ernst nehmen sollen. Aber es heißt auch, dass wir die Kritik, die geäußert wird, vor dem Hintergrund dieser beiden Verzerrungen beurteilen sollten. Möglicherweise übersehen wir Positives, das geäußert wurde, und möglicherweise hat auch der Kritisierende Positives übersehen.

Studien zeigen, dass es dabei nicht einmal auf die Härte des negativen Feedbacks ankommt. Auch umsichtig und höflich übermitteltes negatives Feedback kann langfristige Effekte auf uns haben und uns lange beschäftigen. Eine Studie hat untersucht, welche Emotionen Menschen unmittelbar nach freundlich verpackter, konstruktiver Kritik empfinden. 90 Prozent gaben an, dass Attribute wie sprachlos oder schockiert ihre Reaktion beschreiben, 40 Prozent, dass Traurigkeit und Selbstzweifel unmittelbare Reaktionen nach der Übermittlung der Kritik waren. In 15 Prozent der Fälle treten selbst bei konstruktiv verpackter Kritik Gefühle auf, die unmittelbar einen größeren Einfluss haben können, wie Wut oder sogar Gedanken an Gewalt.

Warum ist das so? Menschen suchen nach Bestätigung, und Kritik ist das Gegenteil davon und beeinflusst zwei wesentliche menschliche Bedürfnisse negativ: Sicherheit und Selbstwertgefühl. Unsere emotionale und monetäre Sicherheit kann in Gefahr sein, weil wir befürchten, Menschen und ihre Unterstützung zu verlieren. So kann die Kritik durch einen Vorgesetzten in der Übermittlungsphase für uns bedeuten, dass wir befürchten, künftig die Unterstützung dieser Führungskraft zu verlieren. Oder unsere monetäre Sicherheit könnte in Gefahr sein, weil wir befürchten, unseren Job zu verlieren, oder dass zukünftige Beförderungen gefährdet sein können. Eine Studie von Yeun Joon Kim von der University of Cambridge zeigt, dass Führungskräfte und Mitarbeiter negatives Feedback und Kritik insbesondere dann trifft und ihre Arbeitsleistung hin zu niedrigerer Kreativität beeinflusst, wenn es von hierarchisch höher gestellten Kollegen kommt.[149] Dann ist potenziell der Verlust der Sicherheit, beispielsweise in Bezug auf den Arbeitsplatz, am größten. Kritik von hierarchisch Gleichgestellten hat hingegen einen geringeren negativen Effekt auf unser Wohlbefinden. Interessanterweise ist laut dieser Studie der negative Effekt dann am niedrigsten und verschwindet fast, wenn die Kritik von hierarchisch Untergeordneten kommt. Diese haben nur eine begrenzte Kontrolle über unsere finanzielle Sicherheit und die Ressourcen, sodass Führungskräfte und Mitarbeiter auf ihre Kritik entspannter reagieren. Im letzten Fall stieg sogar die Arbeitsleistung hin zu höherer Kreativität.

Unser Selbstwertgefühl wird angegriffen, zumindest in der unmittelbaren Übermittlungsphase, weil wir reflexartig unsere eigenen Fähigkeiten als Reaktion auf die übermittelte Kritik infrage stellen. Emotional bricht ein kleines Kartenhaus zusammen, obwohl wir eigentlich davon überzeugt waren, bestimmte Fähigkeiten und ein gewisses Standing zu haben. Selbst wenn diese durch die übermittelte Kritik objektiv mittel- und langfristig eigentlich nicht gefährdet sind, dominieren diese Gedanken unsere unmittelbare Reaktion auf die Kritik.

Dies ist für Führungskräfte, die authentisch führen wollen, eine schwierige Situation. Manche Menschen reagieren auf Kritik mit extremen Schwankungen in ihrem Sicherheits- und Selbstwertgefühl, was impulsiven Reaktionen die Tür öffnet. Dies sind jedoch Ausreißer und Schwankungen, die nicht unbedingt unserem Naturell entsprechen, sondern der Extremsituation »Kritikaufnahme« mit gefährdetem Sicherheits- und Selbstwertbedürfnis geschuldet sind. Solche Situationen bergen die Gefahr, dass wir uns nicht authentisch verhalten.

Die Managementliteratur benennt einige Hebel, mit denen Führungskräfte auf Kritik reagieren können, ohne in die Falle extremen Abwehrverhaltens zu tappen. Der *New-York-Times*-Bestsellerautor Joseph Grenny hat dazu sein CURE-Konzept entwickelt, dessen Name sich aus den Anfangsbuchstaben der englischen Begriffe *Collect Yourself* (Sammle dich), *Understand* (Verstehe), *Recover* (Erhole dich) und *Engage* (Handle) zusammensetzt.[150]

Der erste Schritt (*Collect yourself*) zielt darauf ab, durchzuatmen und die erste kritische Phase der impulsiven Reaktion zu überstehen. Zeit zu gewinnen, um sich zu sammeln und nicht in eine Verteidigungshaltung zu kommen, ist dabei wesentlich. Sich unmittelbar nach der Kritikübermittlung klarzumachen, dass man in Sicherheit ist, hilft ebenfalls. Da sich Menschen bei Kritik zunächst persönlich angegriffen fühlen, sollten sich Kritikempfänger in diesem Moment verdeutlichen, dass insbesondere arbeitsbezogenes Feedback nur auf die Arbeit bezogen ist. Typischerweise werden dabei die Aktivitäten, die sich aus der Rolle oder der Position ergeben, kritisiert und nicht der Mensch an sich. Studien zeigen, dass der Schmerz, der durch Kritik ausgelöst wird, zu großen Teilen auf persönliche Verletzungen zurückzuführen ist und die Kritik an der Arbeitsausführung uns weniger wehtut. Daher ist es wichtig, sich als kritisierte Person klarzumachen, dass die Arbeit und die Rolle, die man dabei einnimmt, kritisiert, vielleicht sogar angegriffen werden und nicht der Mensch, der diese Rolle oder Funktion gerade verkörpert. Die Kritik oder sogar der verbale Angriff gilt zum Beispiel dem Kundendienstmitarbeiter als Repräsentant eines Unternehmens mit bestimmten Produkten, die gerade nicht funktionieren, nicht aber dem Menschen, der diese Rolle ausfüllt. Ebenso wollen Tausende Zuschauer im Stadion nicht wirklich den Menschen, der dieses Spiel pfeift, persönlich attackieren, sondern den Schiedsrichter in seiner Rolle oder Funktion. Tasha Eurich schlägt ergänzend vor, bei der Verarbeitung von Kritik nicht nur zwischen Rolle und Mensch zu unterscheiden, sondern sich im

Moment der Kritik oder des Angriffs auch seine anderen Rollen vor Augen zu führen.[151] Wenn man als Kundendienstmitarbeiter angegriffen wird und in dieser Rolle dadurch gerade schmerzhafte Momente erfährt, hat man doch gleichzeitig zum Beispiel auch die Rolle als Familienvater und in dieser wird man nicht angegriffen oder kritisiert. Allein das Denken an diese anderen Rollen, so Eurich, kann den Schmerz, den man durch die Kritik erfährt, schon reduzieren.

Wie reagiert man nun gegenüber der Person, die Kritik geübt hat? Unmittelbares Sprechen und Antworten, ohne nachzudenken und sich tiefer gehende Gedanken zu machen, führen selten zu einer Verbesserung der Situation, sondern meist zu einer Verschlechterung, möglicherweise sogar zu einer Eskalation. Etwa wenn im Schiedsrichter-Beispiel eine unmittelbare Reaktion auf die Äußerung von Hans-Joachim Watzke und seine Kapellmeister-Kritik erfolgt wäre.

In einem zweiten Schritt (*Understand*), wenn etwas Zeit gewonnen ist, gilt es, die Kritik besser zu verstehen, Fragen zu stellen und weiter zuzuhören. Dabei empfiehlt Joseph Grenny, sich emotional von der Kritik zu entfernen, indem man sich vorstellt, die Kritik beträfe eine dritte Person, gar nicht einen selbst. Eine Möglichkeit ist, sich vorzustellen, man wäre ein Journalist, der die Situation objektiv verstehen soll. Auch das schafft eine Distanz, die hilft, das Feedback aufzunehmen.

Im dritten Schritt (*Recover*) sollte man die Unterhaltung, in der die Kritik geäußert wurde, erst einmal verlassen. Dadurch gibt man sich selbst die Möglichkeit, darüber nachzudenken und möglicherweise weitere Informationen einzuholen.

Der vierte Schritt (*Engage*) besteht darin, sich mit dem Feedback und der darin enthaltenen Kritik ernsthaft auseinanderzusetzen. Joseph Grenny berichtet, dass zumeist ein kleines Körnchen Kritik berechtigt ist. Ziel muss es demnach sein, den – möglicherweise größeren – unberechtigten Teil der Kritik zu erkennen und nicht weiter zu verfolgen. Aber der Kern des Berechtigten sollte identifiziert werden. Selten ist eine Kritik komplett haltlos. Im vierten Schritt soll dieser Kern identifiziert und als Chance für eine Verbesserung des eigenen Verhaltens gesehen werden. Danach ist es wichtig, mit der Person, die die Kritik geäußert hat, wieder Kontakt aufzunehmen und die eigene Sicht zu kommunizieren oder auch themenunabhängig die Kommunikation wieder aufzunehmen, wie im Schiedsrichter-Beispiel durch das Geschenk des Buchs geschehen. Ist die Kritik berechtigt und es handelt sich um einen Fehler, der für das gesamte Unternehmen relevant ist, wie etwa ein für Kunden potenziell schädlicher Produktionsfehler, sollte das Unternehmen nach der Klärung transparent mit der Problematik umgehen und den Fehler und die notwendigen Gegenmaßnahmen offen kommunizieren. Auch nicht zu antworten ist eine Option, wenn sich nach gründlicher Prüfung herausstellt, dass die Kritik keinen wahren Kern enthält oder wenn sie persönlich und unsachlich war.

Ein Meisterwerk des Umgangs mit Kritik an Produkten lieferte Steve Jobs im Jahr 2010.[152] Ein kleiner Teil der iPhone-4-Nutzer hatte Empfangsprobleme, wenn das Telefon auf eine bestimmte Art gehalten wurde. Auch wenn die Situation nur wenige Nutzer betraf, ging das Problem durch die Presse. Das iPhone 4 war bis dahin das am besten verkaufte iPhone und die Situation ein Reputationsrisiko für Apple. Steve Jobs widmete sich als CEO von Apple dem Problem persönlich, sammelte Informationen und gab eine Pressekonferenz. Er versprach, an dem Problem zu arbeiten, und bot allen Kunden an, das Produkt zurückzugeben und den vollen Kaufpreis zurückzuerhalten. Vor allen Dingen aber lieferte er ein Argument, das sticht: »We are humans!« (»Wir sind auch nur Menschen!«) Er formulierte, dass nun mal Menschen bei Apple arbeiten und Menschen Fehler machen. Die Kombination aus ehrlicher Antwort und klaren nächsten Schritten für die Kunden adressierte die Problematik. Kaum ein Kunde tauschte um, Apple ging als Marke gestärkt aus der Krise hervor.

Erfolgreiche Führungskräfte sehen Kritik, insbesondere berechtigte, als wesentliche Quelle für ihre Weiterentwicklung an. Sie verstehen, dass Kritik sie weiterbringt und die Teams, in denen sie arbeiten, erfolgreicher macht. David Burkus berichtet von einem Experiment, das zeigt, dass offenes Feedback und Kritik in Teams ihre Arbeitsleistung erhöhen können.[153] In der Studie wurden die Teilnehmer in drei Gruppen aufgeteilt und bekamen jeweils eine Aufgabe, die sie im Team lösen sollten. Konkret sollten sie überlegen, wie in der San Francisco Bay Area das Verkehrsaufkommen reduziert werden könnte. Der ersten Gruppe (Kontrollgruppe) wurden keine weiteren Anweisungen gegeben, außer dass sie möglichst viele Ideen entwickeln sollten. Die zweite Gruppe (Brainstorming-Gruppe) bekam eine kurze Einführung in klassische Brainstorming-Regeln, denen sie folgen sollten, das heißt, keine Kritik an generierten Ideen und insgesamt eine Diskussion ohne Bewertung. Die dritte Gruppe (Debatten-Gruppe) bekam ähnliche Anweisungen, allerdings wurden die Mitglieder der Gruppe explizit dazu aufgefordert, geäußerte Ideen kritisch zu hinterfragen und zu bewerten. Das Ergebnis: Die Brainstorming-Gruppe generierte mehr Ideen als die Kontrollgruppe. Die Debattengruppe war jedoch der klare Gewinner, da sie im Schnitt 25 Prozent mehr Ideen generierte als die beiden anderen Gruppentypen. Der Unterschied wurde in nachfolgenden Einzelinterviews mit den jeweiligen Gruppenmitgliedern noch deutlicher. Als die Mitglieder gefragt wurden, ob sie in der Zwischenzeit noch weitere Ideen entwickelt hätten, konnten die Mitglieder der ersten und zweiten Gruppe jeweils ein bis zwei weitere Ideen nennen. Die Mitglieder der Debattengruppe hatten im Schnitt noch sieben weitere Ideen entwickelt.

Was bedeuten diese Ergebnisse für Führungskräfte, aber auch den Schiedsrichter auf dem Fußballplatz, bei übermäßig auf sie einprasselnder Kritik? Erstens sollten sie sich der Filter bewusst sein, die bei ihnen selbst und den Kritisierenden ihre Wirkung entfalten. Kritisierende fokussieren, zumindest zu Teilen unbewusst, auf die negativen Aspekte wie Fehler in einem Meeting oder in einem Spiel und nehmen die vielen guten Ereignisse für ihre Bewertungen weniger stark wahr. Beim Schiedsrichter wird auf die eine Fehlentscheidung fokussiert, ohne die vielen anderen richtigen Entscheidungen zu erwähnen. Daran können wir wenig ändern, aber es sollte uns bewusst sein, und diese Einsicht kann helfen, mit der Kritik konstruktiver umzugehen. Darüber hinaus sollten Führungskräfte ihrem eigenen negativen Bias gezielt entgegenwirken. Wir müssen die positiven Aspekte rund um das kritisierte Ereignis ebenfalls bewusst wertschätzen. Wenn uns ein Kollege im Meeting kritisiert hat, dann gab es vielleicht drei andere, die unseren Vorschlag gut fanden. Übertragen auf den Fußballplatz: Wenn ein Journalist sehr kritisch bewertet, dann gibt es vielleicht eine Reihe anderer, die die Schiedsrichterleistung deutlich positiver sehen. Steuern wir jedoch nicht gegen, dann tendieren wir dazu, uns besonders auf die negative Kritik, auch wenn sie in der Minderheit ist, zu fokussieren. Daher sollten wir uns immer auch das positive Feedback bewusst vor Augen führen. Einige Psychologen gehen so weit zu sagen, dass wir generell proaktiv unsere positiven Lebenserfahrungen stärker in unseren Fokus nehmen sollten. Es gibt Vorschläge für ein »Tagebuch des Erfolgs«, in dem wir regelmäßig festhalten, was gut gelaufen ist. Wenn wir uns das bewusst machen, behalten wir auch nach einem möglicherweise objektiv schlechten Spiel im Blick, dass wir davor eine ganze Reihe wirklich guter Spiele geleitet haben. Das soll zwar nicht bedeuten, dass wir uns inhaltlich nicht mit möglichen Fehlern aus diesem schlechten Spiel oder im Kontext von Führungskräften zum Beispiel mit einer schlechten Präsentation auseinandersetzen. Es hilft jedoch, gegen unsere Verzerrung, die zu einer übermäßigen Fokussierung auf das Negative führt, anzugehen.

Zweitens sollten sich Führungskräfte der besonderen Schwierigkeit bewusst sein, der sie im konkreten Moment einer übermittelten Kritik gegenüberstehen. Auch wenn sie den obigen Tipp beherzigen, greift Kritik unser Sicherheitsbedürfnis und unser Selbstwertgefühl an. Die unmittelbare erste Reaktion besteht darin, verbal zurückschlagen zu wollen. Wir sollten in einer solchen Situation unbedingt innehalten und Zeit gewinnen. So sollten wir uns beispielsweise klarmachen, dass die Rolle und nicht der Mensch mit der Kritik gemeint ist. Diese Phase geht automatisch vorbei, zumindest die erste extreme Ausprägung. Nach dem ersten Durchatmen sollten wir die Kritik als wichtiges Feedback aufnehmen und entsprechend dem CURE-Konzept versuchen, zu verstehen, was wir ändern sollten. Was ist der wahre Kern der Kritik? Nach einem gewissen zeitlichen Abstand, sofern es die Situation erlaubt, sollten wir uns mit der kritisierenden Person auseinandersetzen, uns für das Feedback bedanken und unsere Schlüsse ziehen. Vermutlich werden wir mit der kritisierenden Person wieder Kontakt haben. In der Bundesliga gibt es nur 18 Vereine, jeden Verein pfeift ein Bundesligaschiedsrichter mehrmals pro Saison, möglicherweise ein oder zwei Dutzend Mal über die gesamte Karriere. Auch eine Führungskraft arbeitet mit bestimmten Kollegen sehr lange zusammen. Die Netzwerke in einer Industriebranche sind begrenzt, auch hier wird man sich mit einer gewissen Wahrscheinlichkeit wiedertreffen.

Praktische Anwendung

Aus diesen Überlegungen aus der Schiedsrichter- und der Management-Perspektive lassen sich zwei Empfehlungen ableiten:

> Reflektiere die Kritik, um den wahren Kern zu identifizieren, der dich weiterbringen wird! Reflektiere deine Schiedsrichter-Leistung genau, wenn diese kritisiert wird.
>
> Geh offen mit dem berechtigen Teil der Kritik um und sprich mit den betroffenen Personen! Gib in der Nachbesprechung des Spiels klare Fehler offen zu.

Wie lassen sich diese Erkenntnisse im Unternehmen anwenden? Die folgende Aufgabe bietet eine Möglichkeit, den Umgang mit Kritik zu reflektieren.

Das CURE-Konzept zum Umgang mit Kritik

Jeder von uns muss regelmäßig mit Kritik umgehen. Aber wie reagieren wir darauf? Analysiere deine Reaktionen auf geäußerte Kritik anhand des CURE-Konzepts und leite ab, wann du gut und wann du verbesserungswürdig auf Kritik reagiert hast.

Nutze den Umgang mit der Kritik von Hans-Joachim Watzke an Deniz Aytekin als inspirierendes Beispiel:

Ereignis	Collect yourself	Understand	Recover	Engage
Hans-Joachim Watzke kritisiert Deniz Aytekin im *Doppelpass* als »Kapellmeister«.	Nicht sofort antworten, keine unmittelbaren Presseinterviews. Trenne Funktion/Rolle und Mensch.	Mach dir in Ruhe Gedanken, ob er einen wunden Punkt getroffen hat und ob du etwas ändern musst.	Reflektiere die Situation in den nächsten Tagen, überdenke deine Meinungsbildung.	Gehe auf Hans-Joachim Watzke zu (hier konkret mit einem Buchgeschenk) und baue so die Brücke für das nächste Aufeinandertreffen.

TEIL III:
EMPATHISCH FÜHREN

Respektvolles Entscheiden und Führen bedeutet, Entscheidungen objektiv mit einer gewissen Demut vor Verzerrungen im Entscheidungsprozess zu treffen (*Wie entscheide ich?*) und sich authentisch zu geben, sodass unser Gegenüber Vertrauen und Respekt zu dem Entscheidungsträger aufbauen kann (*Wie stelle ich mich selbst dar?*). Das dritte Element respektvollen Entscheidens und Führens besteht in einer emphatischen Führung und bezieht sich auf die Frage des Entscheidungsträgers: Wie nehme ich mein Gegenüber und andere von meinen Entscheidungen Betroffene wahr? Studien zeigen, dass Führungskräfte, wenn sie erstmals in Positionen mit Entscheidungsmacht kommen, ihr empathisches Verhalten reduzieren. Der Fokus auf die eigene Person wird größer, die Perspektive der anderen, etwa der Mitarbeiter, wird untergeordnet. Zu sehr ist die neue Führungskraft mit sich und ihrer neuen Position, möglicherweise mit gewissen Annehmlichkeiten ausgestattet, beschäftigt. Die gute Nachricht ist jedoch, dass empathisches Verhalten erlernbar ist. Im Folgenden stellen wir aus der Schiedsrichter-Welt und der Management-Perspektive fünf Facetten von empathischem Verhalten vor und geben konkrete Hinweise für die Anwendung von Empfehlungen im Unternehmen.

Kapitel 11

Versetze dich in die Situation deines Gegenübers

Die Schiedsrichter-Perspektive

Wenn ich ein Bundesligaspiel pfeife, stehen dort 22 in vieler Hinsicht sehr privilegierte Spieler auf dem Platz. Dennoch unterliegen auch sie Launen, Stimmungen oder größeren Problemen, die sie mit sich herumtragen. Sofern es möglich ist und solche Informationen aus TV-Bildern, der Presse oder dem Internet erfahrbar sind, mache ich mir vorab darüber Gedanken, in welcher Lage die einzelnen Spieler aktuell sind. Nehmen wir zum Beispiel Erling Haaland. Im Januar 2022 leitete ich das Spiel von Hoffenheim gegen Dortmund. Erling Haaland stand für Dortmund auf dem Platz. Wie in den meisten Spielen erzielte er auch in diesem Spiel ein Tor, hier das frühe 1:0 für Dortmund. Dennoch wirkte er ungewohnt aggressiv, schubste auffällig früh einen Hoffenheimer Spieler, ohne dass das notwendig war oder sich daraus ein Vorteil für ihn ergeben hätte. Mir war nicht entgangen, dass er schon in den Spielen zuvor ein ungewohnt ausfallendes Verhalten gezeigt hatte. Im vorangegangenen Auswärtsspiel in Frankfurt war er durch mehrere unsportliche Gesten aufgefallen. Den Frankfurter Abwehrspieler Martin Hinteregger hatte er sehr laut und hörbar für andere Beteiligte verbal attackiert. Nach dem Heimspiel zwischen diesen beiden Auswärtsspielen kritisierte er die Vereinsführung, die in Bezug auf seine Zukunft Druck auf ihn ausübe. Ihn schien schon vor dem Spiel in Hoffenheim etwas stark zu beschäftigen, ein gewisser Trotz war spürbar, der sich in Aggressivität in Gestik, Kommunikation und vielleicht auch seiner Spielweise äußerte. Wäre ich an ihn herangekommen und hätte ihn zu einem fairen Spiel gebracht, wenn ich ihn in dieser Situation kritisiert hätte? Oder ihn direkt verwarnt hätte? Die Chancen standen nicht sonderlich gut. Das wurde mir klar, als ich mich in seine Lage versetzte. Wie reagierte ich also am besten auf seinen unnötigen frühen Schubser gegen den Hoffenheimer Spieler? Ich konnte das nicht unkommentiert lassen. Ein schweres Vergehen war es aber auch nicht. Ich fragte ihn daher, warum er das gemacht habe, und er antwortete (auf Englisch), dass er sauer sei. Ich entgegnete, dass ich auch oft sauer sei. Daraufhin bot er mir an, dass ich ihn schubsen dürfe, wenn ich das nächste Mal sauer sei. Wir mussten beide lachen und sein Verhalten im weiteren Spielverlauf war einwandfrei. Ich bin überzeugt davon, dass es immer hilft, offen für die Situation der Spieler zu sein. Mein Mitgefühl für seine Situation war im konkreten Fall ein Schlüssel.

Bei Erling Haaland konnte ich gut reagieren, weil ich mich vorher mit seiner Gesamtsituation vertraut gemacht hatte. Es gibt aber auch Szenen in Spielen, die es erfordern, dass man die gerade entstehende Situation des betroffenen Spielers versteht. In der Saison 2016/17 musste ich beim Spiel Schalke 04 gegen Bayer Leverkusen den Schalker Spieler Naldo nach nur vier Minuten mit der Roten Karte des Feldes verweisen, weil er als letzter Mann durch ein Foulspiel (kurzer, effizienter Kontakt) eine klare Torchance von Leverkusen vereitelt hatte. Vorausgegangen war ein Fehler seines Mitspielers Sead Kolašinac, damals Verteidiger bei Schalke, der den Pass in den Laufweg des Leverkusener Stürmers gespielt hatte. Mir war sehr wohl bewusst, dass diese sehr frühe Rote Karte als eine massive (wenn auch regelkonforme) Beeinflussung des Spiels zu großem Unmut bei dem betroffenen Spieler, aber auch bei seinen Mitspielern und den über 50 000 Zuschauern führen würde. Wegen der noch sehr lange andauernden Spielzeit musste ich diese für den betroffenen Spieler und seine Mannschaft negative Entscheidung so übermitteln, dass der Fokus in den restlichen 86 Minuten nicht unnötig auf mich gelenkt wurde.

In einer solchen Situation kann man sich trotz korrekter Entscheidung durch allzu autoritäres Auftreten die verbleibende Spielzeit deutlich erschweren. Die Akzeptanz weiterer Entscheidungen und das generelle Gegen- und Miteinander aller Akteure im weiteren Verlauf des Spiels können jedoch stark beeinflusst werden, wenn der betroffene Spieler in den Mittelpunkt des Geschehens gerückt wird und ich ihm klarmache, dass ich verstehe, was er gerade empfindet und was die Entscheidung für ihn und seine Mannschaft bedeutet. Was habe ich konkret gemacht? Ich spendete deutlich sichtbar Trost, drückte durch meine ausgestreckten Arme aus, dass es mir leid tut, und berührte ihn kurz an der Schulter. Dadurch, dass ich dem Spieler vermittelte, dass mir die Tragweite meiner Entscheidung für ihn und seine Mannschaft bewusst war, zeigte ich Empathie und Mitgefühl – ich signalisierte, dass ich wusste, in welch schwierige Situation die Entscheidung sein Team brachte. Auf diese Weise wurde die Aufmerksamkeit automatisch auf den Spieler, der das Foul begangen hatte, gerichtet und die Alternativlosigkeit für mein Handeln hervorgehoben.

Ein weiteres Beispiel: Am 32. Spieltag der Saison 2017/18 leitete ich das Spiel SC Freiburg gegen den 1. FC Köln. Der 3:2-Sieg für den SC Freiburg bedeutete, dass der 1. FC Köln zum sechsten Mal in der Vereinsgeschichte abstieg. Nach dem Spiel sah ich den damaligen Kölner Verteidiger Dominique Heintz weinend auf dem Boden sitzen. Klar, es gibt Wichtigeres im Leben als sportlichen Erfolg, aber ein solcher Abstieg ist nun mal ein starkes emotionales Ereignis. Der Druck der gesamten Saison fällt ab, der Verein wird auf den Kopf gestellt und viele Arbeitsplätze sind betroffen. Möglicherweise sind Vertragssituationen ungeklärt. Ich habe damals Dominique Heintz in den Arm genommen, ganz spontan. Ich konnte nicht einfach so an ihm vorbeigehen. Sicherlich hat das an seiner Situation nicht viel geändert, aber ich wollte doch zeigen, dass ich mit ihm fühle und mir durchaus vorstellen kann, was die Situation gerade für ihn bedeutet. Ich habe damals von einigen Seiten Kritik dafür einstecken müssen. So etwas sei nicht meine Aufgabe, ich solle das Spiel leiten und mich darauf konzentrieren. Ich sehe das anders. Das Spiel war vorbei, mein inhaltlicher Job war getan. Im Spiel muss ich Regeln durchsetzen und voll konzentriert sein. Ich muss Entscheidungen treffen, die starke Auswirkungen auf Spieler und auch ganze Vereine haben können. Aber wenn der Raum dafür da ist, gehört es dazu, auch einfach nur Mensch zu sein und Mitgefühl zu zeigen. Ich bin fest davon überzeugt, dass man – dosiert und alles zu seiner Zeit – sowohl objektiver Entscheider als auch mitfühlender Mensch sein kann. Und ich glaube, dass dies sogar gut ist, und zwar aus zwei Gründen: Erstens, und das ist der zentrale Grund: Ich bin so und möchte das so machen. Zweitens, nachgelagert und keinesfalls strategisch zu verstehen, aber einen positiven Nebeneffekt hat es sicherlich: Ich glaube, dass so meine Akzeptanz steigt und man mich nicht nur als Entscheider sieht, den man möglicherweise als unfair, kalt oder hart wahrnehmen kann. Ich präsentiere mich als Mensch und nicht nur als wandelndes Regelwerk. Der

Umgang untereinander wird auch in Folgespielen deutlich einfacher und meine Entscheidungen werden eher akzeptiert.

Zudem sehe ich meine Rolle als Schiedsrichter realistisch. Was erwarten die 22 Spieler auf dem Platz von mir? Ihre Erwartung an mich ist, dass ich das Spiel leite. Nicht mehr, aber auch nicht weniger. Die beiden Mannschaften haben sich die ganze Woche über auf das Spiel vorbereitet, spüren je nach Tabellensituation einen enormen Druck. Es geht um Karrieren, Verträge, Absicherungen nach der Karriere. Das muss ich verstehen und meine Aufgabe ist es, allen das Abrufen ihrer Leistungen zu ermöglichen. Zwar bin ich nur ein Rädchen im gesamten System. Aber durch Fehlentscheidungen, arrogantes Auftreten oder anderes unangebrachtes Verhalten stelle ich mich in den Mittelpunkt und zerstöre möglicherweise sogar den Spielfluss. Wenn ich mich in die Situation des Spielers vor dem Spiel versetze und mir vorstelle, was er von mir erwartet, dann höre ich, dass ich das Spiel vernünftig pfeifen, einen gewissen Rahmen setzen und die Spieler weitgehend in Ruhe lassen soll.

Perspektiven in der Managementliteratur

In der Managementliteratur hat es eine lange Tradition, Eigenschaften erfolgreicher Führungskräfte zu identifizieren und als Best Practice für angehende Führungskräfte vorzustellen. Selbstbewusstsein gehört zu den Eigenschaften, die schon seit vielen Jahren dazugezählt werden. Relativ neu wird seit einigen Jahren das Konzept der empathischen Führung als Erfolgsfaktor diskutiert. Satya Nadella, seit 2014 CEO bei Microsoft, beschreibt die empathische Führung sogar als eine ganz wesentliche Fähigkeit zukünftiger Führungskräfte. Bei einem Vortrag an der Wharton Business School betont er: »In addition to confidence, a CEO must have empathy.«[154] Die Bestsellerautorin Maria Ross beschreibt Empathie im Management als die Fähigkeit, sich in die Situation anderer Menschen hineinversetzen zu können, auch wenn man die konkrete Situation selbst so noch nicht erlebt hat.[155] Dahinter steht das Bewusstsein, dass Menschen, die von unseren Entscheidungen betroffen sind, selbst auch mit Problemen und Herausforderungen kämpfen. Genau wie der Schiedsrichter, der sich über die Gesamtsituation der Spieler vorab und im Spiel Gedanken macht und ihre Perspektiven genau verstehen will. Empathisch zu sein heißt jedoch nicht, automatisch alles zu tun, was unser Gegenüber will, sondern sich bei der Entscheidungsfindung die Situation des anderen zu vergegenwärtigen und zu würdigen.

Empathisches Verhalten kann neue Perspektiven auf unternehmerische Sachverhalte bieten.[156] Die Unternehmerin Christina Harbridge ist Expertin für das Thema Empathie, da sie ein eigenes Geschäft auf der Basis von Empathie aufgebaut hat. Während ihres Studiums jobbte sie in einem Inkasso-Büro. Ihre Aufgabe war es, für die Kunden des Büros offene Zahlungen am Telefon einzutreiben. Ihr fiel auf, dass ihre Kollegen, die während der Kaffeepausen und im persönlichen Umgang sehr nett und einfühlsam waren, am Telefon im Gespräch mit den Schuldnern aggressiv, beleidigend und ausfallend wurden und Angst verbreiteten – so, wie man es sich in der Branche, die Druck auf Schuldner ausüben muss, vorstellt. Angewidert von dieser Beobachtung war sie überzeugt davon, dass diese Branche auch anders funktionieren kann, und gründete nach dem Studium ihr eigenes Inkasso-Büro, das explizit ein anderes, nämlich höflicheres Verhalten gegenüber Schuldnern verfolgen sollte. Ihr war bewusst, dass die meisten Kunden aus dem Gesundheitswesen kamen und Rechnungen über Gesundheitsleistungen eingetrieben werden sollten, bei Menschen, die typischerweise zu den schwächsten in einer Gesellschaft gehören. Harbridge schulte ihre Mitarbeiter darin, mit den Gesprächspartnern verständnisvoll umzugehen und empathisch zu sein. Niedrigere Eintreibequoten nahm sie bei der Gründung sogar in Kauf. Das Ergebnis war jedoch ein völlig anderes: Während Inkasso-Büros durchschnittlich etwa zehn Prozent der offenen Forderungen eintreiben können, erreichte ihr Unternehmen 32 Prozent, deutlich mehr als der Branchenschnitt. Säumige Zahler reagierten sehr viel positiver auf die empathische Herangehensweise als auf die Angst verbreitende. Maria Ross schließt daraus, dass empathisch zu sein nicht automatisch bedeutet, ökonomisch weniger erfolgreich zu sein und zu viele Zugeständnisse zu machen. Im Gegenteil: Empathisches Verhalten kann auch in schwierigen Umfeldern wie Inkasso das gewünschte Verhalten bewirken, und zwar, ohne andere aggressiv zu behandeln. Die Schuldner reagieren eher in der gewünschten Art und Weise, wenn man ihnen Verständnis für ihre Situation entgegenbringt. Menschen wollen verstanden, nicht angegriffen werden. Christina Harbridge berichtet, dass das Aufrechterhalten des empathischen Verhaltens ihrer Mitarbeiter am Telefon eine kontinuierliche Herausforderung ist. Menschen tendieren nicht zu Empathie, insbesondere nicht in unangenehmen Situationen wie einem solchen Anruf. Daher gibt es regelmäßig Trainings, Schulungen und Erfahrungsaustausche darüber, wie Empathie im Gespräch mit den Schuldnern gezeigt werden kann.

Studien zeigen, dass der Zusammenhang zwischen empathischem Verhalten im Unternehmen und dem Unternehmenserfolg kein Einzelfall ist. Belinda Parmar findet einen offensichtlichen positiven Zusammenhang zwischen empathisch geführten Abteilungen und ihrem Erfolg. Sie publiziert einen Global Empathy Index.[157] Die zehn Unternehmen mit dem höchsten Global-Empathy-Index im Jahr 2015 wuchsen in den Folgejahren am stärksten und hatten eine deutlich höhere Profitabilität als die weniger gut gerankten Unternehmen. Eine andere Studie zeigt, dass Ärzte, die empathisch mit ihren Patienten umgehen, deutlich höhere Zufriedenheitswerte bei ihren Patienten aufweisen und signifikant seltener in juristische Streitigkeiten wegen potenzieller Fehlbehandlungen involviert sind.[158]

Auch wenn sich Unternehmen allgemein in Bezug auf den empathischen Umgang mit ihren Mitarbeitern und Kunden unterscheiden, zeigen Studien, dass wir Empathie besonders für einzelne Menschen empfinden können.[159] Empathie für ganze Unternehmen, Länder oder wie im Fußball für ganze Mannschaften oder Vereine zu empfinden, ist deutlich schwieriger. In Laborsituationen zeigen Menschen oft deutlich mehr Empathie für das einzelne Opfer einer Tragödie als für eine größere Anzahl von Opfern. Wenn es um einzelne Menschen geht, dann können wir uns die Gesichter vorstellen und die Hintergründe dieser Tragödie erfassen. Dann entsteht Empathie. Zahlen von Opfern sind jedoch zu abstrakt, um Mitgefühl empfinden zu können, denn wir haben eher keine Empathie für große Gruppen von Menschen. Daher werden Unternehmen, die insgesamt empathischer wirken, auf der Ebene jedes einzelnen Mitarbeiters und Kunden Empathie entwickeln. Im Inkasso-Beispiel können die Mitarbeiter für einen einzelnen Schuldner Empathie entwickeln und sich dabei in seine konkrete Situation hineinversetzen. Für die große Menge aller Schuldner ist das schwieriger. Auch kann ein Schiedsrichter deutlich eher Empathie für die Situation eines einzelnen konkreten Spielers empfinden. Sich in eine Mannschaft als Ganzes zu versetzen, ist deutlich abstrakter und fällt schwerer.

Empathie funktioniert in sehr vielen Lebensbereichen. Ein Forscherteam um Leanne ten Brinke fand heraus, dass US-Senatoren mit Gesichtsausdrücken und Stimmen, die Empathie ausstrahlen, eher Gesetze durchbringen als die, die bei der Vorstellung ihrer Vorschläge drohend und mit aggressiven Gesten agieren.[160] Ein Forscherteam um den Psychologen Dacher Keltner zeigt, dass in Basketball-Teams der NBA, in denen sich die Spieler gegenseitig physisch Wertschätzung erweisen (wie durch Abklatschen oder Umarmen), statistisch gesehen – unter Beachtung der Qualität der Spieler und anderer Einflussfaktoren – etwa zwei Spiele pro Jahr mehr gewinnen.[161] Genau diese zwei Spiele können den Unterschied machen, wenn es um die Play-off-Qualifikation geht.

Die Bedeutung von empathischem Verhalten ist damit gut erklärt. Daher stellt sich die Frage, was die Treiber emphatischen Verhaltens von Führungskräften oder Schiedsrichtern sind. Einige Forscher haben untersucht, ob das empathische Verhalten von Führungskräften genetisch bedingt ist oder über die Zeit erlernt wurde. Wäre es genetisch bedingt, dann müssten sich Führungskräfte mit ihrem vorbestimmten Empathie-Potenzial abfinden. Wäre es erlernbar, dann könnten Führungskräfte empathisches Verhalten entwickeln. Studien kommen zu dem Ergebnis, dass empathisches Verhalten zu etwa 30 Prozent durch die Gene bestimmt ist.[162] Dieser Anteil ist somit nicht veränderbar. Dieses Ergebnis bedeutet aber auch, dass empathisches Verhalten zu 70 Prozent erlernbar und durch Führungskräfte damit bis zu einem gewissen (hohen) Grad steuerbar ist. Das ist eine gute Nachricht: Jede Führungskraft kann somit empathisches Verhalten erlernen.

Grundsätzlich gibt es aber auch Hürden für empathisches Verhalten. Die Forschung zeigt, dass Menschen zunächst einmal mehr Empathie gegenüber Menschen zeigen, die ihnen sehr ähnlich sind, und entsprechend weniger Empathie gegenüber Menschen, die ihnen fremd erscheinen, beispielsweise in Bezug auf Bildung, Nationalität, Aussehen oder Interessen.[163] Dabei kann sogar die Vorliebe für einen Fußballverein eine Rolle spielen, wie folgendes Experiment belegt.[164] Psychologen haben dafür Fans von Manchester United eingeladen. Zunächst sollten sie einen Bericht darüber schreiben, was Manchester United für sie bedeutet. Danach wurden sie unter einem Vorwand in ein anderes Gebäude gebeten. Auf dem Weg dorthin trafen sie auf einen Jogger, der sich gerade in dem Moment verletzte. Bei ihm handelte es sich um einen Schauspieler, der Teil des Experiments war. Eine erste Gruppe von United-Fans traf auf den Jogger in einem United-Trikot. 90 Prozent der Teilnehmer des Experiments halfen ihm unmittelbar und zeigten sich empathisch. Eine zweite Gruppe von United-Fans traf auf einen Jogger in einem Trikot des FC Liverpool, also des größten Rivalen von Manchester United. Interessanterweise halfen ihm nur noch etwa 30 Prozent der Manchester-United-Fans. 70 Prozent gingen ungerührt an ihm vorbei in das andere Gebäude. In einer zweiten Version des Experiments schrieben Fans von Manchester United nicht über ihren Verein, sondern sie sollten beschreiben, warum sie Fußball ganz allgemein lieben. Die Experiment-Teilnehmer wurden wieder gebeten, in das andere Gebäude zu gehen, und trafen auf dem Weg dorthin den Jogger. Interessanterweise halfen die Manchester-Fans jetzt sowohl einem United- als auch einem Liverpool-Fan. Was bedeuten diese Ergebnisse? Sie zeigen, dass wir tendenziell eher denen helfen, die uns ähnlich sind. Je nach Stimmung und gesetztem Impuls (wie hier im Experiment: Was ist das Großartige an Manchester United? versus Was ist das Großartige an Fußball allgemein?) ändern wir unser Verhalten und zeigen uns mehr oder weniger empathisch.

Eine weitere Hürde für empathisches Verhalten besteht in der empfundenen Macht und dem Status, die Führungskräfte besonders anfällig dafür machen, sich nicht empathisch zu verhalten.[165] In einem Experiment sollten Teilnehmer sich entweder die reichsten und mächtigsten US-Amerikaner oder eben die ärmsten und schwächsten US-Amerikaner, die ihnen bekannt sind, vorstellen. Zudem sollten sie grafisch darstellen, wie sie selbst zu dieser Gruppe stehen. Die Gruppe, die über die Reichsten und Mächtigsten nachdenken sollte, zeichnete sich durchweg deutlich weniger reich und mächtig. Die Gruppe, die über die Ärmsten und Schwächsten nachdenken sollte, zeichnete sich deutlich über dieser Gruppe stehend. So weit waren die Ergebnisse zu erwarten und nicht überraschend. Nach dieser Übung sollten die Probanden Bilder von Menschen betrachten und dabei deren Emotionen beschreiben. Interessanterweise gaben die Probanden, die sich als überlegen dargestellt hatten (relativ zu den Ärmsten und Schwächsten der Gesellschaft), deutlich ungenauere und häufig auf die Emotionen der Menschen auf den Bildern nicht zutreffende Beschreibungen. Die Probanden, die sich als unterlegen dargestellt hatten (relativ zu den Reichsten und Mächtigsten), konnten die Emotionen dieser Menschen jedoch sehr genau beschreiben. Was besagt das Ergebnis? Allein das temporäre Gefühl einer gewissen Überlegenheit über andere führt dazu, die Emotionen Dritter nicht mehr richtig wahrzunehmen.

Was können Führungskräfte konkret tun, um sich besser in die Lage anderer hineinversetzen zu können und dadurch eine wichtige Voraussetzung für empathisches Verhalten zu schaffen? Erstens sollten diese Führungskräfte ihre eigene Rolle verstehen. Auf frühen Karrierestufen sind Mitarbeiter in Unternehmen zumeist für eine eng definierte inhaltliche Aufgabe verantwortlich. Diese Aufgabe inhaltlich zu füllen, beispielsweise durch Recherchen oder Analysen, steht im Fokus. Wächst ein Mitarbeiter aus dieser inhaltlichen Aufgabe in eine Führungsrolle hinein, dann ändert sich die Art der Aufgabe. Vielleicht gibt es noch einzelne ähnliche inhaltliche Facetten, doch der Kern der Arbeit verändert sich: Je größer das Team, für das man verantwortlich ist, desto stärker rückt die Führung dieser Mitarbeiter in den Fokus. Die Aufgabe ist es, dafür zu sorgen, dass die Mitarbeiter im Team gut arbeiten können. Andy Grove als Mitgründer und ehemaliger CEO von Intel betont, dass sich der Output einer Führungskraft nicht danach bemisst, was sie selbst inhaltlich erarbeitet, sondern was die Summe der dieser Führungskraft zugeordneten Mitarbeiter inhaltlich erreicht.[166] Bestsellerautor Simon Sinek geht so weit, zu sagen, dass Führungskräfte ihren Mitarbeitern »dienen« müssen, damit diese ihre beste inhaltliche Leistung abrufen.[167] Rein mathematisch betrachtet: Wenn eine Führungskraft es schafft, die Leistung ihres Teams von 20 Mitarbeitern um zehn Prozent zu steigern, dann entspricht das einer Leistungssteigerung, die die Führungskraft alleine in ihrer Arbeitszeit nicht leisten könnte. Daher sollten Führungskräfte ihre Aufgabe annehmen und sich als Unterstützer ihrer Mitarbeiter sehen. Aus diesem Grund sollten auch die Probleme der Mitarbeiter im Vordergrund stehen. Sind diese adressiert, bringen die Mitarbeiter eine bessere Leistung und erhöhen auch die Leistung der Führungskraft. Gelingt es der Führungskraft bei vielen Mitarbeitern, dann ist die Leistungssteigerung insgesamt höher, als sie sie alleine bei ihren inhaltlichen Aufgaben hätte erbringen können. Genau wie der Schiedsrichter, von dem die Spieler, Trainer und Zuschauer erwarten, dass er das Spiel vernünftig pfeift, Regeln anwendet und den Spielfluss ermöglicht. Und eben nicht, dass er sich in den Mittelpunkt der Aufmerksamkeit drängt und sich auf dem Fußballplatz präsentiert.

Zweitens nehmen empathische Führungskräfte zunächst an, dass ihr Gegenüber grundsätzlich eine positive Absicht hat. Weniger empathische Menschen gehen häufig mit Misstrauen in neue Begegnungen, sehen nur potenzielle Fallen oder Nachteile. Empathische Menschen tun dies nicht. So wie sie selbst in die meisten Interaktionen mit anderen mit positiven Absichten gehen, nehmen sie das auch für andere an. Wer anderen negative Absichten unterstellt, geht viel verschlossener und misstrauischer in die Interaktion und schafft es nicht, sich unbefangen in andere hineinzuversetzen. Der Gegenüber wird dies bemerken und ebenfalls verschlossener und misstrauischer sein. Damit ist die Chance auf einen gemeinsamen Nenner zum Start einer Arbeitsbeziehung vertan. Indra Nooyi, ehemalige Vorstandsvorsitzende von PepsiCo. und regelmäßig in den Rankings der mächtigsten Frauen der Welt vertreten, verfolgt den Positive-Intent-Ansatz (Ansatz der positiven Absicht) nach eigener Aussage intensiv und bezeichnet ihn als den besten Tipp, den sie je in ihrer Karriere bekommen hat.[168] Der Ansatz hat ihr geholfen, sich in die Position anderer hineinzuversetzen und ihre Motive zu verstehen. Wer mit einer verschlossenen, kritischen Haltung in eine Interaktion mit einem Mitarbeiter oder Kunden geht, verwehrt sich der Öffnung, sieht nur das potenziell Negative und versetzt sich nicht in die Lage des Gegenübers. Das heißt natürlich nicht, dass er nach Interaktionen und nach einem besseren Kennenlernen nicht irgendwann seine Meinung ändert. Wichtig ist es jedoch, zunächst mit einer positiven Absicht in die Situation zu gehen, um offen für alle Optionen zu sein.

Drittens sehen empathische Führungskräfte ihre Mitarbeiter oder Schiedsrichter die Spieler ganzheitlich und bedenken, dass hinter einem Mitarbeiter beziehungsweise einem Spieler ein Mensch mit weiteren, oft wichtigeren Rollen steckt. Sie sind auch Familienmitglieder oder Elternteil oder Kinder von Eltern. Auch in ihrer Rolle als Mitarbeiter beziehungsweise Spieler können sie weitere Aufgaben und Sorgen haben, die die aktuell zu bewertende Situation beeinflussen, wie bei Erling Haaland im Spiel in Hoffenheim. Der Harvard-Business-School-Professor Clayton Christensen schildert in seinem Buch *How to measure your life* ein Beispiel.[169] Er beobachtete bei einem Sommerfest mit den Familien eine Mitarbeiterin, die mit ihren beiden Kindern spielte. Er dachte in diesem Moment daran, dass diese Mitarbeiterin zuletzt keine gute Zeit im Unternehmen hatte, weil einige Dinge schiefgelaufen waren. Die Beobachtung der Frau mit ihren Kindern machte ihm deutlich, dass sie ihre Sorgen und Nöte von der Arbeit mit nach Hause zu ihren Kindern genommen hatte und vielleicht auch umgekehrt. Vielleicht gab es Probleme zu Hause, die dazu geführt hatten, dass sie im Job nicht die bestmögliche Leistung brachte. Die Beobachtung zeigte ihm, dass Mitarbeiter oder auch Spieler auf dem Fußballplatz in gewissen Situationen ganzheitlich zu sehen sind. Welche Sorgen, welche anderen Probleme bringen sie mit? Welche Sorgen nehmen sie mit von der Arbeit ins Privatleben? Diese Gedanken helfen ebenfalls, sich in die Situation der Mitarbeiter oder Kollegen hineinzuversetzen.

Viertens sollten sich Führungskräfte in die Rolle des Gegenübers hineinversetzen und alles tun, um ihn zu verstehen. Steve Jobs wird nachgesagt, dass er zu seiner Zeit als Vorstandsvorsitzender von Apple einen großen Teil der Beschwerde-E-Mails von Kunden sorgfältig studierte, um dadurch Ideen für Produktverbesserungen zu bekommen. Eine solche Tätigkeit zählt nicht unbedingt zur Stellenbeschreibung eines Vorstandsvorsitzenden, zeigt aber dem Umfeld von Steve Jobs, dass ihm das Verständnis für die Kunden wichtig und er sich selbst nicht zu schade ist, solchen Tätigkeiten nachzugehen.

Einige Führungskräfte gehen noch weiter. Sie versetzen sich tatsächlich komplett und real in die Lage eines anderen Menschen, dessen Situation sie mit ihrem Unternehmen bestimmen. Dan Schulman, der CEO von PayPal, schildert eine extreme Situation.[170] Bevor er CEO bei PayPal wurde, war er für Virgin Mobil verantwortlich. Dort organisierte er Spendenaktionen für Obdachlose und überlegte, wie man ihnen Zahlungsmittel zur Verfügung stellen könnte, um ihre Situation zumindest ein klein wenig zu verbessern. Er stellte fest, dass es ihm sehr schwerfiel, sich in ihre Situation hineinzuversetzen, und er nahm sich vor, selbst 24 Stunden lang als Obdachloser auf den Straßen New Yorks zu leben, und zwar ohne moderne Zahlungsmittel, nur von dem Bargeld, das er erbettelte. Dabei erfuhr er am eigenen Leib, wie respektlos Obdachlose behandelt werden und dass es bis zu sechs Stunden dauern kann, bis genug Kleingeld für ein kleines Essen zusammengekommen ist. Erst dieses konkrete Erleben am eigenen Leib half ihm, zu verstehen, was Obdachlose wirklich benötigen und wie sie auf bestimmte Angebote reagieren würden.

Die Unternehmensberater Erin Henkel und Adam Grant beschreiben in einer Fallstudie, wie sie einem Energieversorger in Michigan geholfen haben, zu verstehen, wie seine Kunden ticken.[171] Der Energieversorger stellte fest, dass Kunden mit geringem Einkommen häufig ihre Rechnungen nicht bezahlen, auch in harten Wintermonaten, in denen sie besonders auf diese Leistung angewiesen sind. Die Berater erkannten, dass die Rechnungsinhalte und die Art der Rechnungsstellung undurchsichtig waren. An verschiedenen Stellen kamen zu viele unerwartete zusätzliche Kosten und Gebühren hinzu. Die Berater beschlossen, den Entscheidern beim Energieversorger diese Erkenntnis nicht nur mitzuteilen, sondern sie selbst in eine ähnliche Situation zu versetzen. Beim Jahres-Strategie-Meeting bekamen die Entscheider am Eingang eine bestimmte Anzahl von Münzen, die sie im Lauf des Tages für verschiedene Dinge ausgeben konnten. Die Berater hatten den Tag so geplant, dass die Entscheider unerwartet für gewisse Leistungen Münzen abgeben mussten. Wer den Aufzug anstatt der Treppen nahm, musste beispielsweise drei Münzen abgeben, aber erst nach der Ankunft im gewünschten Stockwerk und damit völlig unerwartet. Ein Toilettengang kostete ebenfalls Münzen. Damit mussten die Entscheidungsträger im Lauf des Tages – unerwartet, intransparent und ohne erkennbares System – zusätzliche (künstliche) Gebühren entrichten, so wie ihre Kunden im Abrechnungsprozess. Die Teilnehmer des Jahres-Strategie-Meetings hatten zumeist schon zum Mittagessen nicht mehr genügend Münzen, um ein bestimmtes Menü wählen zu können. Die Aktion der Berater war erfolgreich: Die Entscheider erfuhren dadurch selbst unmittelbar, wie negativ sich unklare Gebühren auswirken und welche persönlichen Konsequenzen sie haben können. Die Lernerfahrung war beeindruckend und der Anstoß für eine umfassende Umgestaltung des Rechnungsprozesses hin zu einem transparenten, einfachen Prozess ohne unliebsame Überraschungen.

Fünftens gilt, dass Führungskräfte zunächst mit sich selbst im Reinen sein müssen, um sich empathisch verhalten zu können. Maria Ross, die sich intensiv mit empathischer Führung auseinandergesetzt hat, zeigt, dass empathische Führungskräfte gewisse Hebel anwenden, um ein gesundes Maß an Selbstvertrauen aufzubauen und aufrechtzuhalten.[172] Sie setzen sich regelmäßig Ziele und gleichen ihre Fortschritte ab. Nur wem das eigene Vorankommen immer wieder bewusst wird, der kann einen gewissen Stolz und ein gewisses Selbstvertrauen ableiten, auch relativ zu anderen. Empathische Führungskräfte feiern ihre Erfolge, genießen sie intensiv und machen sich dadurch selbst bewusst, dass sie etwas Außergewöhnliches geschaffen haben. Das Bewusstsein über außergewöhnliche Leistungen baut Selbstvertrauen auf, schafft innere Ruhe und hilft, Energie für ein empathisches Verhalten anderen gegenüber aufzubauen. Empathische Führungskräfte führen zudem in einigen Fällen Buch über ihre Erfolge, indem sie beispielsweise Lobes-E-Mails, herausragende Rankings oder Dankeskarten aufbewahren und sie sich ansehen, wenn sie merken, dass das eigene Selbstvertrauen in einzelnen Situationen zu schwinden beginnt. Dadurch ist ein effektives Gegensteuern möglich.

Praktische Anwendung

Aus diesen Überlegungen aus der Schiedsrichter- und der Management-Perspektive lassen sich zwei Empfehlungen ableiten:

> Sei dir deiner Rolle bewusst, stelle dein Team mit deinen Mitarbeitern in den Vordergrund und nimm deine Verantwortung für sie an! Du bist ein guter Schiedsrichter, wenn du nicht im Mittelpunkt stehst.
>
> Geh zunächst von einer positiven Absicht der Mitarbeiter in deinem Team aus und bewerte sie ganzheitlich! Glaub nicht, dass du grundsätzlich einen Schwalbenkönig vor dir hast.

Wie lassen sich diese Erkenntnisse im Unternehmen anwenden? Die beiden folgenden Tools bieten sich besonders zur Anwendung der Empfehlungen an.

Was sind die Erwartungen an dich und deine Rolle?

Wir alle haben im Job und auch privat verschiedene Rollen. Aber was sind genau die Erwartungen der Menschen, mit denen und für die wir arbeiten? Gehe deine Rollen durch und notiere, was die Menschen von dir erwarten und was nicht. Wann sagt die bewertende Gruppe, dass du einen guten Job gemacht hast?

Rolle	Bewertende Gruppe	Von mir wird erwartet …	Von mir wird nicht erwartet …
Bundesliga-schiedsrichter im Relegationsspiel	Spieler auf dem Platz und Trainer	• Neutrale, faire Spielleitung, ohne den Spielfluss zu stören • Unterbindung von zu aggressivem Spiel zum Schutz der Gesundheit der Spieler • Umgängliche Art	• Eine dominante Rolle auf dem Platz • Im Mittelpunkt des Interesses zu stehen
…	…	• …	• …

Vorher- und Nachher-Übung

Führungskräfte sind für ihre Mitarbeiter während der gesamten Arbeitszeit zuständig, genau wie der Schiedsrichter die 90 Minuten Spielzeit über einschließlich einiger Zeit davor und danach Einfluss auf die Spieler hat. Empathisches Verhalten setzt jedoch voraus, dass sich Führungskräfte ganzheitlich mit ihren Mitarbeitern beschäftigen und sich Gedanken darüber machen, welche Rollen sie außerdem im Leben haben und welche Sorgen und Nöte sie mit an den Arbeitsplatz bringen.

Notiere im Folgenden für einige einzelne Mitarbeiter oder auch Mitarbeitergruppen, welche weiteren Rollen diese haben und welche potenziellen Probleme dabei wesentlich sein könnten. Bedenke, dass diese potenziellen Themenstellungen nicht dazu führen sollen, deinem Gegenüber Dinge durchgehen zu lassen. Die Reflexion über diese erweiterten Themenstellungen hilft jedoch, die Person und ihre Gesamtsituation zu verstehen und mögliche entstehende Probleme vorab empathisch zu adressieren.

Betroffene Person	**Weitere Rollen dieser Person**	**Potenzielle Themenstellungen, die diese Person bewegen**
Eingewechselter Spieler, der sehr aggressiv wirkt	Fußballprofi mit körperlich bedingt begrenzter Phase der Höchstleistung (bis typischerweise 32 Jahre), Familienvater	• Unklarheit über vertragliche Situation nach Verlust des Stammplatzes • Körperliche Probleme, die die Leistungsfähigkeit aktuell reduzieren • Private Beziehungsprobleme oder Krankheiten in der Familie

Kapitel 12

Gehe umsichtig mit deiner Autorität um

Die Schiedsrichter-Perspektive

Als Schiedsrichter ist es essenziell, auf dem Platz eine Autorität zu sein und von den Spielern akzeptiert zu werden. Ich habe in meiner Karriere immer wieder Situationen erlebt, in denen Spieler bewusst oder unbewusst versucht haben, meine Autorität zu untergraben. Einen besonders beeindruckenden Versuch hat einmal ein Bundesligaspieler unternommen. Er drückte mir nach dem Verzehr die leere Verpackung eines Energieriegels in die Hand und forderte mich auf, diesen zu entsorgen. Wir standen natürlich nicht allein auf dem Platz, andere Spieler beobachteten uns und auch Zuschauer konnten mit Sicherheit aus der Entfernung zumindest erahnen, was da gerade vor sich ging. Zunächst war ich sprachlos. Dann reagierte ich aber schnell und machte ihm unmissverständlich klar, was ich von dieser Aktion hielt, und ich forderte ihn vehement auf, seinen Müll selbst zu entsorgen. Er entgegnete tatsächlich noch, wie ich so mit ihm reden könne. In solchen Situationen steht die ganze Autorität des Schiedsrichters auf dem Spiel. Wenn ich – aus welchen Gründen auch immer – so reagiert hätte, wie er es forderte, hätte ich bei diesem Spieler und sicherlich auch bei den anderen, die die Situation beobachteten, in diesem und auch in künftigen Spielen kein Bein mehr auf den Boden bekommen. In solchen Situationen muss man als Schiedsrichter klare Kante zeigen. Spätere Zusammentreffen mit diesem Spieler in anderen Spielen liefen dann auch immer ganz hervorragend und respektvoll ab.

Auch wenn dieses Erlebnis sicherlich ein Extrem ist, habe ich festgestellt, dass die Spieler zu Beginn häufiger die Grenzen austesten und versuchen, meine Autorität infrage zu stellen. Dank meiner Entwicklung über die Jahre nehmen mich Spieler heute teilweise deutlich anders wahr und interagieren anders mit mir, nicht nur, aber insbesondere auch Spieler aus unteren Ligen. Als ich zu Beginn der Corona-Pandemie ein Spiel in Sandhausen in der Zweiten Liga geleitet habe, kam vor dem Spiel ein Spieler auf mich zu und meinte, was ich denn hier mache, warum ich denn bei so einem Spiel eingesetzt würde und ob ich heute kein Spiel in der Ersten Liga pfeifen würde. In einem Spiel der Zweiten Liga, Darmstadt 98 gegen den Karlsruher SC, zu Beginn der Rückrunde in der Saison 2020/21 stand ein Karlsruher Spieler leicht am Kopf blutend vor mir. Kurz zuvor war er in einem Zweikampf angegangen worden. Ich hatte nicht auf Foul entschieden. Mit dem blutenden Spieler vor mir und der vorangegangenen Situation im Kopf war ich mir mittlerweile ziemlich sicher, dass ich hätte pfeifen müssen und dass ich mit meiner ursprünglichen Entscheidung falschlag. Der Karlsruher Spieler sagte jedoch nur: »Nein, schon o.k., du hast das bestimmt richtig gesehen.« Da ich solche Situationen zu Beginn meiner Bundesligakarriere nicht erlebt habe, auch nicht bei Spielen in unteren Ligen, schließe ich daraus, dass mir einige Spieler durch meine gewonnene öffentliche Akzeptanz mehr Autorität zusprechen, dass ich heute in manchen Situationen – wenn auch sicherlich nicht in allen – unkritischer gesehen werde und man meine Entscheidungen tendenziell als richtig einschätzt.

Wenn ich merke, dass Spieler meine Handlungen und Entscheidungen zu demütig aufnehmen, brauche ich mein Team. Es muss mich dann ganz schnell wieder auf den Boden zurückholen und mir meine kritische Haltung und eine gewisse Demut vor der Situation zurückgeben. Das gilt auch, wenn ich nicht aufmerksam genug bin.

Am 13. Spieltag der Saison 2017/18 leitete ich das Revierderby zwischen Dortmund und Schalke 04. Es sollte legendär werden, da Schalke es tatsächlich schaffte, aus einen 0:4-Rückstand noch ein 4:4 zu machen. Der Ausgleich fiel ganz kurz vor Schluss. Die Atmosphäre ist bei dieser Paarung immer eine besondere: Zwei Teams mit großen Fangemeinden, der Derbycharakter – all das führt dazu, dass man sich schon besonders fühlen kann, dabei zu sein. Ich durfte also dieses besondere Spiel pfeifen. Nach dem Anpfiff lief ich zunächst recht passiv über den Platz, ohne Körperspannung. Bis heute kann ich mir nicht genau erklären, warum. Gott sei Dank habe ich ein Team an meiner Seite, das merkt, wenn ich auf diese Weise abdrifte, und mein Schiedsrichterassistent Eduard Beitinger machte mich per Funk dann auch unmissverständlich darauf aufmerksam: »Ey Deniz! Wach auf! Wir brauchen hier einen echten Schiri!« Der Weckruf holte mich in die Realität zurück. Hier war meine volle Konzentration gefordert und nichts ging von alleine. Und das war keine Ausnahme. Ich pflege immer eine solche offene Kommunikation mit meinem Team. Die Mitglieder kennen mich und wissen genau, wann sie einschreiten müssen. Wenn ich zu phlegmatisch werde oder ausstrahle und vielleicht sogar denke, dass heute alles wie von selbst geht, dann holen sie mich auf den Boden der Tatsachen zurück und ich verstehe, Erfolg und Autorität hin oder her, dass ich mir auch heute wieder eine gute Leistung erkämpfen muss. Sonst geht es schief.

Perspektiven in der Managementliteratur

Auch in der Management-Lehre finden sich ähnliche Phänomene. Es gibt eine Reihe von Studien, die die Bedeutung einer Autoritätsverzerrung (Authority-Bias) in Unternehmen oder generell in Geschäftssituationen darstellen.[173] Hinter dieser Verzerrung steht die Beobachtung, dass Individuen Autoritäten eher Glauben schenken und eher dem folgen, was diese vorschlagen. Dabei kann die Autorität durch die hierarchische Position gegeben sein, sie kann jedoch auch durch eine über die Zeit aufgebaute Expertise entstehen, ebenso wie über Erfolge in der Vergangenheit. In Entscheidungssituationen bekommt die betreffende Person dann einen Vorschuss an Gehorsam und andere nehmen sich mit Angriffen (wie Gegenargumenten oder politischen Spielchen) deutlich zurück. Vielmehr werden sie den Interessen und Anweisungen dieser Autorität folgen. Es handelt sich dabei um eine Verzerrung, weil dies typischerweise geschieht, ohne dass die der Autorität folgende Person die konkrete Entscheidungssituation objektiv betrachtet und kritische Fragen stellt. Wenn wir einer solchen Verzerrung unterliegen, dann stellen wir unsere eigene Sichtweise hinten an und folgen der Sicht der Person, der wir Autorität zuschreiben. So wie der Spieler aus der Zweiten Liga, der blutend vor dem Schiedsrichter steht und wohl gute Gründe gehabt hätte, einen Freistoß zu fordern, aber dennoch davon ausgeht, dass der Schiedsrichter, den er aus der Ersten Liga kennt, richtig gehandelt hat.

Dass Menschen Autoritäten folgen, ist der Forschung zufolge in unserer Erziehung und Sozialisation tief verankert. Im Kindergarten und in der Schule lernen wir, dass Autoritäten ein größeres Wissen haben, auf das wir uns verlassen können. Wir lernen zudem, dass es häufig honoriert wird, diesen Autoritäten zu folgen, beispielsweise durch bessere Noten im Schulkontext oder durch Beförderungen im Unternehmenskontext. Solche Erfahrungen bestätigen Menschen implizit, dass es gut und zielführend sein kann, Autoritäten in ihren Entscheidungen zu folgen und anzunehmen, dass sie damit richtig liegen. Darüber hinaus ist es bequem, Autoritäten zu folgen. Wir müssen keine eigene Energie in die Problemlösung investieren. Es ist leicht, die Sicht von Autoritäten und ihre Erfahrung zu übernehmen.

Autoritätsverzerrung kommt im Unternehmenskontext häufig vor. Ken Sandy fand heraus, dass Mitarbeiter aus Produktentwicklungsteams in der Software-Industrie Produkteigenschaften insbesondere dann in die Software aufnehmen, wenn diese von erfahrenen Kollegen gefordert werden.[174] Eine seiner Studien zeigt, dass bis zu 60 Prozent vergangener Entwicklungsprojekte explizit einer

Autoritätsverzerrung unterlagen, weil an zentralen Stellen in der Entwicklung das Team unreflektiert den Sichten einer Autorität und ihren Wünschen gefolgt ist. In diesen Fällen hat das Team häufig ohne größere Diskussion die eigene Sicht zurückgestellt.

Grundsätzlich kann es aus der Unternehmenssicht positiv sein, wenn Entscheidungen umgesetzt werden müssen und Beteiligte die Autorität und ihre Entscheidung ohne Diskussionen akzeptieren. Oft haben Autoritäten – insbesondere, wenn große Erfolge mit entsprechendem Wissensaufbau vorliegen – ein überlegenes Wissen und es ist sinnvoll, ihren Ansichten zu folgen. Es kann in vielen Situationen auch positiv sein, wenn ein Team oder generell betroffene Mitarbeiter – einer Autoritätsverzerrung folgend – Dinge einfach umsetzen und sich Unternehmen nicht in Diskussionen verzetteln. So wie auch der Schiedsrichter davon profitiert, wenn die Spieler unstrittige Entscheidungen akzeptieren, ohne groß zu lamentieren und das Spiel aufzuhalten.

Neben solchen positiven Effekten lässt sich jedoch auch beobachten, dass Mitarbeiter oder Teammitglieder, die einer Autoritätsverzerrung unterliegen und der Autorität ohne Diskussionen folgen, für die Autorität selbst eine Gefahr sein können. Diese Problematik beschreibt Avinash Kaushik [175] Dabei prägt er das Konzept des HiPPO (Highest Paid Person in the Office). Es bezieht sich auf die Beobachtung, dass schlechter bezahlte Teammitglieder auf die Meinungen und Sichten höher bezahlter Teammitglieder bei der Entscheidungsfindung vertrauen, und weist eine ausgeprägte Ähnlichkeit zum Authority-Bias nach.

HiPPOs tendieren nach Avinash Kaushik dazu, den Kontakt zu den Kunden zu verlieren und den Wert von Meinungen und Sichten aus dem Team nicht mehr wertzuschätzen oder gar als nicht notwendig anzusehen. HiPPOs hatten typischerweise in der Vergangenheit viel Erfolg. Ab einer gewissen Erfolgsstufe gehen sie irgendwann nicht mehr davon aus, dass sich das noch ändern wird.[176] Wenn die von einer Autoritätsverzerrung betroffenen Teammitglieder den HiPPO weiter darin bestärken, ohne einen möglicherweise gegenläufigen Input zu liefern, dann verstärkt sich der Prozess und der HiPPO sieht noch seltener, dass er in einem konkreten Fall eine falsche Entscheidung treffen könnte, wenn Teammitglieder ihm die relevanten Informationen vorenthalten. Dann ist ein Prozess in Gang gesetzt, der schwer zu stoppen ist.

Solche Phänomene kommen in der Unternehmenspraxis sehr häufig vor. Ron Johnson war Führungskraft bei Apple und dort für die hochprofitablen Apple-Stores verantwortlich.[177] Diese haben in den 2000er-Jahren der gesamten Einzelhandelsbranche in beeindruckender Weise gezeigt, dass auch stationär im Einzelhandel Wachstumsgeschichten möglich sind und ein Umsatzverlust an Online-Kanäle nicht zwangsläufig gegeben ist. Aufgrund seiner Erfolge im Einzelhandel bei Apple wurde Ron Johnson 2011 CEO bei J. C. Penney. Branchenexperten berichten, dass dort der HiPPO-Effekt eintrat.[178] Apple-Stores wurden von der ganzen Branche bewundert und verehrt, ähnlich erging es ihm persönlich bei J. C. Penney. Als Apple-Held an der Spitze konnte er ohne Diskussionen oder Gegenwind seine Ideen umsetzen – ohne dabei die spezifischen Daten oder die Besonderheiten des Geschäfts von J. C. Penney genauer zu betrachten. Selbst als klar wurde, dass sein Ansatz hier nicht funktionierte, so berichten Insider, traute sich niemand, dem Apple-Helden die Wahrheit mitzuteilen. Letztlich scheiterte Ron Johnson bei J. C. Penney und musste bereits 2013 seinen Posten wieder räumen. Die Vorschusslorbeeren aufgrund seiner vorherigen, aber für den konkreten Fall nur bedingt hilfreichen Arbeit waren ein Grund für sein Scheitern. Zwar lässt sich darüber nur spekulieren, aber möglicherweise hätten Mitarbeiter, die ihren Authority-Bias gegenüber Ron Johnson überwinden, einen Mehrwert gehabt, ihm die Augen geöffnet und so zu besseren Entscheidungen verholfen. Interessanterweise war das Scheitern besonders spektakulär und öffentlichkeitswirksam: Wenn objektiv klar wird, dass eine so prominente Führungskraft keinen Erfolg hat, dann ist durch die initiale Verehrung die Enttäuschung besonders groß. Ab einem gewissen Zeitpunkt wird eine Top-Führungskraft wie Ron Johnson nicht mehr als der Apple-Held gesehen, sondern als derjenige, der bei J. C. Penney gescheitert ist.

So wie Führungskräfte durch eine Autoritätsverzerrung in einzelnen Situationen für sich Vorteile generieren können, müssen sie auch verstehen, wie sie die großen potenziellen Nachteile vermeiden können. Wie können Führungskräfte verhindern, dass sie durch andere und auch durch sich selbst zu unkritisch als Autorität wahrgenommen werden? Die wissenschaftliche Literatur und Best-Practice-Beispiele beschreiben eine ganze Reihe von Hebeln.

Erstens sollten Führungskräfte in Situationen, in denen sie eine Verzerrung aufgrund ihrer Autorität zumindest vermuten, zunächst die Meinung anderer Beteiligter einholen und dann erst ihre eigene Meinung kommunizieren. Führungskräfte in Machtpositionen tendieren insbesondere über die Zeit dazu, in Entscheidungssituationen zunächst ihre eigene Meinung und eigene Sicht darzulegen und dann erst auf andere Beteiligte wie Mitarbeiter oder externe Berater zu hören. Führungskräfte sollten, wenn es die Situation zulässt, zunächst die Meinungen und Sichtweisen anderer einholen und diese nicht durch die eigene Sicht verzerren und beeinflussen. Studien zeigen, dass wenn eine Führungskraft zuerst ihre Sicht und Meinung darlegt, hierarchisch untergeordnete Personen sich nicht mehr trauen, abweichende Meinungen und Fakten zu berichten, sondern entweder schweigen oder die Sicht der Führungskraft unreflektiert übernehmen.[179]

Zweitens sollten Führungskräfte der öffentlichen Meinung nicht zu viel Glauben schenken. Erfolg führt oft dazu, dass Medien und andere externe Beobachter darüber berichten – meist in übertriebener Form. Es werden Geschichten geschrieben, Fernsehdokumentationen erstellt, Interviews geführt. Was zunächst mit einem gewissen berechtigten Stolz genossen wird, kann schnell übergehen in die Eigenwahrnehmung, dass man sich bei einer solch großen Bewunderung und Zustimmung bei der nächsten zu treffenden Entscheidung eigentlich kaum irren kann. Auch wenn es bei übermäßigem Erfolg sicherlich nicht leicht ist, sollten sich so erfolgreiche Führungskräfte immer bewusst sein, dass dieser Hype seitens der Medien sehr schnell aufhört, wenn die Erfolge nachlassen. Eine solche Umgarnung durch die Medien muss immer wieder neu erarbeitet werden. Zudem sollte sich eine Führungskraft bei jeder Gelegenheit klarmachen, dass die Medien gern übertreiben, und ihre Berichterstattung entsprechend einordnen. Insbesondere sollte die PR der eigenen Presseabteilung stark kontrolliert werden.

Drittens bietet es sich an, unmittelbar nach der Erreichung eines Ziels bereits das nächste Ziel und den nächsten Meilenstein zu definieren. Sich eine neue Ziellinie zu geben, hilft dabei, wieder einen gewissen erforderlichen Druck und Fokus aufzubauen und sich, auch wenn die eigenen Mitarbeiter dies (aufgrund der Autoritätsverzerrung) seltener hinterfragen, eine kritische Haltung zu bewahren.

Viertens kommen mit dem Erfolg neue Möglichkeiten. Einladungen zu Vereinen, Anfragen, Reden zu halten oder Angebote, Aufsichtsratsmandate zu übernehmen – um nur einige Optionen zu nennen. Im positiven Sinn bieten diese Optionen Möglichkeiten, zu networken und das eigene Unternehmen wie auch sich selbst bekannter zu machen. Aber nur bis zu einem gewissen Grad. Nehmen solche Aktivitäten überhand, dann leidet zwangsläufig ab einem gewissen Punkt die Kernaufgabe. Die Vorbereitung für die nächste Sitzung gerät etwas kürzer, das nächste Treffen mit dem wichtigsten Kunden ist etwas schlechter vorbereitet. Um solche negativen Auswirkungen zu vermeiden, sollten erfolgreiche Führungskräfte klare Grenzen einhalten. Einen Fokus zu setzen und etwa einen oder zwei Tage pro Monat in solche Aktivitäten zu investieren, ist sinnvoll, lässt aber noch genügend Spielraum, um den Erfolg im Kernjob aufrechtzuerhalten.

Fünftens sollten Führungskräfte, die befürchten, dass berechtigte Kritik ihnen gegenüber nicht (mehr) geäußert wird, sich bewusst frische externe Perspektiven suchen. Menschen tendieren dazu, sich nur dann externe Hilfe und Rat zu holen, wenn es ihnen schlecht geht. Genauso sinnvoll ist es jedoch, solche externen Perspektiven zu nutzen, wenn man Erfolg hat und es einem gerade sehr gut geht.[180] Möglicherweise unterliegen Mitarbeiter und Kollegen erfolgreicher Führungskräfte bereits einer Autoritätsverzerrung und äußern keine Kritik mehr. Dann ist es besonders wichtig, sie kontinuierlich nach ihrer Sicht zu fragen. Hilfreich ist in Entscheidungsfindungen auch die Nutzung von Daten. Sie nehmen die Emotionalität aus Entscheidungssituationen. Eine Führungskraft, die kaum Kritik und Widerspruch bekommt, entdeckt möglicherweise selbst Widersprüche im eigenen Denken auf der Basis von Daten.

Sechstens sollten sich erfolgreiche Führungskräfte daran erinnern, wie schwierig der Weg dorthin und insbesondere, wie groß die Angst vor dem Scheitern war. Diese Angst vor dem potenziellen Scheitern hat sie motiviert und sie viel Arbeit und Energie investieren lassen. Sobald der Erfolg da ist, fällt diese Angst ab, aber damit möglicherweise auch die Wertschätzung der investierten Arbeitszeit und -kraft. Führungskräfte sollten quantifizieren (beispielsweise in Arbeits- oder Trainingsstunden), wie viel Zeit sie wöchentlich in das Erreichen des Ziels gesteckt haben. Oder wie viele Weiterbildungen sie gemacht haben. Im Fall des Schiedsrichters könnte das bedeuten, sich zu erinnern, wie aufregend und besonders das erste Spiel in der Bundesliga war und wie schwer es ihm möglicherweise gefallen ist, sich dort Akzeptanz bei den damals etablierten Spielern zu verschaffen.

Praktische Anwendung

Aus diesen Überlegungen aus der Schiedsrichter- und der Management-Perspektive lassen sich zwei Empfehlungen ableiten:

> Sei auf der Hut, wenn dir niemand widerspricht, und suche in solchen Situationen Feedback von Dritten! Auch Spiele, bei denen sich zunächst niemand beschwert oder meckert, bergen Risiken.
>
> Erinnere dich auch nach Erfolgen immer wieder daran, wie du begonnen hast! Denke bei der Vorbereitung auf Champions-League-Spiele ab und zu auch an die Anfänge und Herausforderungen in der Kreisliga vor vielen Jahren.

Wie lassen sich diese Erkenntnisse im Unternehmen anwenden? Die folgenden beiden Tools bieten sich insbesondere zur Anwendung der Empfehlungen an.

Back-in-History-Übung

Ein zentraler Hebel, bei eigenem Erfolg nicht in eine Autoritätsverzerrung zu verfallen, besteht darin, sich die eigenen Herausforderungen der Vergangenheit zu verdeutlichen. Die Transparenz über eigene vergangene Herausforderungen schafft eine gewisse Demut vor der aktuellen Situation und richtet die Aufmerksamkeit auf Aufgaben oder Facetten, die unsere volle Anstrengung benötigen – wie damals, als wir zum ersten Mal mit diesen Aufgaben konfrontiert wurden. Diese Übung dient dazu, dass wir Aufgaben mit voller Aufmerksamkeit angehen, deren Erfüllung wir heute fälschlicherweise für selbstverständlich halten und von denen wir glauben, sie im Vorbeigehen lösen zu können. In der folgenden Tabelle findest du zwei Beispiele aus der Sicht der Autoren dieses Buches. Fülle die weiteren Zeilen für dich aus und mache dir bewusst, was immer wieder neu erarbeitet werden muss.

Aktuelle Aufgabe	Mögliche heutige implizite Sicht auf die Aufgabe	Perspektive auf die Aufgabe vor 15 Jahren	Perspektive auf die Aufgabe vor zehn Jahren	Kernerkenntnis
Leitung eines Zweitliga-Spiels vor verhältnismäßig unspektakulärer Kulisse	Routine-Aufgabe für FIFA-Schiedsrichter	• Vorfreude, Nervosität und großer Respekt vor erstmaliger Leitung eines solchen Spiels • Ziel, das Spiel gut zu überstehen und keine wesentlichen Fehlentscheidungen zu treffen	• Respekt vor der Aufgabe, Nervosität hält sich in Grenzen • Neben fachlich guter Spielleitung Aufbau von Autorität gegenüber den Spielern mit im Ergebnis souveräner Spielleitung	Vermeidung von Fehlentscheidungen und Aufbau von Autorität sollten auch im aktuellen Zweitliga-Spiel nicht als selbstverständlich angenommen werden
Halten einer Vorlesung vor Bachelor-Studenten	Routine-Aufgabe für Hochschullehrer mit mehr als zehn Jahren Berufserfahrung	• Vorfreude, Nervosität und Respekt vor erstmalig größerem Studenten-Publikum • Die Vorlesung gut zu überstehen und keine inhaltlichen Fehler zu machen	• Respekt vor der Aufgabe, Nervosität hält sich in Grenzen • Neben fachlich guter Vorlesung Inspiration der Studenten für das Fach	Vermeidung von inhaltlichen Fehlern und Aufbau von Begeisterung für das Fach sollten auch nach vielen Berufsjahren nicht als selbstverständlich angenommen werden

Validierung durch Fakten

Vorgesetzte, die vermuten, dass ihre Mitarbeiter aufgrund einer Autoritätsverzerrung nicht mehr offen ihre Meinung kommunizieren und auf diese Weise berechtigte Kritik nicht mehr transparent genug äußern oder Fehlentwicklungen nicht aufzeigen, können Daten nutzen, um solche Vermutungen zu validieren. Dabei bietet es sich an, zunächst Hypothesen abzuleiten, von denen man in Bezug auf die eigene Leistung oder die Leistung des Unternehmens überzeugt ist. Dabei bieten sich insbesondere solche Sachverhalte an, für die Mitarbeiter bei dem potenziellen Vorliegen einer Autoritätsverzerrung ungern beim Vorgesetzten das Wort ergreifen wollen. Sind solche Hypothesen aufgestellt, ist nach Datenquellen zu suchen, mit denen die Hypothesen validiert werden können. Können die Daten die Vorahnung stützen? Dann hat möglicherweise eine Autoritätsverzerrung vorgelegen. Führe selbst solche Analysen wie in der folgenden Tabelle beschrieben durch.

Aktuelle Überzeugung des Vorgesetzten	Mögliche Quelle einer Autoritätsverzerrung	Mögliche Daten/Analysen zur Validierung	Potenzielle Erkenntnis
Ich habe die Spieler alle viel besser im Griff als meine Kollegen.	• Schiedsrichterassistenten trauen sich nach langer gemeinsamer Karriere nicht, zu widersprechen • Journalisten stellen weniger kritische Fragen bei prominenten Schiedsrichtern	• Analyse der Anzahl der Rudelbildungen in eigenen Spielen im Vergleich zu Rudelbildungen in Spielen mit anderer Leitung • Analyse der Benotungen in Fachzeitschriften der eigenen Spiele im Vergleich zu Durchschnittsnoten der anderen Schiedsrichter	• Höhere problematische Kennziffern deuten auf mögliche Fehlannahme der Autorität hin • Entwicklungen über die Zeit können Probleme aufdecken, wenn beispielsweise Rudelbildungen über die Zeit deutlich zugenommen haben (auch im Vergleich zu anderen Schiedsrichtern)
Bei uns sind die Mitarbeiter alle sehr zufrieden.	• Mitarbeiter und mittleres Management trauen sich nicht, dem lange Zeit sehr erfolgreichen Geschäftsführer von der Verschlechterung der Unternehmenskultur zu berichten	• Analyse von Krankmeldungen über die Zeit • Analyse der durchschnittlichen Verweildauern über die Zeit • Vergleich der eigenen Metriken mit dem Wettbewerb oder öffentlich zugänglichen Durchschnittswerten	• Kulturelles Problem im Unternehmen, das mittelfristig zur Abwanderung wichtigen Wissens führen kann

Kapitel 13

Kommuniziere und erkläre

Die Schiedsrichter-Perspektive

Zu Beginn meiner Karriere bin ich immer recht zügig nach der Ankunft im Stadion in die Schiedsrichterkabine gegangen. Dort haben wir uns im Team vorbereitet, haben den Rasen und das Stadion begutachtet und sind dann zum Warmlaufen wieder herausgekommen. Natürlich habe ich auch mit vielen Beteiligten gesprochen, aber nicht in dem Ausmaß, wie ich es heute mache. Ich habe gelernt, dass die Kommunikation mit allen Beteiligten ein ganz zentraler Hebel ist. Die Spieler und Trainer einer Mannschaft kennen sich natürlich sehr gut, sie reisen über Monate durch das Land. Die Spieler der beiden Mannschaften kennen einander oft aus Nationalmannschaften oder von vorherigen Stationen ihrer Karriere. Nur ich war, insbesondere zu Beginn meiner Karriere, für alle neu. Zudem bin ich die Person, die später auf dem Platz die Entscheidungen trifft. Negativ ausgedrückt kann ich Spieler bestrafen. Das ist keine gute Mischung.

Anfänglich war ich dadurch ein Außenseiter. Mein Blick war grimmig und durch meine fast zwei Meter Körpergröße wirkte ich möglicherweise in manchen Situationen bedrohlich. Mit der Zeit bin ich bekannter geworden und habe manche Spieler immer wieder getroffen. Ich suche inzwischen ganz bewusst das Gespräch mit allen Beteiligten vor dem Spiel. Ich habe festgestellt, dass die Trainer und Spieler mir gegenüber deutlich gelassener sind, wenn wir ein paar Worte ausgetauscht haben. Kommunikation löst Barrieren auf, die zu Beginn bestehen können. Ohne diese Kommunikation vorab würde ich vor dem Spiel zum ersten Mal bei der Platzwahl mit den beiden Kapitänen sprechen und dann zunächst etwas Förmliches klären müssen, nämlich, wer Anstoß hat und wer die Seite wählen darf. Kommunikation hilft und beruhigt die Situation. Das wurde mir wieder sehr deutlich beim Drittligaspiel Waldhof Mannheim gegen den 1. FC Kaiserslautern, das ich im Februar 2022 leitete. Das Hinspiel war sehr umkämpft gewesen, mit sieben Gelben und zwei Roten Karten. Zudem waren zwei Funktionäre des Platzes verwiesen worden. Mir waren der Derbycharakter und die Brisanz dieses Spiels mehr als bewusst. Ich setzte auf Kommunikation, von Anfang an, und es blieb ein ruhiges Derby. Nach dem Spiel kommentierte Thomas Hengen, zu diesem Zeitpunkt Geschäftsführer Sport in Kaiserslautern, davor langjähriger Bundesligaspieler, meine Leistung wie folgt: »Er nimmt die Spieler in den Arm, spricht mit den Leuten, mit den Trainern. Er hat das sehr, sehr gut moderiert.« Interessant ist, dass er sich in seiner Bewertung nicht auf eine bestimmte Szene oder Entscheidung fokussiert, sondern meine Kommunikation und Moderation anspricht, was ihre Bedeutung eindrucksvoll untermauert.

So viel zur generellen Kommunikation. Aber auch auf die situationsabhängige Kommunikation kommt es an. Als Leiter vieler Spiele auf hohem Niveau habe ich immer wieder festgestellt, dass die Akzeptanz von Entscheidungen maßgeblich davon abhängt, wie gut ich es schaffe, die Situation verbal oder durch Zeichen, die auch die Zuschauer interpretieren können, zu erklären. Auch wenn beispielsweise die Entscheidung für eine Rote Karte außergewöhnlich ist und im Spiel nicht regelmäßig vorkommt, kann sie dennoch ohne größere Widerstände akzeptiert werden, wenn die Aktion, die zur Roten Karte geführt hat, für das Umfeld klar und nachvollziehbar ist. Schlägt beispielsweise ein Spieler einen anderen, wird niemand die Entscheidung des Schiedsrichters infrage stellen. Der Fokus richtet sich hier meist auf den Verursacher und nicht auf den Entscheider. Bei solchen klaren Schwarz-Weiß-Entscheidungen gibt es in der Regel keine Akzeptanzprobleme. Herausfordernd sind Situationen im Graubereich, für die der Schiedsrichter in der Wahrnehmung des Umfelds einen größeren Entscheidungsspielraum besitzt. Eine Kommunikation, noch bevor die Situation für eine Entscheidung relevant wird, ist hier wesentlich.

Nehmen wir eine typische Situation im Strafraum: Haltevergehen wie Trikotziehen oder Klammern des Gegenspielers werden häufig als normale Aktionen eingestuft. Geht dieses Verhalten für den Schiedsrichter jedoch in der konkreten Situation über das fußballtypische Zerren und Ziehen hinaus und kommt es zu einer Ahndung des Vergehens, hat der Entscheider meist mit Diskussionen und Akzeptanzschwierigkeiten zu kämpfen. Häufig habe ich nach einer Elfmeterentscheidung wegen Trikotziehens das

Argument gehört: »Wenn das ein Elfmeter ist, dann muss man pro Spiel 20 Elfmeter geben!« Zwar kann die einzelne Entscheidung absolut richtig sein, aber sie wird nicht akzeptiert. Daher nutze ich gern ein einfaches und probates Kommunikationsmittel – die öffentliche Ermahnung. Das Umfeld und auch die betroffenen Spieler müssen vorgewarnt und die mögliche anstehende Entscheidung muss vorhersehbar werden. Dabei sollte eine bevorstehende Entscheidung verbal, aber auch durch Gestik und Mimik für alle sichtbar vorbereitet werden. Meist setze ich dieses Mittel bereits in der Anfangsphase eines Spiels ein, um das Umfeld und die Spieler frühzeitig für derartige Aktionen zu sensibilisieren. Kommt es im Verlauf des Spiels tatsächlich zu einer Elfmeterentscheidung durch Trikotziehen, dann stelle ich immer wieder fest, dass diese Entscheidung deutlich besser von allen Beteiligten akzeptiert wird, wenn ich sie erkennbar vorbereitet habe.

Ein konkretes Beispiel: Im Spiel Hertha BSC gegen den VfB Stuttgart in der Saison 2013/14 waren zwei Spieler vor der Eckstoßausführung sehr auffällig mit gegenseitigem Trikotziehen und Halten beschäftigt. Wenn ich als Schiedsrichter bei so einer Situation ohne Vorwarnung auf Strafstoß entscheide, ist eine Akzeptanzdiskussion vorprogrammiert. Die Lösung ist, vor der Eckstoßausführung das Spiel zu stoppen und die Spieler deutlich und außenwirksam zu ermahnen. Kommt es nochmals zu einem ähnlichen Fehlverhalten und entscheidet der Schiedsrichter dann auf Strafstoß, wird der Fokus auf den Spieler gelenkt, da das Umfeld sich meist an die Vorwarnung des Schiedsrichters erinnert und sich eher über das wiederholte Fehlverhalten des Spielers echauffiert und die Entscheidung schneller akzeptiert.

Es kommt regelmäßig vor, dass ein Spieler durch wiederholte Vergehen wie Foulspiel auffällig wird. Wenn er nicht vorgewarnt und auf sein wiederholtes Fehlverhalten proaktiv hingewiesen wird, sondern zu einem späteren Zeitpunkt aus heiterem Himmel eine Gelbe Karte erhält, dann ist die Akzeptanz der Entscheidung kaum gegeben. Der Spieler reagiert mit Unverständnis auf die Entscheidung und den Schiedsrichter. Auch das Umfeld wird durch diese Reaktion beeinflusst und erschwert es dem Spielleiter, eine generelle Akzeptanz zu erlangen.

Wesentlich ist eine klare Kommunikation schon vor Entscheidungen, die eine größere Auswirkung auf das Spiel haben können. Kommunikation kann aber auch nach Entscheidungen von großer Bedeutung sein. Bei jedem Bundesligaspiel stehen die Spieler unter großem Druck und fast jeder Pfiff gegen sie selbst oder die eigene Mannschaft führt zu einer emotionalen Reaktion aus Unverständnis und Wut. Regelmäßig kommen nach einem Pfiff die foulenden Spieler auf mich zu und fragen nach, weil sie den Pfiff nicht nachvollziehen können, teilweise mit emotionalem Gesichtsausdruck, voller Adrenalin. Die ganze Woche haben sie auf dieses Spiel hintrainiert, es geht möglicherweise um mehr als nur um die Punkte, wenn sich der Verein in Abstiegsgefahr befindet oder sich noch für Höheres qualifizieren kann. Meine Erfahrung zeigt, dass sich in den allermeisten Fällen die aufkommende Aufregung mit zwei Worten besänftigen lässt, und zwar mit: »War Foul!« Dadurch biete ich dem Spieler eine minimale, aber dennoch gänzlich klare Erklärung für meinen Pfiff. In acht von zehn Fällen dreht der Spieler bei, die Aggression weicht aus seinem Gesicht und er wendet sich ab und konzentriert sich wieder auf seine Aufgabe. Diese minimale, aber eindeutige Erklärung ist der zentrale Hebel, um Spieler zu beruhigen. Meine Erklärung für dieses Verhalten ist, dass die Spieler sich ernstgenommen fühlen, wenn ich auf ihre Frage in einem angemessenen Ton und mit angemessener Gestik eingehe.

Perspektiven in der Managementliteratur

Die Managementliteratur bietet eine Fülle von Ratgebern zum Thema Kommunikation. Sie ist der zentrale Bestandteil erfolgreicher Führung. Dabei spielt ein Grund eine besondere Rolle: Kommunikation zwischen Menschen erhöht das Vertrauen zwischen ihnen beziehungsweise lässt es überhaupt erst entstehen.[181] Es entsteht kein Vertrauen, wenn keine Kommunikation stattfindet. Durch Kommunikation geben Menschen Informationen über sich preis, der Gegenüber versteht den Kommunizierenden besser. Erfolgt eine Antwort, dann lernt die jeweils andere Person. Oft verstärken sich im negativen Fall die Prozesse: Kommuniziert eine Führungskraft nicht offen und regelmäßig mit ihren Mitarbeitern, dann schöpfen sie den Verdacht, es könnte etwas im Busch sein. Die Mitarbeiter werden misstrauisch, nehmen Abstand, initiieren selbst keine Kommunikation mehr. Dadurch wird die Führungskraft wiederum misstrauisch, kommuniziert noch weniger und der Prozess beginnt von vorne. In der Krisenforschung werden Krisen typischerweise mit verschiedenen Phasen beschrieben. Zunächst ist ein Konflikt nur latent vorhanden. Er existiert, aber die Beteiligten sind sich seiner Existenz noch nicht bewusst. Danach entsteht der eigentliche Konflikt, die Beteiligten sind erstmals nicht mehr einer Meinung, greifen einander vielleicht schon an. Wird der Konflikt nicht schnell gelöst, geht er in eine Eskalation über. Studien zeigen, dass Kommunikation, idealerweise schon in der Phase des latenten Konflikts, der effektivste Hebel ist, dem Fortschreiten und der Eskalation dieses Konflikts entgegenzuwirken.

Studien zeigen, dass Abteilungen eines Unternehmens, die wenig miteinander kommunizieren, auch weniger Vertrauen ineinander haben.[182] Diese Beobachtung gilt letztlich auch für den Schiedsrichter und seine Karriere: Je mehr er mit den Spielern redet, desto einfacher und vertrauensvoller wird der Umgang. Es entstehen auf beiden Seiten immer wieder Gerüchte, die ohne Kommunikation nicht widerlegt werden können. Durch sich hochschaukelnde Gerüchte entsteht Misstrauen, man redet wiederum weniger. Wir haben tendenziell am meisten Vertrauen zu den Menschen, mit denen wir viel kommunizieren. Dabei können überraschende Beobachtungen gemacht werden. Es gibt Erkenntnisse, dass reisende Vertriebsmitarbeiter, die mehr Zeit bei Kunden verbringen als in ihrer Unternehmenszentrale, sich emotional über die Zeit den Kunden mehr verbunden fühlen als dem eigenen Unternehmen und den Mitarbeitern in der Zentrale.[183] Die Vertriebsmitarbeiter kommunizieren mehr mit ihren Kunden als mit den Kollegen in der Zentrale. Das Vertrauen in einzelne Kunden steigt, die Zentrale ist weit weg, die Kommunikation spärlich, wodurch Misstrauen entstehen kann.

Die Bedeutung von Kommunikation mit Mitarbeitern verdeutlicht auch die Studie einer Forschergruppe bei einer großen baltischen Supermarktkette.[184] Diese kämpfte mit extrem hohen Fluktuationsraten in ihren Filialen. In der Studie forderte der Geschäftsführer die Hälfte der 238 lokalen Filialleiter dazu auf, von nun an insgesamt 20 Minuten pro Tag mit den Mitarbeitern zu reden. Nach einigen Monaten wurden die Effekte gemessen: Die Fluktuation in den Supermärkten mit der neuen Kommunikation lag um 25 Prozent unter der Fluktuation in den Filialen, in denen die Kommunikation des Filialleiters mit den Mitarbeitern nicht angepasst wurde.

Ein Forscherteam um Rachid Zeffane hat 244 Mitarbeiter eines mittleren australischen Unternehmens befragt, was ein Klima des Vertrauens im Unternehmen schafft.[185] Auch in dieser Studie ist die effektive Kommunikation der Vorgesetzten ein zentraler Treiber. Sobald sie geringer wird, nehmen die Missverständnisse zu und das Klima des Vertrauens verwandelt sich allmählich in ein Klima des Misstrauens. Die Zusammenhänge sind am stärksten, wenn sich das Unternehmen in einer instabilen Phase befindet. Dann ist Kommunikation noch wichtiger und die Mitarbeiter reagieren noch sensibler, wenn sie fehlt.

Kommunikation schafft unabhängig von bestimmten Entscheidungen ein generelles Vertrauen in die kommunizierende Person. Die Managementliteratur bietet aber auch Erkenntnisse, welche Rolle die Kommunikation als Vorwarnung bei sich anbahnenden negativen Entscheidungen spielt. Im Unternehmenskontext belegen Studien, dass Mitarbeiter negative Entscheidungen besser aufnehmen, wenn sie eine Vorankündigung erhalten haben und die Entwicklung dadurch zumindest bis zu einem gewissen Grad vorhersehbar war.[186] Procter & Gamble sah sich in den 1990er-Jahren gezwungen, eines ihrer Werke zu schließen. Aufgrund unangenehmer Erfahrungen bei früheren Werkschließungen ging das Unternehmen in diesem konkreten Fall vorbereitet an die Aufgabe heran und veröffentlichte schon früh eine Meldung über die mögliche Schließung. Als diese feststand, legte man den betroffenen Mitarbeitern einen detaillierten Stufenplan mit Meilensteinen bis zur Werkschließung vor und ermöglichte es ihnen dadurch, selbst die Kontrolle über die weiteren Schritte zu behalten (zum Beispiel die Teilnahme an Weiterbildungen zur Verbesserung ihrer Position im Unternehmen oder auf dem Arbeitsmarkt) und die vollen Konsequenzen zu erfassen. Solche Vorankündigungen nehmen viel Emotionalität aus der Problematik, machen Entwicklungen vorhersehbar und sind von den Betroffenen leichter zu akzeptieren. Die Mitarbeiter fühlen sich den drohenden Entscheidungen nicht mehr so hilflos ausgeliefert und haben die Möglichkeit, rechtzeitig gegenzusteuern. Schon die Chance, die eigene Lage positiv zu beeinflussen, hilft, mit unangenehmen Situationen und Entscheidungen besser umzugehen. Darüber hinaus ermöglicht es die Vorwarnung auch, sich mit den Konsequenzen der Entscheidung auseinanderzusetzen. Psychologische Experimente zeigen, dass die Zeit bis zur drohenden Entscheidung genutzt werden kann, um ihre positiven und negativen Konsequenzen zu verstehen.[187] Dabei hatte sich die grundlegende Entscheidung von Procter & Gamble nicht geändert – das Werk wurde geschlossen. Die Übertragung möglicher wütender und enttäuschter Reaktionen auf die übermittelnde Person wurde jedoch abgewendet und die Situation der Betroffenen zumindest im Rahmen der Möglichkeiten verbessert. Diese Effekte ähneln der eingangs beschriebenen Schiedsrichter-Beobachtung, dass Verwarnungen, wenn sie angekündigt wurden, deutlich schneller von den Betroffenen akzeptiert werden.

Wenn Mitarbeiter merken, dass für sie negative Entscheidungen vorab angekündigt werden beziehungsweise ihnen zumindest frühzeitig die Möglichkeit zum eigenen Handeln gegeben wird, dann hat dies einen wesentlichen Einfluss auf ihr Stresslevel und die spätere Akzeptanz von Entscheidungen.[188] Der Psychologe Martin Seligman beobachtet, dass Mitarbeiter, die Bedrohungen wie Entlassungen oder die Beschneidung von Kompetenzen im Arbeitsalltag antizipieren können, auch besser einschätzen können, wann keine negative Entscheidung droht.[189] Das bedeutet: Wenn Mitarbeiter frühzeitig informiert werden, dass eine schlechte Entwicklung zu befürchten ist (zum Beispiel durch die Ankündigung eines möglichen Arbeitsplatzabbaus), dann können sie sich umgekehrt auch sicher fühlen, dass keine negative Entscheidung droht, wenn nichts dergleichen kommuniziert wird. Mitarbeiter, denen diese Transparenz fehlt, sind durchweg gestresst und befürchten immer und grundsätzlich Schlimmes. Unter dieser Stressbelastung nehmen sie unangekündigte Entscheidungen auf und können diese nur schwer verarbeiten und akzeptieren – ähnlich wie der Bundesligaspieler, der nach seiner Wahrnehmung wie aus dem Nichts eine Gelbe Karte fürs Trikotziehen bekommt.

Andere Studien zeigen ähnliche Zusammenhänge, teilweise auch in noch weit bedrohlicheren Kontexten. So war das Fliegeralarm-Frühwarnsystem in London während des Zweiten Weltkriegs so gut, dass sich die Einwohner Londons vollständig darauf verlassen konnten. Daher wussten sie, dass Gefahr nur dann drohte, wenn auch Alarm geschlagen wurde. Das entspannte die Grundsituation etwas. In Städten ohne solche Systeme waren die Menschen in kontinuierlicher

Angst und standen unter Stress, unabhängig von der tatsächlichen Gefahr. Vorankündigungen haben somit einen wesentlichen Einfluss auf den Stresslevel und damit das Wohlbefinden.

Ein weiteres Beispiel für fehlende Vorankündigungen beschreibt eine Studie über die Firma Atari in den 1980er-Jahren. Die Mitarbeiter bemerkten, dass nahezu alle Führungskräfte ab einem gewissen Zeitpunkt einen Hintereingang benutzten, der unmittelbar zu ihren Büros führte. Dort schlossen sie sofort die Türen. Die Mitarbeiter interpretierten dies als Zeichen einer Unternehmenskrise, da die Führungskräfte offensichtlich den Austausch mit ihnen vermeiden wollten – ähnlich wie ein Schiedsrichter, der geheimnisvoll über das Mikrofon mit dem Schiedsrichterassistenten über Spieler und ihre Vergehen spricht, aber nicht mit den Spielern selbst. Dadurch entstanden ein durchgehender Stresslevel und eine große Unsicherheit im Unternehmen – zu Recht, da es sich tatsächlich in einer Krise befand, was jedoch den Mitarbeitern nicht mitgeteilt wurde. Ab diesem Zeitpunkt, so berichten die Forscher, war eine permanente Missstimmung unter den Mitarbeitern zu spüren, mit der Konsequenz hoher Eigenkündigungsraten – sie hatten gelernt, dass relevante negative Informationen nicht mit ihnen geteilt wurden und damit für sie nicht mehr vorhersehbar waren, und handelten daher selbstständig, allerdings nicht mehr im Sinne des Unternehmens.[190]

Die enorme Bedeutung der Vorankündigung möglicher negativer Entscheidungen wird auch von Top-Führungskräften betont. Jack Welch, legendärer ehemaliger CEO von General Electric und *Fortunes* »Manager des Jahrhunderts« in den USA, bezeichnet die Aufgabe, Vorankündigungen über die Leistung von Mitarbeitern zu geben, als eine wesentliche Verantwortung von Führungskräften.[191] Er ist davon überzeugt, dass eine Führungskraft keine Führungskraft ist, wenn sie Mitarbeitern nicht regelmäßig Informationen darüber gibt, wie ihre Leistung wahrgenommen wird – ähnlich wie ein Schiedsrichter, der für sich bereits die Vergehen eines Spielers zählt, ihm die sich anbahnende Strafe jedoch nicht ankündigt. Er bezeichnet regelmäßige Performance-Feedbacks als absolutes Muss für Führungskräfte. In seiner Zeit bei General Electric gab es für jeden Mitarbeiter jährlich mindestens vier solcher Performance-Feedbacks, die auf das Jahresfeedback hinarbeiteten. Insbesondere negative Vorkommnisse mussten in diesen regelmäßigen Feedbacks angesprochen werden – letztlich zum Schutz der Mitarbeiter, sodass diese noch vor den Jahresfeedbacks mit den finalen Entscheidungen und möglichen negativen Konsequenzen reagieren konnten.

Keine Vorankündigung zu bekommen und nicht Teil der Kommunikation zu sein, setzt die betroffene Person dem Gefühl aus, ausgeschlossen und nur passiver

Teil des gesamten Entscheidungsprozesses zu sein. Die Neurowissenschaftlerin Naomi Eisenberger von der University of California hat ein Experiment durchgeführt, das den Schmerz, den Ausgegrenzte erleben, untersucht.[192] An einem Computerspiel nahmen neben dem Probanden noch zwei weitere fiktive Spieler teil. Die drei Spieler sollten sich einen Ball zuwerfen. Nach etwa der Hälfte des Spiels hörten die anderen beiden Spieler, die Teil des Experiments waren, auf, dem Probanden den Ball zuzuspielen. Die Probanden wurden sauer und fühlten sich ausgegrenzt. Die Forscherin maß während des Spiels die Gehirnaktivität der Probanden und stellte fest, dass sie ab dem Zeitpunkt der Ausgrenzung in etwa der Gehirnaktivität bei körperlichem Schmerz entsprach. Von Informationen oder Updates abgeschnitten zu sein, die für die eigene Situation relevant sind, kann – sofern der Betroffene auch nur ein gewisses Gespür für diese Ausgrenzung hat – ernsthafte Konsequenzen für das Wohlbefinden haben. Empathische Führungskräfte verstehen diese Konsequenzen und binden Betroffene vorab ein, statt sie auszugrenzen. Ebenso wie Schiedsrichter, die über das Mikrofon mit dem Videoassistenten reden und danach möglichst zügig den betroffenen Spielern ihre Entscheidung oder zumindest ihre Beobachtung mitteilen. Dauert das geheimnisvolle Absprechen mit dem Videoassistenten unter Ausschluss der Spieler zu lange, dann entsteht eine Missstimmung unter den Spielern, sie fühlen sich von den relevanten Informationen und Entscheidungsfindungen abgeschnitten.

Kommunikation schafft Vertrauen und die kommunikative Ankündigung einer sich anbahnenden Entscheidung hilft, die Akzeptanz dafür zu erhöhen. Darüber hinaus tendieren empathische Führungskräfte dazu, den Betroffenen ihre Entscheidungen zu erklären. Auch wenn dies in vielen Fällen selbstverständlich klingt, zeigen Studien, dass Führungskräfte mit vielen verschiedenen Aufgaben und Verpflichtungen gegenüber den betroffenen Mitarbeitern häufig auf notwendige Erklärungen für ihre Entscheidungen verzichten.[193] Nicht aus böser Absicht, sondern aufgrund der Priorisierung anderer Dinge.

Ein Forscherteam um John Schaubroeck führte in den 1990er-Jahren ein Experiment durch, in dem verschiedenen Gruppen von Mitarbeitern auf unterschiedliche Weise mitgeteilt wurde, dass eine Gehaltserhöhung ausfällt.[194] Eine Gruppe erhielt nur die Nachricht, dass Gehaltserhöhungen nicht möglich seien, ohne weitere Erklärung. Eine weitere Gruppe bekam die Nachricht ausfallender Gehaltserhöhungen, ergänzt durch eine kurze Begründung. In der Gruppe mit der Erklärung war die Absicht, das Unternehmen zu verlassen, deutlich geringer. Die Arbeitszufriedenheit wurde ebenfalls höher bewertet. Dabei war die Konsequenz ausfallender Gehaltserhöhungen für beide Gruppen gleich, doch die Erklärung machte den Unterschied.

Die Psychologin Ellen Langer von der Harvard University führte 1977 ein Experiment durch, das die Bedeutung von Erklärungen unterstreicht und zeigt, dass der konkrete Inhalt beziehungsweise die Sinnhaftigkeit der Erklärung dabei überraschenderweise gar nicht so wichtig ist.[195] Für das Experiment simulierte sie eine Situation, in der ein Forscher eine Bibliothek betritt. Dort warten mehrere Menschen am Kopierer. Die Wartenden sind nicht eingeweiht, dass es sich um ein Experiment handelt. Der eintretende Mann ist ein Schauspieler. Er drängelt sich vor und versucht, so schnell wie möglich zu kopieren. In drei verschiedenen Szenarien handelt er dabei unterschiedlich. Im ersten Szenario fragt er ohne Begründung: »Entschuldigen Sie, ich habe fünf Seiten zu kopieren. Kann ich bitte vor?« Im zweiten Szenario bietet er eine Begründung, die sein Handeln erklärt, und zwar: »Entschuldigen Sie, ich habe hier fünf Seiten zu kopieren. Kann ich bitte vor, weil ich es eilig habe?« Im dritten Szenario bringt er auch eine Begründung vor, die jedoch inhaltlich keinen Sinn macht. Konkret fragt er: »Entschuldigen Sie, ich habe fünf Seiten zu kopieren. Kann ich bitte vor, weil ich kopieren möchte?« 60 Prozent ließen den Forscher im ersten Szenario vor, obwohl er keine Begründung für sein Handeln vorbrachte. 94 Prozent waren es im zweiten Szenario, bei dem er eine Begründung lieferte. Überraschend ist, dass ihn auch im dritten Szenario 93 Prozent der Angesprochenen unmittelbar kopieren ließen. Damit führen das zweite und das dritte Szenario praktisch zum gleichen Ergebnis. Beide liefern eine Begründung, beide beinhalten das Wort *weil*, im Gegensatz zum ersten Szenario. Dass im zweiten Szenario eine sinnvolle Begründung genannt wurde, im dritten jedoch eine, die keinen Sinn ergibt, macht kaum einen Unterschied. Das Experiment zeigt, dass Menschen beruhigt und sogar überzeugt sind, wenn ihnen ihr Gegenüber für sein Handeln, auch wenn es sie negativ betrifft, eine Erklärung bietet. Diese Erkenntnis stimmt mit der Beobachtung des Schiedsrichters überein, dass er nach einem Pfiff mit der offensichtlichen Begründung »War Foul!« den Spieler, gegen den er gepfiffen hat, zufriedenstellt und beruhigt.

Was sollten Führungskräfte konkret tun? Erstens sollten sie viel kommunizieren und mit Mitarbeitern und anderen wichtigen Gruppen im und rund um das Unternehmen, wie Lieferanten und Kunden, regelmäßig das Gespräch suchen. Auch wenn diese Empfehlung sehr generisch und selbstverständlich klingt, geht Kommunikation im Alltag eher unter, insbesondere, wenn wir bedenken, dass das Zusammenarbeiten immer stärker digital stattfindet und kleine Unterhaltungen zwischendurch immer schwieriger werden. Wird jedoch nicht regelmäßig kommuniziert, entstehen Vorurteile, Ängste werden aufgebaut, Misstrauen entsteht und die Arbeitsbeziehungen leiden. Kommunikation ist der beste Hebel zum Aufbau von Vertrauen.

Zweitens sollten sie Informationen über sich anbahnende Entscheidungen, die die Mitarbeiter betreffen, frühzeitig teilen. Unliebsame Überraschungen sollten für die Mitarbeiter vermieden werden. Es ist die Aufgabe der Führungskraft, früh Indikationen über Entscheidungen, die möglicherweise in der Zukunft getroffen werden müssen und die Mitarbeiter negativ beeinflussen, zu kommunizieren. Empathische Führungskräfte verstehen, dass Mitarbeiter diese Transparenz brauchen und dadurch die Chance bekommen, gegenzusteuern und gewisse Verhaltensweisen oder Fehler abzustellen, um die sich anbahnende negative Entscheidung noch abzuwenden. Führungskräfte, die eine solche Vorab-Kommunikation unterlassen, handeln wenig empathisch.

Drittens sollten Führungskräfte Entscheidungen gegenüber Dritten immer klar begründen. Entscheidungen von Führungskräften treffen Mitarbeiter, aber auch Kunden oder Lieferanten. Ihre wirtschaftliche Situation kann negativ durch die zu treffende Entscheidung beeinflusst werden. Empathische Führungskräfte verstehen, dass für die Akzeptanz ihrer Entscheidung eine Erklärung notwendig ist. Sie sollten sich daher dazu *zwingen*, Gründe darzulegen.

Praktische Anwendung

Aus diesen Überlegungen aus der Schiedsrichter- und der Management-Perspektive lassen sich zwei Empfehlungen ableiten:

> Kommuniziere transparent und klar, wenn sich negative Entwicklungen andeuten. Gib die Gelbe oder sogar Rote Karte nicht aus dem Nichts, wenn es nicht nötig ist!
>
> Erkläre deine Entscheidungen! Nenne ein Foul ein Foul!

Wie lassen sich diese Erkenntnisse im Unternehmen anwenden? Die folgende Aufgabe zeigt, wie eine Kommunikation zur Vorbereitung einer Entscheidungsübermittlung aussehen kann.

Entscheidungsvorbereitung

Auch wenn jede Entscheidung, die eine Führungskraft trifft, in einem gewissen Rahmen einzigartig ist, gibt es eine Reihe von Entscheidungstypen. In vielen Fällen deuten sich finale Entscheidungen, auch solche mit negativen Konsequenzen für die Mitarbeiter, vorab an. Identifiziere solche sich über die Zeit anbahnende Entscheidungen in deinem Aufgabenbereich und überlege, welche Kommunikation den Mitarbeiter vorwarnen und ihm damit die Chance geben kann, zu reagieren.

Drohende Entscheidung mit negativer Konsequenz für den Spieler/den Mitarbeiter	Mögliche Vorankündigung oder Vorwarnung durch den Schiedsrichter/die Führungskraft	Chance für den Spieler/den Mitarbeiter
Elfmeter für den Gegner	Bei aggressivem Verhalten bereits eine Vorwarnung vor der Ausführung des Eckballs, dass bei einem Haltevergehen nach der Ausführung Konsequenzen folgen	Verringern der Aggressivität, Konzentration auf faire Verteidigung des Eckballs
Schlechte Bewertung am Jahresende für einen Mitarbeiter	Ein Gespräch bereits in den frühen Monaten des Jahres führen, wenn sich die Zielverfehlung andeutet, mit klarem Hinweis auf die möglichen Gründe und Verbesserungsmöglichkeiten	Anpassung des Verhaltens, das zur Zielverfehlung führt, Nutzung von Weiterbildungs- und Trainingsmöglichkeiten zum Aufbau notwendiger Kompetenzen

Kapitel 14

Hör zu und stelle Fragen

Die Schiedsrichter-Perspektive

Auf dem Fußballplatz ist die Schiedsrichter-Position eine ganz besondere: Als Schiedsrichter stehe ich zwischen zwei Mannschaften, die sich jeweils und möglicherweise auch untereinander sehr gut kennen. Mittlerweile kenne ich auch viele der Spieler und Verantwortlichen, aber besonders zu Beginn meiner Bundesligakarriere war ich mit meinem Team so etwas wie meine eigene Mannschaft. Mit großem Respekt bin ich an die Orte gereist, an denen ich Spiele leiten durfte, habe mich umgezogen, bin auf den Platz gegangen, habe das Spiel geleitet und dabei relativ wenig mit den Spielern und Verantwortlichen geredet. Über die Zeit habe ich das jedoch ausgebaut und suche inzwischen bewusst den Kontakt zu Spielern und Verantwortlichen. Zum einen spüre ich, dass ich dadurch Hürden abbaue und die Spieler und Verantwortlichen merken, dass ich nicht nur der Gelbe und Rote Karten verteilende Schiedsrichter bin, sondern auch ein ganz normaler Mensch, mit dem man reden kann. Zum anderen lerne ich aus diesen Gesprächen sehr viel und erhalte Informationen, die ich ansonsten nicht bekommen hätte. Ich versuche zwar immer, mich in die Perspektive der Spieler und Verantwortlichen hineinzuversetzen, aber meine Vorstellungen bleiben Spekulationen. Viel besser ist es daher, direkt von den Spielern und Verantwortlichen zu erfahren, was sie bewegt und was sie an Schiedsrichter-Entscheidungen stört. Dabei ist es wichtig, Fragen zu stellen und zuzuhören, andere reden zu lassen. Dadurch erfahre ich interessante Dinge, die ich zunächst vielleicht nicht für relevant halte, die für die Spieler und Verantwortlichen aber ganz wesentlich sind.

Ein Beispiel: Nach einem Offensivfoul gibt es einen unumstrittenen Freistoß für die verteidigende Mannschaft. Möglicherweise nimmt der

Offensivspieler den Ball kurz mit und wirft ihn dann zurück, natürlich etwas weiter hinter den Ort, an dem das Foul stattgefunden hat. Kein großes Ding? Ich habe lange gedacht, dass das zwar ein unschönes Verhalten ist, aber keinem weh tut. Der Ball ist weit von einem Tor weg, die Situation für alle Beteiligten ungefährlich. In einem Gespräch mit Thomas Tuchel habe ich dann erfahren, wie sehr die Trainer dieses kleine Verzögern nervt. Aus Schiedsrichtersicht nichts Wildes, aus Trainersicht aber eine Verzögerung in einem heute so unglaublich schnellen Spiel, bei dem jede Sekunde ausgenutzt werden muss. Jede Verzögerung ermöglicht es der verteidigenden Mannschaft (in unserem Beispiel der Mannschaft des Offensivspielers, der ein Foul begangen hat), sich neu zu sortieren, und bringt die andere Mannschaft aus dem Spielfluss. Als Thomas Tuchel mir das erläuterte, verstand ich es sofort. Aber ich wäre von selbst nicht darauf gekommen, weil ich eine andere Sicht auf Fouls und Unterbrechungen habe als die Trainer. Der Freiburger Trainer Christian Streich bestätigte diese Sichtweise im Mai 2022 im *Kicker*, als er fragte: »Warum dürfen die, die ein Foul machen, nochmal das Spiel unterbrechen und du kannst nicht schnell ausführen?« Ein Ärgernis, das Trainer sehr beschäftigt und das Schiedsrichter ernst nehmen sollten.

Ein weiteres Beispiel betrifft den Videoassistenten. In der Saison 2020/21 leitete ich am vorletzten Spieltag das Spiel Hertha BSC Berlin gegen den 1. FC Köln. Vor dem Spiel unterhielt ich mich mit dem damaligen Trainer des 1. FC Köln, Friedhelm Funkel. Ich fragte, wie es ihm gehe und wie es laufe. Er erzählte mir, dass er nicht nachvollziehen könne, warum wir als Schiedsrichter – insbesondere in sehr wichtigen Spielen – bei kritischen Situationen nicht häufiger die Möglichkeit nutzen, die Szene selbst am Monitor anzuschauen. Bei diesem Gespräch fiel mir eines auf: Er beschwerte sich nicht wegen einer bestimmten vermeintlichen Fehlentscheidung, sondern äußerte, dass die Schiedsrichter sich einfach aus Respekt die Szene nochmal am Bildschirm anschauen sollten. Für mich ist der Videoassistent eine Absicherung, der mich vor Fehlentscheidungen bewahrt. Dass der Gang nach draußen zum Monitor aber auch Respekt gegenüber der betroffenen Mannschaft zeigt, hatte ich bis dahin noch nicht bedacht. Die Mannschaften trainieren hart, stehen massiv unter Druck, sind möglicherweise im tiefen Abstiegskampf und es geht um alles. Wer sich das vor Augen führt, kann diesen Gedanken gut nachvollziehen. Respekt bedeutet, fair zu handeln und zu entscheiden, und dazu gehört auch, dass ich mir als

Schiedsrichter die Mühe mache, strittige Szenen ernst zu nehmen. Später habe ich noch öfter gehört, dass es als respektvoll empfunden wird, wenn Schiedsrichter sich kritische Situationen noch einmal ansehen. Und es kam, wie es kommen musste: In besagtem Spiel in Berlin stand es kurz vor Schluss 0:0 und es gab im 16-Meter-Raum der Berliner zwei mögliche Vergehen, die zu einem Elfmeter für Köln hätten führen können: zunächst ein Handspiel und dann ein kurzer Kontakt. Ich war mir sicher, dass beides keinen Elfmeter nach sich ziehen würde. Das Spiel war aber extrem wichtig und eine Restwahrscheinlichkeit für einen Fehler gibt es immer. Zudem muss ich als Schiedsrichter die Regeln anwenden, aber auch das gesamte Gefüge im Blick haben und dazu gehört, dass sich alle ernst genommen fühlen. Da ich im Spiel selbst punktuell entscheiden kann, hinauszugehen und mir bei einem sogenannten Onfield-Review die Situation noch einmal anzuschauen, tat ich das in diesem Fall. Nach wenigen Sekunden war bereits klar, dass es keinen Elfmeter geben darf, wie ich angenommen hatte. Doch was geschah? Nach dem Spiel lobte mich Friedhelm Funkel. Die Mannschaft hatte sich respektvoll behandelt gefühlt.

Ein drittes Beispiel: Ich bin in medizinischer Betreuung bei einem Arzt, der auch für eine Bundesligamannschaft zuständig ist. Als ich einmal bei ihm zur Untersuchung war, habe ich ganz unverfänglich gefragt, wie es laufe und ob er mit den Schiedsrichterleistungen zufrieden sei. Da berichtete er, dass ihn eine Sache massiv störe. Wenn er mit allen Verantwortlichen und Ersatzspielern auf der Bank sitze, dann versperre ihm der vierte Offizielle meist den Blick. Daran hatte ich noch nie gedacht. Doch je nach dem Winkel und der Ecke des Spielfelds kann das tatsächlich passieren. Die Verantwortlichen auf der Bank sind auch angespannt, nervös und wollen alles genau verfolgen, und dann steht der vierte Offizielle im Weg. Jeder, der schon einmal selbst als Zuschauer bei einem Spiel plötzlich eine versperrte Sicht hatte, kann nachvollziehen, dass das auf die Stimmung drückt. Eine schlechtere Stimmung auf der Bank, höhere Aggressivität bei meinen Reaktionen – keine gute Mischung! Sicherlich nur ein kleines Detail, aber die Verantwortlichen in den Vereinen sollten möglichst den ganzen Spielverlauf verfolgen können und mein Team und ich sollten dabei kein Problem darstellen. Seit dieser Info bitte ich den vierten Offiziellen immer, doch ein wenig darauf zu achten, dass er niemandem die Sicht versperrt. Auch eine Information, die ich nur durch zielgerichtetes Zuhören erhalten habe.

Perspektiven in der Managementliteratur

Neben dem regelmäßigen Kommunizieren tun empathische Führungskräfte auch gut daran, anderen zuzuhören, die Hintergründe ihres Gegenübers zu verstehen und dabei typischerweise weniger als die anderen an den Gesprächen und Diskussionen Teilnehmenden zu reden. Der Fokus auf das Zuhören ermöglicht die Aufnahme von Informationen über Geschichten, Perspektiven und Probleme der zu Führenden. Dadurch schafft eine empathische Führungskraft die Voraussetzung, um sich in andere Personen hineinversetzen zu können. Ohne die zielgerichtete Aufnahme solchen Wissens kann kein wirkliches Verständnis für die zu führende Person geschaffen werden.

Der Psychologe Dacher Keltner beobachtet, dass empathische Führungskräfte in Interaktionen mit anderen Menschen viele Fragen stellen.[196] Sie wollen lieber Dinge erfahren als eigenes Wissen zu vermitteln. Interessanterweise führt das Stellen von Fragen zu mehr Empathie, was uns wiederum hilft, bessere Fragen zu stellen – ein sich gegenseitig verstärkender positiver Effekt. Empathische Führungskräfte suchen bei Gesprächen unmittelbar Augenkontakt und wenden sich der sprechenden Person zu.[197] Auch reagieren sie offen und fokussieren auf andere, wenn diese mit Sorgen oder Problemen auf sie zukommen, und lassen diese aussprechen.

Fragen zu stellen und darauf Antworten zu bekommen, hat zwei Effekte:[198] Wir lernen Sachverhalte und neue Perspektiven kennen, die uns helfen, unser Gegenüber besser zu verstehen, und wir werden mehr gemocht, weil Menschen es wertschätzen, wenn sie etwas gefragt werden. Menschen freuen sich, wenn ihr Wissen und ihre Erfahrungen erfragt werden und sie diese teilen können. Ein Forscherteam um Alison Brooks hat sich insbesondere des zweiten Effekts wissenschaftlich angenommen. Konkret hat sie in einem ihrer Experimente einer Gruppe von Menschen die Aufgabe gegeben, in der nachfolgenden Kommunikation möglichst viele Fragen zu stellen (mindestens neun in 15 Minuten).[199] Eine zweite Gruppe sollte möglichst wenige Fragen stellen (weniger als vier in 15 Minuten). Danach kommunizierten die Probanden online oder real und sollten sich kennenlernen. Interessanterweise wurden die Mitglieder der Gruppe, die viele Fragen stellten, im Nachhinein im Schnitt als deutlich sympathischer beschrieben. Zudem lernte die viel fragende Gruppe mehr über die anderen und konnte einige Kontrollfragen zu deren Hobbys genau beantworten. Ähnliche Ergebnisse zeigen Studien, die Speed-Dating-Events analysieren. Teilnehmer, die viele Fragen stellen, haben deutlich höhere Chancen auf ein Wiedersehen.[200]

Weitere Studien zeigen, dass Fragen insbesondere dann zielführend sind, wenn die sozialen Umstände es eigentlich nicht erwarten lassen. Beispielsweise bei einem Vorstellungsgespräch, bei dem typischerweise der Bewerber Fragen gestellt bekommt und diese beantwortet.[201] Eine Studie von Dan Cable von der London Business School zeigt, dass Bewerber, die proaktiv keine Fragen stellen, in Vorstellungsgesprächen dazu neigen, sehr viel von sich in einer sehr ausführlichen Art und Weise zu berichten, was den Gesprächspartner daran hindert, in eine Interaktion mit dem Bewerber zu kommen. Typischerweise werden die Bewerber weniger positiv bewertet, als wenn sie ein ausgewogenes Frage-Antwort-Prinzip verfolgen.[202]

Management-Studien zeigen, dass Führungskräfte, die ihr Umfeld sehr sensibel und aufmerksam wahrnehmen und die verstehen wollen, wie es den Menschen um sie herum geht, sehr viel erfolgreicher sind.[203] Sie wollen Teil der Dynamik um sich herum sein und wissen, welche sozialen Prozesse in den Teams ablaufen. Sie suchen Augenkontakt und insbesondere stellen sie Fragen. Mitarbeiter und auch Spieler auf dem Platz beobachten ihre Führungskräfte beziehungsweise den Schiedsrichter und verstehen das. Nehmen sie jedoch wahr, dass die Führungskraft oder der Schiedsrichter sich isoliert und nicht daran interessiert ist, zu verstehen, was um sie beziehungsweise ihn herum passiert, dann nehmen sie sie oder ihn als kalt, vielleicht als uninteressiert oder gar als Feind wahr und verhalten sich entsprechend distanziert, möglicherweise auch feindselig.

Konkret zeigen Studien, dass Führungskräfte, die Fragen stellen, vertrauensvolle Beziehungen zu ihren Mitarbeitern aufbauen. Die Fragen signalisieren, dass sich die Führungskraft kümmert und an der Arbeit und je nach Frage auch den privaten Themen des Mitarbeiters interessiert ist.[204] Das schafft ein psychologisch sicheres Umfeld. Die Führungskraft kümmert sich, macht sich Gedanken um das Wohlbefinden, was dem Mitarbeiter das gute Gefühl gibt, dass er sich bei Problemen in der Zukunft auch proaktiv an diese Führungskraft wenden kann. Umgekehrt sorgt ein Mangel an Fragen oder persönlicher Kommunikation für Unbehagen, der Mitarbeiter macht sich Gedanken, wie der Vorgesetze wohl über ihn denkt. Ohne eine Indikation malt sich der Mitarbeiter das Negativste aus. Die Stimmung, das Vertrauen und schließlich auch die Arbeitsbeziehung und der Arbeitsinhalt leiden.

Darüber hinaus reduzieren Fragen von Vorgesetzten an Mitarbeiter das Risiko. Andy Grove, langjähriger CEO von Intel, stellte einmal fest, dass der Chef immer der Letzte ist, der relevante Dinge erfährt.[205] Mitarbeiter haben Kundenkontakt und bekommen dort Probleme mit. Mitarbeiter reden über arbeitsbezogene oder auch persönliche Dinge zunächst mit Kollegen. Fragen zu stellen und die Kommunikation zu suchen, bringt schlummernde Risiken und Probleme ans Licht, die möglicherweise beseitigt werden können, wenn sie noch im Entstehen sind. Etwa die Problematik, dass der vierte Offizielle die Sicht versperrt, oder Trainer davon genervt sind, dass Kleinigkeiten das Spiel verlangsamen.

Das Forscherteam um Alison Brooks unterscheidet vier konkrete Fragetypen: einführende Fragen (*Wie geht es?*), Spiegelfragen (*Mir geht's gut. Wie geht es dir?*), Wechselfragen, die ein ganz anderes Thema eröffnen, und Follow-up-Fragen, die sich auf einen Sachverhalt beziehen, der Gegenstand vorangegangener Interaktionen war. Die Studien zeigen, dass alle vier Typen von Fragen zu den gewünschten Effekten führen können, Follow-up-Fragen aber besonders wirkungsvoll sind. Sie führen dazu, dass sich die Person, die gefragt wird, als sehr respektvoll behandelt fühlt. Der Fragende zeigt, dass er zugehört, sich Dinge gemerkt hat und dass er mehr wissen möchte.[206]

Konkrete Analysen untermauern die Bedeutung von Fragen. Das Technologie-Unternehmen Gong.io hat 500 000 B2B-Vertriebs-Unterhaltungen ausgewertet.[207] Die Verantwortlichen wollten konkret wissen, was ihre Top-Vertriebler anders machten als weniger erfolgreiche Vertriebler. Die Analysen weisen eine hohe Korrelation zwischen der Anzahl der Fragen, die ein Vertriebler stellt, und der Abschlussrate auf. In einem Gespräch stellte sich heraus, dass zwischen elf und 14 Fragen optimal sind. Danach nimmt der Effekt ab oder kehrt sich sogar ins Negative. Man kann also auch zu viele Fragen stellen. Elf bis 14 Fragen bieten jedoch bereits eine Menge Spielraum, um wichtige Dinge über sein Gegenüber herauszubekommen und Interesse zu zeigen. Es fiel zudem auf, dass die Top-Vertriebler die Fragen recht gleichmäßig über die Gesprächszeit verteilten, während weniger erfolgreiche Vertriebler ihre Fragen gleich alle zu Beginn stellten. Das Unternehmen folgerte daraus, dass Vertriebler, die wirklich an ihren Kunden interessiert sind, Dinge von ihnen erfahren wollen und in eine Interaktion mit ihnen gehen, deutlich erfolgreicher sind als Vertriebler, die nur ihren Vertriebs-Pitch unterbringen und möglichst viele Informationen übermitteln wollen.

Was können Führungskräfte konkret tun? Erstens sollten sie sich bewusst Zeiten für informelle Kommunikation freihalten, beispielsweise 15 Minuten pro Tag. Dabei sind insbesondere sogenannte One-on-ones effektiv.[208] Dabei handelt es sich um Treffen mit einzelnen Mitarbeitern, die an eine Führungskraft berichten. Der Fokus liegt dabei auf den *einzelnen* Mitarbeitern. Sie sollen ohne Vorgaben an Struktur und Inhalte darlegen, was ihnen in der Arbeitssituation aktuell gerade wichtig ist. Damit sind es keine Performance-Reviews. Studien zeigen, dass nur ein individueller Austausch wirklich hilft, die Probleme und Perspektiven einer Person zu verstehen. Bei einer Kommunikation mit mehreren Mitarbeitern an einem Tisch kommen Gruppenzwänge und Gruppenverzerrungen zum Tragen. Einzelne dominante Personen reißen dann die Kommunikation an sich. Andere sagen nur noch das, was man von ihnen hören will. Keiner kann sich ganz auf den anderen einlassen. Individuelle Treffen unterliegen diesen Einschränkungen nicht. Studien zeigen, dass sich Mitarbeiter in solchen One-on-ones deutlich mehr öffnen und Vorgesetzte erheblich bessere Chancen haben, etwas über die tatsächlichen Probleme dieser Person zu erfahren, als wenn auch nur eine weitere Person, und sei es ein stiller Beobachter, anwesend ist. Solche One-on-ones sollten inhaltlich von den Mitarbeitern geführt und idealerweise mit einer offenen Frage durch den Vorgesetzten gestartet werden.

Eine ganze Reihe prominenter Führungskräfte sind Anhänger regelmäßiger One-on-ones, aber auch empirische Studien belegen ihre Wirkung. Google wollte empirisch überprüfen, welche ihrer Teams innovativer und zufriedener sind. Die Ausgangshypothese bestand darin, dass Bildung und Expertise der Mitarbeiter die relevanten Faktoren hierfür sind. Diese spielten zwar eine Rolle, aber Julia Rozovsky von Google berichtet, dass es fünf wesentliche Eigenschaften besonders erfolgreicher interner Teams gibt.[209] Wichtig ist an erster Stelle die psychologische Sicherheit der Mitarbeiter, die besonders durch One-on-one-Treffen der Projektleiter mit den Mitarbeitern positiv beeinflusst wird. Die Workplace-Analytics-Initiative von Microsoft kommt zu ähnlichen Ergebnissen. Mitarbeiter, die viele One-on-one-Austauschmöglichkeiten mit ihren Vorgesetzten bekommen, sind zu 67 Prozent weniger gefährdet, ihre Motivation zu verlieren.

Darüber hinaus sollten Führungskräfte generell viel mit Fragen arbeiten. Fragen sind eine Tür zu den Empfindungen von Mitarbeitern, sie helfen, das aufzudecken, was Mitarbeiter typsicherweise nicht von sich preisgeben. Fragen zeigen, dass die Führungskraft an dem, was der Mitarbeiter denkt, interessiert ist. Vertrauen wird aufgebaut. Zudem erfährt die Führungskraft auch Dinge, die wichtig sein können für ihre Aufgaben und Herausforderungen, etwa wichtige Informationen, die auf Gefahren oder Fehlentwicklungen hindeuten. Daher sind Fragen deutlich effektiver als Aussagen.

Zweitens sollten Führungskräfte Fragen stellen, die auf Gemeinsamkeiten abzielen, und davon ausgehend eine Kommunikation aufbauen. Empathische Führungskräfte suchen dazu nach Prinzipien, die alle Parteien motivieren, wie der Nutzen, der für den Kunden oder Mitarbeiter geschaffen werden soll. Oder sie suchen nach Themen, auch Hobbys, die alle teilen. Als historischer Vertreter mit herausragenden Fähigkeiten, solche Gemeinsamkeiten zu etablieren, gilt der ehemalige US-Präsident Ronald Reagan. Der ehemalige US-Army-General Robert Ivany berichtet von seinem Antrittsgespräch bei Ronald Reagan, als er in den 1980er-Jahren einen Posten im Umfeld des Weißen Hauses annahm.[210] Als er voller Nervosität das Oval Office betrat, kam Ronald Reagan ihm entgegen und sagte: »Willkommen, Major Ivany. Ich habe gehört, Sie haben früher Football in West Point gespielt. Welche Position hatten Sie?« Überrascht von dieser Begrüßung bejahte er und erzählte davon. Reagan berichtete daraufhin von seiner Position und an welchem College er gespielt hatte. Der Effekt: In wenigen Minuten hatte Reagan gezeigt, dass er sich mit seinem Gast beschäftigt hatte und an seiner Geschichte interessiert war, womit die Basis für eine gute Beziehung gelegt war. Reagan soll sämtliche Mitarbeiter auf diese Weise behandelt haben, egal, welche Position oder Rolle sie innehatten. Er liebte Menschen, wollte etwas über sie erfahren, Geschichten hören und so Gemeinsamkeiten etablieren.

Praktische Anwendung

Aus diesen Überlegungen aus der Schiedsrichter- und der Management-Perspektive lassen sich zwei Empfehlungen ableiten:

> Sprich regelmäßig einzeln mit deinen Mitarbeitern! Schnappe dir Spieler einzeln vor dem Spiel und finde heraus, welche ihre Sorgen vor dem Spiel sind.
>
> Wenn du mit deinen Mitarbeitern kommunizierst, lege den Fokus auf Fragen und minimiere deine Aussagen! Stelle den Spielern Fragen und erzähle nicht sofort von dir.

Wie lassen sich diese Erkenntnisse im Unternehmen anwenden? Die folgende Aufgabe bietet eine Anregung zur Sammlung organisatorischer Frage-Möglichkeiten.

Suche nach Frage-Möglichkeiten

Gehe deinen Kalender durch und versuche, für die Termine der nächsten Tage vorab einige Fragen zu formulieren, die du stellen könntest. Denke dabei an private, aber auch berufliche Dinge. Idealerweise betreffen diese Fragen gemeinsame Themen, die den Fragenden und die gefragte Person gleichermaßen interessieren.

Termin	Kontaktperson	Gemeinsamer Nenner	Einstiegsfrage
Nächstes Spiel bei einem bestimmten Verein	Torschütze bei einem zuletzt gepfiffenen Spiel, das zum Tor des Monats wurde	Gefragter und Fragender waren beim besagten Spiel anwesend	Hast du deine Auszeichnung feiern können?
Jour-fixe-Meeting mit dem Team	Teammitglied	Gefragter und Fragender haben beide ein Kind im Grundschulalter während der Corona-Pandemie	Wie läuft bei euch die Schule in der Corona-Zeit?

Kapitel 15

Nutze Mimik und Körpersprache

Die Schiedsrichter-Perspektive

In meiner Schiedsrichter-Karriere habe ich gelernt, dass sich Gestik und Mimik des Schiedsrichters insgesamt stark auf die Stimmung der Spieler auswirken. In den ersten Jahren als Bundesligaschiedsrichter habe ich – vermutlich aus einer inneren Unsicherheit heraus – in vielen Situationen völlig überreagiert. Jede Rückfrage oder jede kleine, unbedeutende Reaktion eines Spielers empfand ich als Angriff auf mich. Wenn ein Spieler beispielsweise nach einer normalen Entscheidung als Erstreaktion etwa »Schiri, das war doch Ball gespielt« sagte, reagierte ich oft mit einer sehr aggressiven Gestik und Mimik. Die Folge war, dass meine Entscheidungen, obwohl sie richtig waren, nicht akzeptiert wurden. Weder das Umfeld noch der betroffene Spieler erkannten meine Entscheidungen an. Meist schaukelte sich dann die aggressive Stimmung auf dem Platz hoch. Ein Internetportal fasste damals zusammen, dass ich mit einer »übertrieben strengen, phasenweise fast schulmeisterlichen Gestik« agiere. An anderer Stelle stellte man fest, dass ich »allzu oft den Oberlehrer gebe und zuweilen eine gewisse Hochnäsigkeit ausstrahle«.

Es hat eine ganze Zeit gedauert, bis ich die Rolle meiner Körpersprache, Gestik und Mimik und ihre Wirkung aus der Perspektive der Spieler und Trainer verstanden habe. Das mag überraschend klingen und ist es für mich heute noch. Schließlich werden alle Bundesligaspiele ausführlich auf allen Kanälen gezeigt. Wir besprechen zudem mit dem DFB und auch der UEFA unsere Leistungen und sehen uns dazu regelmäßig Videosequenzen an. Dabei bin ich natürlich auch regelmäßig zu sehen. Dennoch waren externe Impulse notwendig, um mir die Wirkung meiner Körpersprache auf die Spieler klarzumachen. Nachdem mich zu Beginn meiner Karriere die Bundesligaspieler zum unbeliebtesten Schiedsrichter gewählt hatten, gab mir Herbert Fandel Feedback. Er war selbst lange Zeit Schiedsrichter in der Bundesliga gewesen und wurde als tendenziell hart und kompromisslos angesehen. Über 1000 Gelbe Karten gab er während seiner aktiven Zeit in der Bundesliga. Als ich in der Bundesliga debütierte, beendete er gerade seine Laufbahn. Er sagte zu mir: »Du kommst echt nicht gut rüber. Stattdessen wirkst du unnahbar auf dem Platz. Das musst du abstellen, sonst werden die dich nie akzeptieren.«

Die Erkenntnis war zunächst ein kleiner Schock für mich, aber es gab keine Zweifel. Mittlerweile nahm ich meine problematische Gestik, Mimik und Körpersprache selbst in TV-Aufnahmen wahr. Es musste sich dringend etwas ändern, zumal dieses Verhalten nicht meiner Natur entsprach. Ich begann, an meiner Körpersprache und Mimik zu arbeiten. Ich verstand, dass ich dringend auch an meinen aggressiven Gesichtsausdrücken arbeiten und meine Verkrampfung bei der Übermittlung von Entscheidungen überwinden musste. Das war ein längerer Prozess, das geht nicht innerhalb eines Spiels. Aber ich bemerkte nach einiger Zeit, dass sich die Spieler mir gegenüber deutlich weniger aggressiv verhielten. Vorher hatte ich immer gedacht, sie wollten mich angreifen und ich müsste mich aggressiv davor schützen. Mir wurde bewusst, dass zumindest in einigen Fällen meine eigene Körpersprache ihre Aggressivität erst verursacht oder sie zumindest verstärkt hatte.

Ich lächele nun deutlich mehr und arbeite mit meinen Armen. Wenn ich mich groß mache, die Arme ausstrecke, wirke ich – so das Feedback von Freunden – deutlich souveräner. In der Saison 2019/20 pfiff ich am 34. Spieltag das Spiel Borussia Mönchengladbach gegen Hertha BSC. Die Borussia brauchte einen Sieg, dann war die Champions-League-Qualifikation perfekt. Letztlich gewann sie das Spiel mit 2:1 und konnte feiern. In der 43. Minute gab ich in Strafraumnähe einen Freistoß für die Borussia. Ich bestimmte gerade die Entfernung der Mauer zum Ball mit Schritten, als Christoph Kramer in meinem Rücken den Freistoß schnell ausführen wollte. Das durfte er nicht. Aber es ging um etwas anderes: Er traf mich am Rücken, schoss mich sozusagen fast ab. Ich erschrak mich natürlich und eine aufgebrachte Reaktion meinerseits wäre in dieser Situation durchaus denkbar gewesen. Doch es gelang mir, lachend kurz innezuhalten, mit ausgestreckten Armen auf Christoph Kramer zuzugehen und ihm ganz ruhig die Gelbe Karte zu zeigen. Dabei zuckte ich mit den Schultern und drückte damit aus: Was soll ich denn machen? Die Presse beschrieb uns beide schmunzelnd die Situation lösend und die *Westfälischen Nachrichten* druckten ein Bild von Christoph Kramer und mir in dieser Verwarnungssituation mit der Bemerkung, ich sei sogar beim Kartengeben sympathisch.

Während dies Beispiele für Gestik, Mimik und Körpersprache sind, die Aggressionen aus dem Spiel nehmen oder gar nicht erst entstehen lassen, habe ich mir zudem für ganz bestimmte Situationen mit der Zeit eine entsprechende Körpersprache und Mimik angeeignet. Ein Spieler hat beispielsweise mehrere Fouls hintereinander begangen und ich muss ihm jetzt die Gelbe Karte zeigen. Die einzelnen Vergehen waren nicht so schwer, dass sie eine Gelbe Karte nach sich gezogen hätten, hier war jedoch die Häufigkeit der Regelübertretung entscheidend. Doch hierfür ist die Akzeptanz bei den Betroffenen schwer zu erreichen. Meist argumentieren sie mit der geringen Intensität des Foulspiels und ich höre regelmäßig: »Schiri, das war doch ein ganz normales Foul!« Dabei blenden die Spieler die Häufigkeit ihrer Vergehen aus und haben nur ihre letzte Aktion im Blick.

Ich habe die Erfahrung gemacht, dass sowohl Spieler als auch das Umfeld bei wiederholten Vergehen nur dann eine persönliche Strafe akzeptieren, wenn sie deutlich vorangekündigt und eine klare Vorwarnung erteilt wird. Sobald ich merke, dass ein Spieler regelmäßig durch Foulspiel auffällig wird, erfolgt eine deutliche Ansprache durch eine Gestik, Mimik und Körpersprache, die die Häufigkeit seiner Vergehen in den Vordergrund rückt. Hierfür habe ich mir ein probates Mittel angeeignet. Ich zeige während der Ermahnung auf die unterschiedlichen Orte der Vergehen, sodass nicht nur der Spieler, sondern auch Außenstehende verstehen, dass der Spieler mehrfach auffällig geworden ist. Wird er zu einem späteren Zeitpunkt des Spiels verwarnt, ist es für den Betroffenen und auch für das Umfeld besser verständlich, denn die Entscheidung war angekündigt und damit vorhersehbar. Der Spieler kann sein Verhalten noch aktiv verändern und seine Spielweise anpassen. Ich bin überzeugt davon, dass meine erklärende Körpersprache für Spieler und Zuschauer meine Sichtweise deutlich macht und in gewisser Weise sogar verbildlicht.

Perspektiven in der Managementliteratur

Neben verbaler Kommunikation nehmen Menschen nicht-verbale Zeichen, die eine Person ausstrahlt, wahr. Menschen sind sogar sehr gut darauf programmiert, Kleinigkeiten in der Gestik, Mimik und Körpersprache anderer aufzunehmen, zu verarbeiten und in ihre Urteilsfindung einfließen zu lassen. Die Körpersprache war schon zu Urzeiten einer der wichtigsten Hinweise, wenn es darum ging, Gefahren für Leib und Leben unmittelbar wahrzunehmen und darauf zu reagieren. Auch wenn die Umstände heute deutlich weniger gefährlich sind, haben wir diese Eigenschaften von unseren Vorfahren übernommen. Wir beobachten andere Menschen und ziehen aus ihrer Gestik, Mimik und Körpersprache Rückschlüsse, noch bevor diese Person etwas gesagt oder getan hat. Das gilt insbesondere für Führungskräfte. Je höher die Hierarchieebene, desto intensiver wird die Beobachtung durch Dritte ausfallen. Aber bereits in den ersten Führungsrollen steht man unter der Beobachtung seines Teams. Die Mitarbeiter beobachten kontinuierlich Gestik, Mimik und Körpersprache, um zu verstehen, wie die Führungskraft möglicherweise auf ihre Anliegen reagieren wird. Genau wie der Schiedsrichter in Bezug auf seine Gestik, Mimik und Körpersprache von Spielern, Trainern und allen Zuschauenden beobachtet und interpretiert wird.

Empathische Führungskräfte sind sich der Wirkung ihrer Körpersprache, Gestik und Mimik bewusst und nutzen diese zielgerichtet. Konkret zeigen David Goleman und Richard Boyatzis in einer Reihe von Experimenten, dass Führungskräfte durch ihre Stimmung, Gestik und Mimik ihre eigene Wahrnehmung, aber auch die ihrer Mitarbeiter beeinflussen.[211] Wenn Mitarbeiter bewusst oder unbewusst die Stimmungen aus Handlungen ihrer Führungskräfte bei Interaktionen (wie einer Entscheidungsübermittlung) lesen, dann bilden sie selbst sogenannte Spiegel-Neuronen, die die Stimmung der Führungskraft nachahmen. Diese Spiegel-Neuronen führen zu einer geteilten Erfahrung und Stimmung in der Interaktion. Führungskräfte können so die Stimmung der Mitarbeiter erheblich beeinflussen. Schaut die Führungskraft grimmig und wirkt bei der Entscheidungsübermittlung aggressiv, dann wird der Betroffene diese Stimmung auch in seiner Reaktion übernehmen und Probleme dabei haben, die Entscheidung – unabhängig von ihrem Inhalt – zu akzeptieren, und ebenfalls aggressiv reagieren.

Marie Dasborough belegt diese Verhaltensweise durch die Ergebnisse ihrer Forschung.[212] Sie vergleicht in einem Experiment zwei Gruppen: Die eine Gruppe von Mitarbeitern bekam negatives Leistungsfeedback von einer Führungskraft, die jedoch positive emotionale Signale wie Lächeln und Nicken aussendete. Die andere Gruppe erhielt das inhaltlich gleiche negative Leistungsfeedback, aber von einer Führungskraft mit finsterem Blick und mit Stirnrunzeln. Trotz inhaltlich vergleichbarem Feedback reagierten die beiden Gruppen sehr unterschiedlich: Die erste Gruppe fühlte sich nach der Mitteilung deutlich weniger demotiviert und in positiverer Grundstimmung. Insgesamt war die Art der Übermittlung für die folgende Zusammenarbeit im Unternehmen wichtiger als die inhaltliche Nachricht. Zu ähnlichen Ergebnissen kommt Fabio Sala. Er zeigt, dass erfolgreiche Führungskräfte dreimal häufiger ein Lachen oder Lächeln bei ihren Mitarbeitern hervorrufen als mäßig erfolgreiche Führungskräfte.[213]

Gesten und Körpersprache haben dabei in den verschiedensten Situationen Einfluss. Ein Forscherteam um Jean Clarke untersuchte die Wirkung von Gesten und Körpersprache von Gründern in Pitch-Events.[214] Dabei wurde ein solches Pitch-Event, bei dem Gründer ihre Gründungsidee potenziellen Investoren vorstellen, in einem Experiment nachgespielt. Die Rolle der vortragenden Gründer wurde in dem Experiment von Schauspielern übernommen, die in einem Szenario ihre Gründungsidee mit Gestik und aktiver Körpersprache präsentierten, in einem anderen Szenario stellten sie ihre Idee mit demselben Text, aber bewusst ohne eine solche Gestik und aktive Körpersprache vor. Danach wurden die Investoren befragt, mit welcher Wahrscheinlichkeit sie in das Produkt und das Team investieren würden. Dabei war die Wahrscheinlichkeit für ein Investment um zwölf Prozent höher, wenn die Gründer, hier die Schauspieler, die Idee mit Gesten und Körpersprache vorgetragen hatten. Die Investoren wurden nach weiteren Details gefragt: Die meisten gaben an, dass sie sich – trotz ansonsten gleicher Inhalte und Informationen – bei den Präsentationen mit Gestik und Körpersprache eine deutliche plastischere Vorstellung von dem Produkt bekamen, auch wenn es nur ganz grob mit den Händen angedeutet wurde.

Wesentlich ist dabei, dass Gestik und Körpersprache zu dem gesprochenen Wort passen. Der Neuro-Forscher Spencer Kelly von der Colgate University untersuchte die Reaktionen von Zuhörern und Zuschauern auf gesprochene Inhalte und die begleitende Gestik und Körpersprache.[215] Dabei zeigt er, dass die Gehirnaktivität eines Zuhörers und Zuschauers bei inkonsistenten Worten und Körpersprache der entspricht, die wir empfinden, wenn jemand inhaltlich widersprüchliche Fakten übermittelt. Mit anderen Worten: Wir bewerten Informationen, die sinnvoll und richtig sind und uns verbal, aber mit inkonsistenter Körpersprache übermittelt werden, als tendenziell falsch und glauben sie nicht. Konkret beschreibt er, dass der US-amerikanische Politiker John McCain einmal die Aussage tätigte, dass er Osama bin Laden bis zum Tor der Hölle verfolgen würde. Eine klare Aussage mit einer hohen Ernsthaftigkeit. Allerdings zeigte er dabei ein gezwungenes Lächeln, das vollkommen inkonsistent mit dem Inhalt der Aussage war. Die Medien nahmen ihn als unklar, möglicherweise sogar unehrlich war. Durch widersprüchliche Signale bekamen Außenstehende den Eindruck, er glaube selbst nicht, was er sagte. Die verbale Nachricht ging durch die unpassende Mimik vollständig verloren.

Die Forschung gibt Hinweise darauf, welche konkreten Mimiken und Körperhaltungen einen positiven Einfluss auf den Adressaten von Entscheidungen und die Akzeptanz seiner Entscheidung ausüben. Eine Forschungsarbeit an der Kellogg School of Management der Northwestern University zeigt, dass *Größe* in den Gesten vorteilhaft ist.[216] Damit ist insbesondere das Einnehmen eines großen Raumes gemeint, also beispielsweise, die Arme weit zu öffnen. Wenn Führungskräfte diese Gestik wählen, dann werden sie als mächtig, aber auch als ehrlich und glaubwürdig wahrgenommen. Neurowissenschaftler der Colgate University Study ergänzen, dass eine aktive Gestik von Mitarbeitern generell als warm, angenehm und energiereich wahrgenommen wird, was die Akzeptanz der Management-Entscheidungen wesentlich erhöht. Führungskräfte ohne aktive Gestik gelten als analytisch und emotional kalt, so wie der Schiedsrichter zu Beginn seiner Karriere, der im Verlauf der Jahre erkennt, welchen beeindruckenden Unterschied eine offene, aktive Gestik macht.

Weitere Studien zeigen, dass auch der Augenkontakt sehr wichtig ist. Die Vermeidung von Augenkontakt bei der Übermittlung von Entscheidungen signalisiert Desinteresse an der Situation des Betroffenen und Kälte. Studien unterstreichen, dass Gestik wichtiger sein kann als hierarchische Titel, wenn es darum geht, dass Mitarbeiter Entscheidungen akzeptieren. Die Rolle von Augenkontakt wird durch das erste in den USA jemals ausgetragene Fernsehduell zweier Präsidentschaftskandidaten verdeutlicht. 1960 traten darin Richard Nixon und John F. Kennedy gegeneinander an.[217] John F. Kennedy brillierte dabei vor den Kameras mit seiner Gestik und Körpersprache. Er machte einen jungen und energiegeladenen Eindruck, während Nixon kränklich wirkte und nicht so gut auf das Fernsehformat vorbereitet schien. Beobachter nahmen noch einen besonderen Unterschied wahr: Kennedy suchte den Augenkontakt mit der Kamera und dadurch mit den Zuschauern vor den Fernsehgeräten. Wenn Nixon seine Fragen beantwortete, schaute er den Journalisten an, der diese Frage gestellt hatte, und nicht die Kamera und damit auch nicht die Zuschauer. Nach dem Duell wurden Umfragen durchgeführt, welcher der beiden der Gewinner des Duells sei. Bei den Wählern, die das Duell vor den Fernsehgeräten angeschaut hatten, gewann Kennedy in der

Meinungsumfrage recht klar. Nixon hingegen gewann bei den Wählern, die das Duell am Radio verfolgt hatten. Letztere konnten sich in ihrer Bewertung ganz auf das Gesagte fokussieren. Hier war Nixon vorne, während die visuellen Eindrücke vor dem Fernseher den Unterschied für Kennedy ausmachten, und zwar so stark, dass die Gestik und Körpersprache, insbesondere auch das Schauen in die Kamera, das Inhaltliche in der Bewertung ausstechen konnten.

Studien der Psychologen Nalini Ambady und Robert Rosenthal zeigen, wie einflussreich und auch zutreffend die erste Bewertung von Gestik und Körpersprache sein kann. Sie führten eine Reihe von Studien durch, die kurze Sequenzen von Verhaltensweisen einzelner Menschen und ihre Wirkung auf andere untersuchten. Sie sind als Thin-Slicing-Studien in die Literatur und auch die breitere Presse eingegangen. In ihrer wohl berühmtesten Studie erstellte sie 1993 Videoclips mit Längen von zwei, fünf und zehn Sekunden.[218] Darin wurde nonverbales Verhalten von Lehrern im Klassenraum aufgezeichnet. Diese Clips wurden Probanden gezeigt, die die Lehrer allein aufgrund ihres Verhaltens und damit ihrer Körpersprache und Gestik in Bezug auf Kompetenz, Wärme und Selbstvertrauen bewerten sollten. Schüler, die ein halbes Jahr Unterricht bei diesen Lehrern gehabt hatten, wurden zu den gleichen Kriterien befragt. Interessanterweise stimmten die Bewertungen der beiden Gruppen sehr stark überein. Die Probanden im Experiment hatten nach wenigen Sekunden der Beobachtung sehr ähnliche Schlussfolgerungen über die Lehrer gezogen wie die Schüler nach einem halben Jahr Unterricht. Die Ergebnisse zeigen beeindruckend, wie viele Informationen in Gestik und Körpersprache versteckt sind und wie gut Menschen diese intuitiv lesen können. Dabei konnten sie Erkenntnisse zur Persönlichkeit auf der Basis dieser kurzen Videoclips ableiten. Die Forscher spielten verschiedene Szenarien mit dem Studiendesign durch. Sie führten die Experimente einmal mit einer Audio-Aufzeichnung durch und einmal ohne. In den Szenarien mit Audio-Aufzeichnung konnten die Probanden hören, was die Lehrer in der (kurzen) Zeit gesagt hatten. Im anderen Fall waren die Probanden völlig auf die Interpretation von Gestik und Körpersprache beschränkt. Interessanterweise erbrachte die Audio-Aufzeichnung keine besseren Ergebnisse. Demnach scheinen die Informationen, die Gestik und Körpersprache bereits in diesen kurzen Sequenzen vermitteln, sehr aussagekräftig zu sein.

Die Probanden konnten selbst nicht sagen, warum sie den Lehrern in den Videoclips bestimmte Bewertungen, beispielsweise in Bezug auf ihre Kompetenz oder ihr Selbstvertrauen, gegeben hatten. Die Forscher werteten jedoch statistisch aus, dass positive Bewertungen eher vorgenommen wurden, wenn in dem kurzen

Videoclip ein Lehrer zu sehen war, der Augenkontakt mit den Schülern suchte, der lächelte und Gesten mit offenen Händen anwendete. Seine Bewegungen im Klassenraum konnten ebenfalls als positiver Treiber der Bewertungen identifiziert werden. Unruhiges Zappeln, nach unten auf den Boden schauen und ein düsterer Blick waren klare Treiber negativer Bewertungen.

Die Erkenntnisse zeigen, dass Bewertungen über Menschen bereits nach kurzer Zeit erfolgen. In der Tat zeigen Studien, dass Wähler Politiker, die sich zur Wahl stellen, häufig schon nach einigen wenigen Eindrücken im Fernsehen bewerten und dass diese frühen Bewertungen ihre Wahlentscheidungen bestimmen.[219] Zudem zeigt Drew Westen, dass Führungskräfte schon früh durch ihr Auftreten bewertet werden und Mitarbeiter bereits in diesen frühen Phasen entscheiden, ob sie der Führungskraft Vertrauen entgegenbringen oder nicht.[220] Gleichermaßen bewerten auch Spieler, Trainer und Zuschauer einen Schiedsrichter schon zu großen Teilen, bevor er überhaupt seine erste Entscheidung getroffen hat.

Anhand der Ausführungen wird deutlich, dass Beobachter Menschen allgemein und Führungskräfte im Speziellen nach ihrer Körpersprache und Gestik bewerten, beziehungsweise dass diese Körpersprache und Gestik entscheidend in die Bewertung der Führungskraft einfließen. Forscher haben jedoch noch eine weitere Wirkung von Körpersprache und Gestik aufgedeckt: Menschen, die eine bestimmte Körpersprache und Gestik anwenden, verändern auch ihre eigene Stimmung. Menschen, die länger als zwei Minuten in einer ausgedehnten Körpersprache, etwa aufrecht stehend mit ausgestreckten Armen, verbringen, schütten mehr Testosteron aus und damit das Hormon, das für Macht und Überlegenheitsgefühle verantwortlich ist. Die ausgeschütteten Stresshormone reduzieren sich dagegen.[221]

Forscher der Yale University zeigen, dass (positive und negative) Körpersprache und Gestik ansteckend sein können.[222] In einem Experiment sollten Gruppen einen bestimmten Geldbetrag aufteilen. Jedes Gruppenmitglied sollte dabei versuchen, so viel wie möglich zu bekommen. Zugleich sollte die Aufteilung in der Gruppe so erfolgen, dass die gesamte Gruppe sie als fair betrachtet. In die Gruppen wurde jeweils ohne Wissen der anderen Teilnehmer ein Schauspieler integriert. In der einen Gruppe agierte dieser mit einer positiven Körpersprache und Gestik. Er strahlte Optimismus aus und lächelte. In der anderen Gruppe agierte der Schauspieler negativ. Er strahlte Pessimismus aus, lächelte nicht und zeigte einen düsteren Gesichtsausdruck. Interessanterweise führte die Zielsetzung bei der Anwesenheit des Schauspielers mit positiver Ausstrahlung durchweg zu

Ergebnissen, mit denen die Gruppe zufrieden war. Bei dem Schauspieler mit negativer Ausstrahlung berichtete die Gruppe von Stress und Spannungen bei der Entscheidungsfindung. Die Ergebnisse zeigen, dass eine bestimmte Körpersprache und Gestik und damit Ausstrahlung Einfluss auf die Stimmung und damit auch die Aufgabenerfüllung einer Gruppe haben kann.

Ein Forscherteam um Soo Youn Oh von der Stanford University untersuchte ganz konkret, wie digitale Kommunikation durch das Lächeln der Beteiligten beeinflusst wird.[223] Zwei Probanden sollen sich online unterhalten. Dabei werden beide durch einen Avatar vertreten. Beide Personen sehen voneinander jeweils nur den Avatar. Was die teilnehmenden Probanden nicht wissen: Die Avatare wurden manipuliert, und zwar in Bezug auf das Lächeln der Gesichter. Dabei zeigte sich, dass Probanden, die mit einem positiv manipulierten, besonders ausgeprägt lächelnden Avatar sprachen, die Unterhaltung als positiver wahrnahmen. Insbesondere nutzten die Personen, die auf einen solchen lächelnden Avatar stießen, eine deutlich positivere Sprache. Ihre Stimmung wurde ebenfalls besser. Daher kann das Lächeln einer Person die Stimmung einer anderen positiv beeinflussen.

Vertiefende Experimente zeigen, dass die emotionale Stimmung, die durch Körpersprache, Gestik und Mimik vermittelt wird, insbesondere von hierarchisch Höhergestellten zu hierarchisch Untergeordneten »fließt«.[224] Wenn Führungskräfte eine entspannte Körpersprache haben und ihrem Team mit optimistischer Haltung gegenübertreten, dann ist dieses positiver eingestellt und arbeitet produktiver. Wenn Führungskräfte jedoch deprimiert, wütend und negativ wirken, dann hat das nachteilige Auswirkungen auf die Stimmung und Arbeitsleistung des Teams. Auf den Fußballplatz übertragen bedeutet das, dass ein entspannter und optimistisch wirkender Schiedsrichter einen möglicherweise zwar kleinen, aber doch relevanten Einfluss darauf hat, dass sich die Spieler untereinander besser behandeln.

Was sollten Führungskräfte tun? Erstens sollten sie sich der wichtigen Rolle von Körpersprache, Mimik und Gestik bewusst werden. Während sich Führungskräfte in vielen Fällen gut darauf vorbereiten, was sie sagen und welche Nachrichten sie vermitteln wollen, machen sie sich typischerweise weniger Gedanken darüber, wie sie diese verbalen Nachrichten durch ihre Körpersprache, Mimik und Gestik begleiten. Da wir uns selbst nur sehr begrenzt wahrnehmen können und selbst das Studium von Videoaufnahmen eigener Auftritte oft schwer zu interpretieren ist, bietet es sich an, ehrliches Feedback von Dritten über die eigene Körpersprache, Gestik und Mimik einzuholen. Nur eine externe Perspektive kann typischerweise antrainierte, zumeist unbewusst eingesetzte Körpersprache, Gestik und Mimik analysieren und Verbesserungsschritte ableiten.

Während eine größere Wandlung in der Körpersprache, Gestik und Mimik ein langer Prozess ist, bietet die Literatur einige Hinweise, die möglicherweise schnell umgesetzt werden können.[225] Wichtig ist es, eine Körpersprache, Mimik und Gestik zu wählen, die mit der verbalen Aussage und der Art der Entscheidung, die gerade zu treffen ist, im Einklang steht. Unabhängig davon sind Lächeln, eine große, viel Raum einnehmende Gestik (wie ausgebreitete Arme) und das Nutzen von Händen zur Veranschaulichung in Studien durchweg positiv belegt. Diese Hebel haben, sofern sie mit der zugrunde liegenden Situation im Einklang stehen, positive Auswirkungen und können ein guter Einstieg in eine zielgerichtete Körpersprache, Gestik und Mimik sein.

Praktische Anwendung

Aus diesen Überlegungen aus der Schiedsrichter- und der Management-Perspektive lassen sich zwei Empfehlungen ableiten:

> Sei dir der Wirkung deiner Körpersprache, Gestik und Mimik bewusst und hole dir Feedback von Außenstehenden, um zu verstehen, wie du wirkst! Verstehe, wie du auf dem Platz wirkst, und hole dir Feedback vom Schiedsrichter-Beobachter!
>
> Nutze Lächeln, offene Gestik und nutze die Hände, wenn du entsprechende Nachrichten überbringst! Niemand entwickelt Vertrauen in einen grimmigen, in sich versunkenen Schiedsrichter!

Wie lassen sich diese Erkenntnisse im Unternehmen anwenden? Die folgende Aufgabe gibt einen Hinweis, wie ein Start in die Auswertung der eigenen Körpersprache aussehen kann.

Analysiere deine Körpersprache

Mach dir Gedanken darüber, welche Interaktionen du mit deinem Team oder auch Externen wie Kunden oder Lieferanten in den nächsten Tagen haben wirst. Findet diese Interaktion online über ein Web-Konferenz-Tool statt, dann zeichne dich auf und schau dir die Aufzeichnung kritisch an. Noch besser ist es, wenn du eine dritte Person bittest, dich zu beobachten und dir Feedback zu geben, wie du wirkst. Das gilt auch für reale Interaktionen und Meetings, in denen die Körpersprache sogar noch mehr zum Tragen kommt als in Online-Meetings. Notiere dir das Feedback genau und versuche, zunächst an einem der Feedback-Punkte zu arbeiten. Kannst du mehr lächeln, dich breiter positionieren und die Hände beim Präsentieren und Sprechen mehr nutzen?

Das Regelwerk respektvollen Entscheidens und Führens

Versetzen wir uns zurück in unsere Ausgangssituation: Wir sind mit der Erkenntnis gestartet, dass angehende Führungskräfte – egal, ob als Schiedsrichter auf den Fußballplätzen der Bundesligastadien oder in Unternehmen und anderen Organisationen – Herausforderungen gegenüberstehen, für die sie oft nur unzureichend ausgebildet und vorbereitet sind. Ausbildungen legen zumeist den Schwerpunkt auf fachliche Aspekte, die in vielerlei Hinsicht wesentlich für die Herausforderungen vor der Übernahme einer Führungsaufgabe sind. Mit der neuen Führungsaufgabe werden jedoch weitere Herausforderungen relevant. Es war das Anliegen dieses Buches, diese Herausforderungen anschaulich und wissenschaftlich fundiert darzulegen und klare Handlungsempfehlungen für die ersten Führungsaufgaben und die Entwicklung zu einer etablierten Führungskraft abzuleiten.

In allen drei Themenbereichen – Entscheidungen treffen, authentisch sein und empathisch führen – wird die besondere Rolle des Respekts deutlich. Respekt vor den eigenen Entscheidungen, die in Führungspositionen immer komplexer werden. Respekt vor der eigenen Person und davor, wie man sich gegenüber seinen Spielern beziehungsweise Mitarbeitern möglichst authentisch gibt. Respekt vor den anderen auf und am Spielfeld beziehungsweise im Unternehmen und vor ihren Problemen und Sichten durch empathisches Verhalten.

Interessanterweise stimmen diese Erfolgsfaktoren für eine erfolgreiche Karriere als Schiedsrichter in der Bundesliga mit all ihren besonderen Herausforderungen stark, teilweise sogar gänzlich überein mit den Erfolgsfaktoren, die die Managementliteratur und -Praxis für Führungskräfte in

Unternehmen sieht. Natürlich gibt es Unterschiede in Bezug auf das konkrete Verhalten und die Entscheidungen, die zu treffen sind. Das Zeigen einer Gelben oder Roten Karte hat andere Rahmenbedingungen als die Übermittlung negativen Feedbacks an einen Mitarbeiter. Ebenso ist es eine besondere Situation, wenn 60 000 Zuschauer gegen die Entscheidung eines Schiedsrichters protestieren, im Vergleich zu einem Meeting, in dem sich einige wenige andere Anwesende gegen die eigene Idee stellen. Wie jedoch in den vorangegangenen Kapiteln erläutert steckt in diesen Analogien immer der Kern einer gewissen Logik, die übertragbar ist. Daher sind wir davon überzeugt, dass sich unsere Erkenntnisse auch auf viele andere Führungskontexte anwenden lassen, die wir nicht beleuchtet haben, wie etwa auf den Erzieher im Kindergarten, der eine Gruppe kleiner Kinder in den Griff bekommen muss. Oder auf den Trainer einer Jugendmannschaft oder darauf, dass Eltern ihre Kinder erziehen und sie damit auch gewissermaßen führen.

Eine weitere Erkenntnis besteht darin, dass die neuen Herausforderungen vielschichtig sind. Es gibt nicht die drei Tipps, mit denen man einen Schiedsrichter, der das erste Mal auf höchstem Niveau pfeift, ausstatten kann, und schon sind alle neuen Herausforderungen adressiert. Ebenso wenig ist es realistisch, einer angehenden Führungskraft den einen Schlüssel für erfolgreiches Führungsverhalten im Unternehmen zu geben. Das Regelwerk des Fußballs ist komplex, ebenso das fachliche Wissen, das Führungskräfte benötigen, wenn sie in eine Führungsposition kommen. Daher ist es nicht verwunderlich, dass auch für die nächste Karrierestufe komplexes Wissen entlang verschiedener Dimensionen notwendig ist. In diesem Buch haben wir viele der Herausforderungen nur angeschnitten, sind aber überzeugt, ein vielfältiges Regelwerk respektvollen Entscheidens und Führens abgeleitet zu haben. Dieses möchten wir im Folgenden in drei Bereiche aufgliedern und in seiner praktischen Anwendbarkeit vorstellen.

Das Regelwerk respektvollen Entscheidens

Nummer	Thema	Regel
1	Beeinflusse die Entscheidungssituation und denke einen Schritt voraus.	Finde dich nicht mit Entscheidungssituationen ab, sondern finde Möglichkeiten, die Entscheidungssituationen zu beeinflussen! Schaffe dir leichtere Spiele!
2		Denke in wahrscheinlichen zukünftigen Entwicklungen! Gehe und schaue unmittelbar dorthin, wohin sich das Spiel wahrscheinlich verlagern wird.
3	Reduziere Verzerrungen in deinen Entscheidungen.	Sei dir bewusst, dass du in Entscheidungssituationen nicht alle relevanten Informationen wahrgenommen hast! Suche dir vor Entscheidungen Schiedsrichterassistenten oder Videoassistenten, die dich unterstützen!
4		Reduziere deine Verzerrungen durch strukturierte Entscheidungsfindungen, idealerweise im Team! Der vermeintliche Schwalbenkönig ist vielleicht gar keiner.
5	Halte Emotionen aus deinen Entscheidungen heraus.	Erweitere den Zeithorizont bei Entscheidungen und mache dir klar, wie du in zehn Minuten/Monaten/Jahren über deine Entscheidung denken wirst. Wie wirst du dich in den TV-Bildern wahrnehmen?
6		Akzeptiere, dass nichts zu tun in vielen Fällen eine gute Option ist! Nimm die Pfeife also nicht immer sofort in den Mund, sondern warte mit dem Pfiff.

Nummer	Thema	Regel
7	Führe Realitätschecks durch.	Nutze Statistiken, um deine Entscheidung einem Realitätscheck zu unterziehen! Ziehe in Betracht, wie oft sich ein Stürmer frei vor dem Tor fallen lassen würde!
8		Frage unbeteiligte Dritte nach ihrer Meinung zu deiner Entscheidung! Suche die Meinung des Videoassistenten!
9	Fokussiere dich auf die Entscheidung, vergiss aber nicht die Konsequenzen.	Blende irrelevante vorangegangene Entscheidungen bei aktuellen Entscheidungen aus! Triff keine Konzessionsentscheidungen!
10		Sei vorsichtig bei vermeintlich kleinen Zugeständnissen! Bedenke, dass dir durch diese Kleinigkeiten ein Spiel entgleiten kann!

Wir können dieses *Regelwerk des respektvollen Entscheidens* auf Situationen des Schiedsrichters auf dem Fußballplatz anwenden. Nehmen wir die Situation, dass ein Stürmer in einer unübersichtlichen Position im Strafraum fällt. Welche der Regeln kann unsere Entscheidung betreffen? Idealerweise hat der Schiedsrichter nach Regel 2 des *Regelwerks respektvollen Entscheidens* die Situation bis zu einem gewissen Grad antizipiert. Möglicherweise nicht das Foul, aber zumindest, dass der Stürmer häufig in die Tiefe geht und Zweikämpfe im Strafraum sucht, beispielsweise durch eine intensive Vorbereitung auf die jeweiligen Spieler des zu leitenden Spiels. Dann kann sich der Schiedsrichter, sofern es die Gesamtsituation in diesem Moment zulässt, bereits so positionieren, dass er eine solche Situation gut wahrnehmen kann. Darüber hinaus muss dem Schiedsrichter in der Situation bewusst sein, dass er Verzerrungen unterliegen kann. Möglicherweise galt der Stürmer als Schwalbenkönig oder zumindest macht die Presse das aus ihm (Regel 4). Dann sollte sich der Schiedsrichter von solchen Themen freimachen, beispielsweise durch eine strukturierte Entscheidungsfindung und dadurch, dass er sich klarmacht, dass es in der Vergangenheit möglicherweise nur eine einzige Schwalbe war, die aber stark im Gedächtnis aller Beteiligten hängengeblieben ist. Möglicherweise helfen Statistiken, die man sich im Vorfeld anschaut, um zu verstehen, ob er wirklich ein Schwalbenkönig ist. Spielt der Stürmer für die Heimmannschaft, fordern sicherlich mehrere Tausend Zuschauer einen Elfmeter. Die Lautstärke kann beeindruckend sein und man könnte sich davon beeinflussen lassen. Daher muss sich der Schiedsrichter in diesem Moment auf seine Rolle fokussieren. Die Zuschauer werden emotional sein und das fordern, was ihrer Mannschaft hilft. Daher muss er sich klarmachen, dass er objektiver Entscheider sein muss. Wenn er merkt, dass er zu einer emotionalen Entscheidung neigt, muss er seine Perspektive verändern. Wie wird er die Situation wohl nach dem Spiel sehen? Der Schiedsrichter sollte sich nach Regel 5 eine erweiterte Perspektive verschaffen, um Emotionen auszublenden. Des Weiteren sollte er nach Hinweisen suchen, die die Entscheidung, die er treffen möchte, stützen. War der Stürmer frei vor dem Tor und fällt plötzlich? Dann sagen die Statistiken und auch der gesunde Menschenverstand, dass er nicht von selbst gefallen ist. Wie standen die Beine? Wie die Arme? Wie natürlich war die Bewegung? Der Schiedsrichter sollte Hinweise suchen, die die eine oder andere Entscheidung aus der Intuition, aber möglicherweise sogar aus Erfahrungswerten heraus stützen – also nach Regel 7 Erfahrungswerte in die Entscheidungsfindung integrieren. Schließlich sollte sich der Schiedsrichter davon freimachen, dass vorangegangene Entscheidungen die aktuelle beeinflussen. Es ist irrelevant, ob es vorher eine strittige Situation auf der anderen Seite gegeben hat.

Wenn ein meckernder Spieler vor dem Schiedsrichter steht, könnten folgende Regeln eine Rolle spielen. Bevor er eine Entscheidung trifft, etwa die, eine Verwarnung zu geben, sollte er reflektieren, ob er möglicherweise etwas übersehen hat. Vielleicht ist der Spieler vom Gegner gefoult worden, was ihm entgangen sein kann, und aus einem Schockmoment heraus protestiert er (Regel 3). Nach Regel 5 sollte er selbst nicht in Emotionen verfallen, auch wenn er sich möglicherweise in diesem Moment angegriffen fühlt. Besser ist es, zu überlegen, wie er nach dem Spiel oder in vielen Monaten rückblickend wahrgenommen werden will. Lieber als der ruhige, besonnene Schiedsrichter oder als der mit Karten um sich werfende Spielleiter? Regel 7 macht deutlich, dass der Schiedsrichter möglicherweise auch gar nicht reagieren muss. Vielleicht lässt er die Spieler einfach ein wenig meckern und das Spiel geht weiter, ohne dass etwas Besonderes passiert ist. Vielleicht macht eine Reaktion des Schiedsrichters die Situation nur noch schlimmer? Bei solch kleinen Vergehen sollte sicherlich noch Regel 10 zur

Anwendung kommen. Der Schiedsrichter sollte sich darüber Gedanken machen, ob sich heimliche Regeln einschleichen können, wenn er nicht reagiert. Die Ausführungen machen klar, dass das *Regelwerk respektvollen Entscheidens* auch widersprüchliche Empfehlungen geben kann. Es kann keine konkreten Entscheidungen vorgeben, sondern nur den Rahmen bieten und den Schiedsrichter inspirieren, über gewisse Dinge nachzudenken. Insgesamt schafft es aber Demut vor der eigenen Entscheidung, nimmt Emotionen heraus und stellt jede einzelne Entscheidung in einen größeren Rahmen.

Wenden wir das *Regelwerk respektvollen Entscheidens* nun auf Situationen im Unternehmen an. Nehmen wir an, dass ein Mitarbeiter morgens zu spät zur Arbeit kommt und die Führungskraft die Entscheidung treffen muss, ob eine Ermahnung notwendig ist oder ob sie die Situation einfach laufen lässt. Welche Regeln könnten helfen, eine gute Entscheidung zu treffen? Nach Regel 3 sollte sich die Führungskraft darüber Gedanken machen, ob sie überhaupt alle Informationen hat. Hat der Mitarbeiter vielleicht am Vorabend noch bis spät in den Abend für das Unternehmen etwas fertiggestellt, was die spätere Ankunft rechtfertigen könnte? Nach Regel 4 sollte sie sich darüber Gedanken machen, ob sie einer Verzerrung unterliegt. Tendiert sie in dem Moment zu dem Gedanken, dass genau dieser Mitarbeiter ständig zu spät kommt und jetzt eine Ansage notwendig ist, sollte sie dieses Bauchgefühl validieren, idealerweise mit zuverlässigen Zahlen, soweit möglich. An wie vielen Tagen ist der Mitarbeiter wirklich zu spät gekommen? Respektvolles Entscheiden bedeutet hier, zumindest eine kleine Zahlenbasis zu schaffen, um eine Entscheidung nicht nur nach dem Bauchgefühl zu treffen. Nach Regel 5 sollte sie zunächst einen Moment warten und durchatmen: Was für ein Vorgesetzter will sie sein? Wenn die Führungskraft jetzt emotional reagiert und einen Konflikt heraufbeschwört, sollte sie sich fragen, ob sie das überhaupt will. Wie wird sie das am Ende der Woche sehen? Am Ende des Monats? Will sie so ein Chef sein? Regel 6 erinnert daran, dass nichts zu tun auch eine Option ist. Ja, ein Mitarbeiter ist zu spät gekommen und die Führungskraft möchte emotional reagieren, aber ist das überhaupt notwendig? Passiert etwas Schlimmes, wenn sie einfach nichts tut und weiter beobachtet? Diese Option sollte im Kopf sein und betrachtet werden. Schließlich ist für diese Situation auch Regel 10 des respektvollen Entscheidens relevant. Beobachten andere die Situation? Könnte sich dadurch als heimliche Regel eine Kultur des Zuspätkommens etablieren? Ist ein Dulden der Situation der Anstoß für weitere Regelüberschreitungen dieses Mitarbeiters oder auch anderer Mitarbeiter? Auch hier geben die Regeln nicht die eine richtige Entscheidung vor, sie inspirieren jedoch dazu, breit über die Entscheidungsfindung nachzudenken und sie in einen größeren Kontext zu setzen.

Eine weitere beispielhafte Entscheidungssituation könnte darin bestehen, dass eine Führungskraft entscheiden muss, ob ein Angebot für eine bestimmte Ausschreibung abgegeben werden soll. Auch hier können einige Regeln helfen, zielgerichteter zu entscheiden. Die erste Regel erinnert den Entscheidungsträger daran, dass er die Entscheidungssituation auch beeinflussen kann. Beispielsweise könnten durch zielgerichtete vorherige Vertriebsaktivitäten die Abhängigkeiten von einer solchen Ausschreibung reduziert werden, was es einfacher machen kann, auf eine Ausschreibung nicht mit einem Angebot zu reagieren. Nach Regel 2 sollte die Führungskraft sehr klar die zukünftige Entwicklung im Blick haben: Wenn das Angebot angenommen wird, hat sie dann die richtigen Mitarbeiter dafür? Selbst wenn sie es heute bearbeiten könnte, wie ist die Lage in mehreren Monaten, wenn die Leistung zu erbringen ist? Nach Regel 3 sollte sich die Führungskraft bewusst sein, dass ihr möglicherweise wichtige Informationen fehlen. Selbst detaillierte Ausschreibungen können unvollständig sein. Also können Diskussionen mit Experten im Unternehmen oder auch Externen helfen. Nach Regel 5 ist es notwendig und wichtig, dass Emotionen aus der Entscheidung herausgehalten werden. Anstatt sofort auf die Ausschreibung anzuspringen, sollte sich die Führungskraft fragen, wie sie die Entscheidung, ein Angebot abzugeben, in der Zukunft rückblickend wahrnehmen wird. Wird sie am Ende des Jahres sagen, dass es eine gute Idee war? Wenn sie bedenkt, wo das Unternehmen in fünf Jahren stehen soll: Würde der Auftrag helfen oder nicht? Realitätschecks können nach Regel 7 verdeutlichen: Wie viele solcher Aufträge kamen nach Ausschreibungen bislang überhaupt? Und im nächsten Schritt: Wie viele dieser Aufträge waren für das Unternehmen im Nachhinein profitabel? Gibt es Ähnlichkeiten mit vorherigen Aufträgen, die man bekommen hat, die sich auch hier wiederfinden? Nach Regel 10 sollte sich die Führungskraft bei der Entscheidungsfindung auch bewusst sein, welche Konsequenzen über dieses konkrete Angebot hinaus im Unternehmen noch folgen könnten. Geht aus der Ausschreibung beispielsweise hervor, dass eine sehr aggressive Bepreisung notwendig sein wird? Könnte dadurch ein

Anker im Unternehmen gesetzt werden, beispielsweise für Vertriebler, dass aggressive Preise im Markt akzeptabel sind? Solche Entscheidungen könnten zu negativen Konsequenzen für das Unternehmen führen, die über das eigentlich zu entscheidende Angebot hinausgehen.

Dies sind beispielhafte Anwendungen des *Regelwerks respektvollen Entscheidens.* Darüber hinaus lässt sich ein vergleichbares Regelwerk für authentisches Auftreten ableiten.

Das Regelwerk authentischen Auftretens

Nummer	Thema	Regel
1	Versteh dich selbst und verhalte dich entsprechend.	Sei du selbst und verstelle dich nicht! Bedenke, dass andere merken, wenn du ein Typ Schiri sein willst, der du einfach nicht bist.
2		Finde deine Werte und deine Mission! Wie möchtest du von anderen als Schiedsrichter wahrgenommen werden?
3	Führe mit deiner Geschichte.	Identifiziere zentrale Ereignisse aus deinem Werdegang! Welche Geschichte kann erklären, welcher Typ von Schiedsrichter du heute bist?
4		Teile deine Geschichte mit deinen Mitarbeitern! Verdeutliche ihnen, warum du genau dieser Typ Schiedsrichter bist.
5	Sei berechenbar und behandle andere fair.	Hinterfrage kontinuierlich, ob du alle Mitarbeiter fair behandelst, und hole dazu Feedback von dritten Personen ein! Hinterfrage kontinuierlich, ob du nicht doch ein Heim-Schiri bist!
6		Mache Bewertungskriterien transparent und informiere vorab, wenn sich Entscheidungen anbahnen! Erkläre den Spielern vorab, wofür sie verwarnt werden und wenn Gelb-Rot droht!

Nummer	Thema	Regel
7	Betrachte ein Scheitern und Fehler als Lernerfahrung.	Sieh Scheitererfahrungen und Fehler als notwendige Bestandteile von persönlichem Wachstum und schaffe Akzeptanz für einen offenen Umgang mit Fehlern im Team! Vergangene spielentscheidende Fehlentscheidungen können noch wertvoll sein!
8		Sei dir bewusst, dass aktueller Erfolg häufig der Vorläufer für zukünftige Probleme ist! Bedenke, dass das Spiel dir jederzeit entgleiten kann.
9	Gehe konstruktiv mit Kritik um.	Reflektiere die Kritik, um den wahren Kern zu identifizieren, der dich weiterbringen wird! Reflektiere deine Schiedsrichter-Leistung genau, wenn diese kritisiert wird.
10		Gehe offen mit dem berechtigten Teil von Kritik um und sprich mit den betroffenen Personen! Gib in der Nachbesprechung des Spiels klare Fehler offen zu.

Diese Regeln können auf konkrete Schiedsrichter-Situationen angewendet werden. Wenn nach einem Spiel ein Trainer ein Gespräch zu einem möglichen falschen Pfiff im vorangegangenen Spiel wünscht und emotionsgeladen auf den Schiedsrichter zugeht, dann sollte dieser sich bewusst werden, wofür er stehen will. Wie möchte er nach der Karriere von diesem Trainer wahrgenommen werden? Gehen wir davon aus, dass er als respektvoller, umgänglicher, aber bestimmter Schiedsrichter wahrgenommen werden will, dann sollten diese Werte in diesem Moment auch seine Reaktion bestimmen und nicht etwaige Emotionen, die nach einem Spiel noch in ihm schlummern (in dem beispielsweise ausgerechnet die Mannschaft dieses Trainers sehr unfair und aggressiv gespielt hat). Mit diesen Gedanken im Kopf sollte der Schiedsrichter seine Sicht kommunizieren (Regel 1 und Regel 2). Kritik sollte er aufnehmen, sacken lassen, nach dem wahren Kern suchen und dann ruhig antworten (Regel 9). Sollte zu diesem Zeitpunkt schon klar sein, dass ein Fehler vorgelegen hat, dann sollte der Schiedsrichter diesen in der Kommunikation mit dem Trainer zugeben, erklären und dabei ausdrücken, dass es ihm leid tut (Regel 10). So kann respektvolles authentisches Verhalten entstehen.

Ebenso können diese *Regeln des authentischen Auftretens* auf Führungskräfte und ihre Herausforderungen angewendet werden. Als Beispiel kann die folgende Situation dienen: Eine Führungskraft übernimmt ein neues Team und veranstaltet mit diesem einen Seminartag. Im Rahmen des Seminartags sollen sich das Team untereinander und die Führungskraft besser kennenlernen. Vorab sollte sich die Führungskraft nach Regel 1 klarmachen, wofür sie stehen möchte. Wie soll das Team sie am Ende des Seminartags wahrnehmen, zumindest auf der Basis dieser ersten Eindrücke? Die Führungskraft könnte sich vorab kleine Geschichten überlegen, mit denen sie am Seminartag anschaulich transparent macht, wofür sie stehen will (Regel 3 und Regel 4). Sie sollte beachten, dass sie unter kontinuierlicher Beobachtung stehen wird und die Mitarbeiter fair behandelt werden wollen. Auch wenn es an einem solchen Seminartag noch nicht um Beförderungen oder Gehälter geht, werden die Mitarbeiter dennoch darauf achten, dass sie fair behandelt werden, und zwar im Sinne von Redezeiten oder Aufmerksamkeit (Regel 5). Zur Fairness gehört es auch, am Seminartag sehr klar zu kommunizieren, welche Herausforderungen sie in den nächsten Wochen sieht, welche schweren Entscheidungen sich möglicherweise bereits ankündigen (Regel 6). Des Weiteren kann die Führungskraft ihr authentisches Profil stärken, indem sie bewusst Scheitererfahrungen oder eigene Fehler der Vergangenheit teilt (Regel 7) und so im Team Akzeptanz für Fehler schafft.

Gehen wir zudem davon aus, dass am Seminartag ein Mitarbeiter sehr aggressiv Kritik an der neuen Führungskraft äußert, dann bieten die *Regeln authentischen Auftretens* ebenfalls Hinweise. Regel 9 besagt, dass die Führungskraft die Kritik annehmen, aber eine schnelle Reaktion, die emotional getrieben ist, vermeiden sollte. Aus der Kritik sollte die Führungskraft den wahren Kern identifizieren und diesen mit der die Kritik äußernden Person oder sogar allen Anwesenden besprechen. Sind nach der Reflexion Teile der Kritik berechtigt, sollte die Führungskraft dazu stehen und das auch so äußern. Werden diese Regeln befolgt, dann besteht eine gute Chance, dass die anwesenden Mitarbeiter die Führungskraft am Ende des Seminartags als authentisch ansehen und ihr Verhalten insgesamt als respektvoll.

In der gleichen Logik lässt sich das *Regelwerk empathischen Verhaltens* aufstellen und mit Beispielen veranschaulichen.

Das Regelwerk empathischen Verhaltens

Nummer	Thema	Regel
1	Versetze dich in die Situation deines Gegenübers.	Sei dir deiner Rolle bewusst, stelle dein Team mit deinen Mitarbeitern in den Vordergrund und nimm deine Verantwortung für sie an! Du bist ein guter Schiedsrichter, wenn du nicht im Mittelpunkt stehst.
2		Gehe zunächst von positiver Absicht bei Mitarbeitern in deinem Team aus und bewerte sie ganzheitlich! Nimm nicht an, dass du grundsätzlich einen Schwalbenkönig vor dir hast.
3	Gehe vorsichtig mit deiner Autorität um.	Sei auf der Hut, wenn dir niemand widerspricht, und suche in solchen Situationen Feedback von Dritten! Auch Spiele, bei denen sich zunächst niemand beschwert oder meckert, bergen Risiken.
4		Erinnere dich auch nach Erfolgen immer daran, wie du begonnen hast! Denke bei der Vorbereitung auf Champions-League-Spiele ab und zu auch an die Anfänge und Herausforderungen in der Kreisliga vor vielen Jahren.
5	Kommuniziere und erkläre.	Kommuniziere transparent und klar, wenn sich negative Entwicklungen andeuten! Gib die Gelbe oder sogar Rote Karte nicht aus dem Nichts, wenn es nicht nötig ist!
6		Erkläre deine Entscheidungen! Nenne ein Foul ein Foul!

Nummer	Thema	Regel
7	Hör zu und stelle Fragen.	Sprich regelmäßig einzeln mit deinen Mitarbeitern! Schnappe dir Spieler einzeln vor dem Spiel und finde heraus, welche ihre Sorgen vor dem Spiel sind.
8		Wenn du mit deinen Mitarbeitern kommunizierst, lege den Fokus auf Fragen und minimiere Aussagen! Stelle den Spielern Fragen und erzähle nicht sofort von dir.
9	Nutze Mimik und Körpersprache.	Sei dir der Wirkung deiner Körpersprache, Gestik und Mimik bewusst und hole dir Feedback von Außenstehenden, um zu verstehen, wie du wirkst!
10		Nutze Lächeln, offene Gesten und die Hände, wenn du entsprechende Nachrichten überbringst! Niemand entwickelt Vertrauen in einen grimmigen, in sich versunkenen Schiedsrichter!

Ein Schiedsrichter könnte diese *Regeln empathischen Verhaltens* anwenden, wenn ein Spieler nach einem gegen ihn gepfiffenen Foul den Ball wegschlägt. Auch wenn so ein Vergehen laut Regelwerk eine Gelbe Karte nach sich ziehen muss, kann er die Situation zielführend gestalten. Um die eigenen Emotionen zu kontrollieren, könnte sich der Schiedsrichter kurz in die Situation des Spielers, in seine Probleme und seinen Druck, hineinversetzen, womöglich steht eine Vertragsverlängerung an und die aktuelle Leistung ist nicht zufriedenstellend (Regel 1). Er könnte ihm grundsätzlich zunächst eine positive Absicht unterstellen und dass er sich an die Regeln halten will (Regel 2). Das ändert nichts an der Verwarnung, bringt aber eine gewisse Entspannung in die Situation, sodass die Gelbe Karte nicht noch mit Wut in Gesicht und Bauch übermittelt wird. Des Weiteren sollte der Schiedsrichter nach Regel 6 kurz kommunizieren, warum er die Karte zwingend geben muss, sowie ihn nach Regel 5 möglicherweise darauf hinweisen, dass ein weiteres ähnliches Vergehen zwingend eine Gelb-Rote Karte nach sich ziehen muss, und ihm so die Chance geben, sich anzupassen und diese Sanktion zu vermeiden. Schließlich spielen nach den

Regeln 9 und 10 die Mimik, Gestik und Körpersprache eine große Rolle. Mit einem Lächeln und ausgebreiteten Armen auf den Spieler zuzugehen und dabei auszustrahlen, dass es ihm leid tut, aber leider keine andere Wahl besteht, nimmt Aggressivität aus der Situation und dem weiteren Spielverlauf. Zudem nehmen andere Spieler die Geste wahr und eine aus der Situation heraus mögliche Aggressivität auf dem gesamten Platz wird erstickt oder entsteht erst gar nicht.

Eine Führungskraft kann die *Regeln empathischen Verhaltens* beispielsweise anwenden, wenn ein Mitarbeiter eine Präsentation hält und dabei ersichtlich wird, dass er falsche Zahlen verwendet hat. Dann steht die Entscheidung an, wie die Führungskraft darauf reagieren soll. Zunächst bietet es sich nach Regel 1 an, sich in den Mitarbeiter hineinzuversetzen und Gründe zu identifizieren, warum es zu dieser Situation gekommen ist. Möglicherweise gab es eine schlechte Zahlenbasis als Ausgangspunkt, vielleicht waren bessere Zahlen gar nicht zu bekommen oder der Mitarbeiter hatte zu wenig Zeit, tief in die Zahlen einzusteigen. Nach Regel 2 sollte bei der Reaktion bedacht werden, dass der Mitarbeiter mit hoher Wahrscheinlichkeit eine positive Absicht verfolgt hat. In der weiteren Diskussion sollte die Führungskraft darauf achten, dass ihre Sicht nicht durch ihre Autorität beeinflusst ist. Sieht sie womöglich als Einzige falsche Zahlen, die in Wirklichkeit richtig sind? Und allen anderen im Raum ist das bewusst, nur ihr selbst nicht? Dann liegt möglicherweise eine Autoritätsverzerrung vor, da sich niemand traut, ihr zu widersprechen. Besteht plötzlich scheinbare Einigkeit, dann sollte die Führungskraft ihre eigene Meinung zumindest kritisch betrachten. Zum Aufbau von Vertrauen im Team und insbesondere in der Beziehung mit dem Mitarbeiter, der den potenziellen Fehler gemacht hat, sollte die Führungskraft schnell in einen Kommunikationsmodus übergehen und das Gespräch suchen. Sollte sich der Fehler negativ auf die Beurteilung oder etwaige anstehende Beförderungen auswirken, dann hat der Mitarbeiter das Recht, diese Vorankündigungen zu erfahren (Regel 5). Nach Regel 6 sollte die Führungskraft dem Mitarbeiter nach der Präsentation und dem aufgedeckten Fehler sehr klar kommunizieren, warum sie so bewertet hat. Wenn sich der Fehler nachvollziehen lässt, sollte die Führungskraft das genau erklären und sofern möglich Tipps für zukünftige Präsentationen geben. Die Führungskraft sollte klar benennen, ob es ein Fehler war oder nicht und ob und wie der Fehler vermeidbar gewesen wäre. Eine Begründung für diese Bewertung sollte unbedingt übermittelt werden. Nach den Regeln 9 und 10 sollte sich die Führungskraft darüber Gedanken machen, mit welcher Gestik und Mimik die Kommunikation übermittelt wird. Offene Arme und ein Lächeln nehmen Aggressivität aus der Situation und helfen, Akzeptanz für die Bewertung zu schaffen.

Über die Autoren

Deniz Aytekin wurde 1978 in Nürnberg geboren. Er studierte berufsbegleitend Betriebswirtschaftslehre und ist hauptberuflich als Unternehmer tätig. Seit 2004 ist er Schiedsrichter des DFB, seit 2008 Bundesligaschiedsrichter, seit 2011 FIFA-Schiedsrichter. In der Saison 2018/19 wurde er vom DFB als Schiedsrichter des Jahres ausgezeichnet. Aytekin ist Familienvater und lebt in Oberasbach.

Prof. Dr. Andreas Engelen wurde 1979 in Erkelenz bei Mönchengladbach geboren. Er ist Inhaber des Lehrstuhls für Management an der Heinrich-Heine-Universität in Düsseldorf. Der promovierte Universitätätsprofessor für BWL war bereits als Berater für McKinsey and Company tätig. Im letzten »Handelsblatt«-Ranking gehörte er den Top 15 deutscher BWL-Professoren U-40 an. Er ist Vater zweier Kinder.

Quellenverzeichnis

Adams JS, Freedman S (1976) Equity Theory Revisited: Comments and Annotated Bibliography. In: Berkowitz L, Walster E (Hrsg) Advances in Experimental Social Psychology, Band 9. Academic Press, S 43–90

Ambady N, Rosenthal R (1993) Half a minute: Predicting teacher evaluations from thin slices of nonverbal behavior and physical attractiveness. Journal of Personality and Social Psychology 64(3):431–441. 10.1037/0022-3514.64.3.431

Aminov I, De Smet A, Jost G, Mendelsohn D (2019) Decision making in the age of urgency, https://www.mckinsey.com/capabilities/people-and-organizational-performance/our-insights/decision-making-in-the-age-of-urgency

Asch S (1951) Effects of group pressure on the modification and distortion of judgments. In: Guetzkow H (Hrsg) Groups, leadership and men. Carnegie Press, S 177–190

Bacha E, Walker S (2013) The Relationship Between Transformational Leadership and Followers' Perceptions of Fairness. J Bus Ethics 116(3):667–680. 10.1007/s10551-012-1507-z

Bar-Eli M, Azar OH, Ritov I, Keidar-Levin Y, Schein G (2007) Action bias among elite soccer goalkeepers: The case of penalty kicks. Journal of Economic Psychology 28(5):606–621. 10.1016/j.joep.2006.12.001

Beckwith H (2012) Selling the Invisible: A Field Guide to Modern Marketing. Grand Central Publishing

Berkovic E (2017) Why Does Your Brain Love Negativity? The Negativity Bias. https://miuc.org/brain-love-negativity-negativity-bias/

Bianchi EC, Brockner J, van den Bos K, Seifert M, Moon H, van Dijke M, Cremer D de (2014) Trust in Decision-Making Authorities Dictates the Form of the Interactive Relationship Between Outcome Fairness and Procedural Fairness. Personality and Social Psychology Bulletin 41(1):19–34. 10.1177/0146167214556237

Bies RJ (2012) The Delivery of Bad News in Organizations: A Framework for Analysis. Journal of Management 39(1):136–162. 10.1177/0149206312461053

Brinke L ten, Liu CC, Keltner D, Srivastava SB (2015) Virtues, Vices, and Political Influence in the U.S. Senate. Psychological Science (Sage Publications Inc.) 27(1):85–93. 10.1177/0956797615611922

Brockner J (2006) Why It's So Hard to Be Fair. Harvard Business Review 84(3):122–129

Brooks AW, Huang K, Abi-Esber N, Buell RW, Huang L, Hall B (2019) Mitigating malicious envy: Why successful individuals should reveal their failures. Journal of experimental psychology. General 148(4):667–687. 10.1037/xge0000538

Brooks AW, John LK (2018) The Surprising Power of Questions. Harvard Business Review 96(3):60–67

Brown SJ, Steenbeek OW (2001) Doubling: Nick Leeson's trading strategy. Pacific-Basin Finance Journal 9(2):83–99. 10.1016/S0927-538X(01)00004-X

Burkus D (2013) How Criticism Creates Innovative Teams. https://hbr.org/2013/07/how-criticism-creates-innovati

Byrne M (2014) An artist compiled all her rejections in an ›anti-resume‹. Here's what can be learned from failure. https://www.washingtonpost.com/posteverything/wp/2014/08/08/an-artist-compiled-all-her-rejections-in-an-anti-resume/

Campbell A, Whitehead J, Finkelstein S (2009) Why Good Leaders Make Bad Decisions. Harvard Business Review 87(2):60–66

Cannon MD, Edmondson AC (2005) Failing to Learn and Learning to Fail (Intelligently): How Great Organizations Put Failure to Work to Innovate and Improve. PLS applications in strategic management: Partial Least Squares modeling in strategy research 38(3):299–319. 10.1016/j.lrp.2005.04.005

Chabris C, Simons D (2011) The Invisible Gorilla: How Our Intuitions Deceive Us. Harmony; Reprint Edition

Cherry K (2020) What Is the Negativity Bias? https://www.verywellmind.com/negative-bias-4589618

Chopra S, Veeraiyan M (2017) Movie Rental Business: Blockbuster, Netflix, and Redbox. LICKEL:1–21. 10.1108/case.kellogg.2016.000220

Christensen C (1997) The Innovator's Dilemma: When New Technologies Cause Great Firms to Fail. Harvard Business School Press

Christensen C, Allworth J, Dillon K (2012) How Will You Measure Your Life? Harper Collins Publ.

Christensen CM, Gregersen HB, Dyer JH (2011) The Innovator's DNA: Mastering the Five Skills of Disruptive Innovators. Harvard Business School Press

Clarke JS, Cornelissen JP, Healey MP (2019) Actions Speak Louder than Words: How Figurative Language and Gesturing in Entrepreneurial Pitches Influences Investment Judgments. Academy of Management Journal 62(2):335–360. 10.5465/amj.2016.1008

Covey S (2021) The 7 Habits of Highly Effective People. Simon + Schuster UK

Craig N, Snook S (2014) From Purpose to Impact. Harvard Business Review 92(5):104–111

Cremer D de, van Knippenberg D, van Dijke M, Bos AER (2004) How Self-Relevant is Fair Treatment? Social Self-Esteem Moderates Interactional Justice Effects. Soc Just Res 17(4):407–419. 10.1007/s11211-004-2059-x

Cuddy A (2011) Boost Power Through Body Language, https://hbr.org/2011/04/boost-power-through-body-langu

Cutruzzula K (2019) Challenge Your Negative Thinking With the 5:1 Ratio, https://advice.theshineapp.com/articles/challenge-your-negative-thinking-with-the-5-1-ratio/

Dasborough MT, Ashkanasy NM, Tee EY, Tse HH (2009) What goes around comes around: How meso-level negative emotional contagion can ultimately determine organizational attitudes toward leaders. Leadership Quarterly 20(4):571–585. 10.1016/j.leaqua.2009.04.009

Dell M, Fredman C (2006) Direct from Dell: Strategies that Revolutionized an Industry. Harper Business

Denning S (2013) J.C.Penney: Was Ron Johnson's Strategy Wrong? https://www.forbes.com/sites/stevedenning/2013/04/09/j-c-penney-was-ron-johnsons-strategy-wrong/?sh=54e79ddf5f70

Derksen F, Bensing J, Lagro-Janssen A (2013) Effectiveness of empathy in general practice: a systematic review. Br J Gen Pract 63(606):e76-e84. 10.3399/bjgp13X660814

DeRose C (2013) What Happens When a ›HiPPO‹ Runs Your Company? https://www.forbes.com/sites/derosetichy/2013/04/15/what-happens-when-a-hippo-runs-your-company/

Dooley R (2013) How Warren Buffett Avoids Getting Trapped by Confirmation Bias, https://www.forbes.com/sites/rogerdooley/2013/05/07/buffett-confirmation-bias/?sh=14490eec1616

Dutton J, Debebe G, Wresniewski A (2016) Being valued and devalued at work: A social valuing perspective. In: Bechky B, Elsbach D (Hrsg) Qualitative organizational research: Best papers from the Davis conference on qualitative research. Information Age Publishing, Charlotte, NC, S 9–51

Dutton JE, Roberts LM, Bednar J (2010) Pathways for Positive Identity Construction at Work: Four Types of Positive Identity and the Building of Social Resources. Academy of Management Review 35(2):265–293. 10.5465/amr.35.2.zok265

Edmondson A (1999) Psychological Safety and Learning Behavior in Work Teams. Administrative Science Quarterly 44:350–383

Edmondson AC (2011) Strategies For Learning From Failure. Harvard Business Review 89(4):48–55

Edmondson AC, Lei Z (2014) Psychological Safety: The History, Renaissance, and Future of an Interpersonal Construct. Annu. Rev. Organ. Psychol. Organ. Behav. 1(1):23–43. 10.1146/annurev-orgpsych-031413-091305

Eisenberger NI (2012) The neural bases of social pain: evidence for shared representations with physical pain. Psychosomatic medicine 74(2): 126–135. 10.1097/PSY.0b013e3182464dd1

Eisenhardt KM, Tabrizi BN (1995) Accelerating Adaptive Processes: Product Innovation in the Global Computer Industry. Administrative Science Quarterly 40(1):84–110

Ertrug G, Brennecke J, Kovacs B, Zou T (2022) What Does Homophily Do? A Review of the Consequences of Homophily, in: Academy of Management Annals, published online: https://journals.aom.org/doi/abs/10.5465/annals.2020.0230

Eskreis-Winkler L, Fishbach A (2020) Hidden failures. Organizational Behavior & Human Decision Processes 157:57–67. 10.1016/j.obhdp.2019.11.007

Eurich T (2018) The Right Way to Respond to Negative Feedback. Harvard Business Review Digital Articles:2–6

Ferrazzi K (2012) Candor, Criticism, Teamwork. Harvard Business Review 90(1/2):40

Flyvbjerg B, Budzier A, Lunn D (2020) Regression to the tail: Why the Olympics blow up. Environment and Planning A: Economy and Space 53(2):233–260. 10.1177/0308518X20958724

Frederick S, Novemsky N, Wang J, Dhar R, Nowlis S (2009) Opportunity Cost Neglect. Journal of Consumer Research 36(4):553–561. 10.1086/599764

Friebel G, Heinz M, Zubanov N (2020) Middle Managers, Personnel Turnover and Performance: A Long-Term Field Experiment in a Retail Chain. ECONtribute Discussion Paper 039

Galford R, Drapeau AS (2003) The Enemies of Trust. Harvard Business Review 81(2):88–95

Garcia H, Miralles F (2017) Ikigai: The Japanese secret to a long and happy life. Hutchinson

Gawande A (2011) Checklist Manifesto: How to Get Things Right. Picador Paper

George B (2004) Authentic Leadership: Rediscovering the Secrets to Creating Lasting Value. Jossey-Bass

George B, Sims P, McLean A, Mayer D (2007) Discovering Your Authentic Leadership. Harvard Business Review 85(2):129–138

Gittel J (2005) The Southwest Airlines Way: The Power of Relationship for Superior Performance: Using the Power of Relationships to Achieve High Performance. Mcgraw-Hill Education Ltd

Goffee R, Jones G (2005) Managing Authenticity: The Paradox of Great Leadership. Harvard Business Review 83(12):86–94

Goldsmith M, Reiter M (2013) What got you here won't get you there: How successful people become even more successful! Profile Books, London

Goleman D, Boyatzis R (2008) Social Intelligence and the Biology of Leadership. Harvard Business Review 86(9):74–81

Goman C (2015) The Body Language Winner Of The Democratic Debate. https://www.forbes.com/sites/carolkinseygoman/2015/10/14/the-body-language-winner-of-the-democratic-debate/?sh=2b9976d251f2

Graham R (2013) Ivany gleans leadership lessons from time spent with former President Ronald Reagan: Rusty Graham. https://www.chron.com/neighborhood/article/Ivany-gleans-leadership-lessons-from-time-spent-9336119.php

Grant A (2018) Microsoft CEO Satya Nadella: How Empathy Sparks Innovation. https://knowledge.wharton.upenn.edu/article/microsofts-ceo-on-how-empathy-sparks-innovation/

Greenberg J (1986) Determinants of perceived fairness of performance evaluations. The Journal of applied psychology 71(2):340–342. 10.1037/0021-9010.71.2.340

Gregerson H (2018) Questions Are the Answer: A Breakthrough Approach to Your Most Vexing Problems at Work and in Life. Harper Business

Grenny J (2019) How to Be Resilient in the Face of Harsh Criticism. https://hbr.org/2019/06/how-to-be-resilient-in-the-face-of-harsh-criticism

Grove A (1995) High Output Management. Vintage

Grove A (1996) Only the Paranoid Survive: How to Exploit the Crisis Points that Challenge Every Company, New York

Grove A (2001) Swimming Across: A Memoir. Grand Central Pub

Hall K (2019) Stories That Stick: How Storytelling Can Captivate Customers, Influence Audiences, and Transform Your Business. HarperCollins Leadership

Harrison K (2015) A Good Presentation Is About Data And Story. https://www.forbes.com/sites/kateharrison/2015/01/20/a-good-presentation-is-about-data-and-story/?sh=3ba8244450f2

Heath C, Heath D (2013) Decisive: How to Make Better Choices in Life and Work. Currency; Illustrated Edition

Helsen W, Gillis B, Weston M (2006) Errors in judging »offside« in football: Test of the optical error versus the perceptual flash-lag hypothesis. Journal of sports sciences, 24, 512-528.

Helsen W, Bultynck J () Physical and perceptual-cognitive demands of top-class refereeing in association football, in Journal of Sports Sciences, Volume 22, 2004 – »https://www.tandfonline.com/toc/rjsp20/22/2« Issue 2, 179-189.

Henkel E, Grant A (2018) To Get Employees to Empathize with Customers, Make Them Think Like Customers. https://hbr.org/2018/09/to-get-employees-to-empathize-with-customers-make-them-think-like-customers

Heyes C (2018) Empathy is not in our genes. Neuroscience & Biobehavioral Reviews 95:499–507. 10.1016/j.neubiorev.2018.11.001

Hiltzik M (2000) Dealers of Lightning: Xerox PARC and the Dawn of the Computer Age. Harper Business

Hurley RF (2006) The Decision to Trust. Harvard Business Review 84(9):55–62

Isaacson W (2015) Steve Jobs: The Exclusive Biography. Abacus

Janssen O (2000) Job demands, perceptions of effort--reward fairness and innovative work behaviour. Journal of Occupational & Organizational Psychology 73(3): 287–302

Johnson M, Suskewicz J (2020) Lead from the Future: How to Turn Visionary Thinking Into Breakthrough Growth. Harvard Business Review Press

Kahneman D (2012) Thinking, Fast and Slow. Penguin

Kahneman D, Knetsch JL (1991) The Endowment Effect, Loss Aversion, and Status Quo Bias. Journal of Economic Perspectives 5(1):193–206. 10.1257/jep.5.1.193

Kashmiri S, Brower J (2016) Oops! I Did it Again: Effect of Corporate Governance and Top Management Team Characteristics on the Likelihood of Product-harm Crises. Journal of Business Research 69(2):621–630. 10.1016/j.jbusres.2015.06.019

Kaushik A (2007) Web Analytics: An Hour a Day. John Wiley & Sons

Kelly SD (2003) From past to present: Speech, gesture, and brain in present-day human communication. Behav. Brain Sci. 26(02). 10.1017/S0140525X03460068

Keltner D (2016) Don't Let Power Corrupt You. Harvard Business Review 94(10): 112–115

Kim J-Y, Miner AS (2007) Vicarious Learning from the Failures and Near-Failures of Others: Evidence from the U.S. Commercial Banking Industry. Academy of Management Journal 50(3):687–714. 10.5465/AMJ.2007.25529755

Kim W, Mauborgne R (2014) Blue Ocean Strategy, Expanded Edition: How to Create Uncontested Market Space and Make the Competition Irrelevant. Harvard Business Review Press

Kim YJ, Kim J (2019) Does Negative Feedback Benefit (or Harm) Recipient Creativity? The Role of the Direction of Feedback Flow. Academy of Management Journal 63(2):584–612. 10.5465/amj.2016.1196

Klemp N. (2019) The Neuroscience of Breaking Out of Negative Thinking (and How to Do It in Under 30 Seconds), https://www.inc.com/nate-klemp/try-this-neuroscience-based-technique-to-shift-your-mindset-from-negative-to-positive-in-30-seconds.html

Koller T, Lovallo D (2018) Bias busters: Taking the ›outside view‹. https://www.mckinsey.com/capabilities/strategy-and-corporate-finance/our-insights/bias-busters-taking-the-outside-view

Konovsky M, Folger R, Cropanzano R (1987) Relative effects of procedural and distributive justice on employee attitudes. Representative Research in Social Psychology 17(1):15–24

Koppensteiner, M./Stephan, P. (2014) Voting for a personality: Do first impressions and self-evaluations affect voting decisions?, in: »https://www.sciencedirect.com/journal/journal-of-research-in-personality« Journal of Research in Personality

Kotter JP (1995) Leading Change: Why Transformation Efforts Fail. Harvard Business Review 73(2):59–67

Kramer RM, Lewicki RJ (2010) Repairing and Enhancing Trust: Approaches to Reducing Organizational Trust Deficits. Academy of Management Annals 4(1):245–277. 10.5465/19416520.2010.487403

Kraus F, Haumann T, Ahearne M, Wieseke J (2015) When Sales Managers and Salespeople Disagree in the Appreciation for Their Firm: The Phenomenon of Organizational Identification Tension. Journal of Retailing 91(3):486–515. 10.1016/j.jretai.2015.03.001

Kray L, Gonzalez R (1999) Differential weighting in choice versus advice: I'll do this, you do that. J. Behav. Dec. Making 12(3):207–218. 10.1002/(SICI)1099-0771(199909)12:3<207:AID-BDM322>3.0.CO;2-P

Kurien D (2010) Body Language: Silent Communicator at the Workplace, in: *IUP Journal of Soft Skills*, Vol. 4 Issue 1/2, p29-36. 8p

Langer E (2014) Mindfulness forward and back. In: Ie A, Ngnoumen C, Langer E (Hrsg) The Wiley Blackwell handbook of mindfulness. Wiley, S 7–20

Layne R (2017) Asking Questions Can Get You a Better Job or a Second Date. https://hbswk.hbs.edu/item/asking-questions-can-get-you-a-better-job-or-a-second-date

Leroy H, Dierynck B, Anseel F, Simons T, Halbesleben JRB, McCaughey D, Savage GT, Sels L (2012) Behavioral integrity for safety, priority of safety, psychological safety, and patient safety: a team-level study. The Journal of applied psychology 97(6):1273–1281. 10.1037/a0030076

Levine M, Prosser A, Evans D, Reicher S (2005) Identity and Emergency Intervention: How Social Group Membership and Inclusiveness of Group Boundaries Shape Helping Behavior. Personality and Social Psychology Bulletin 31(4):443–453. 10.1177/0146167204271651

Levitt T (1960) Marketing Myopia. Harvard Business Review 31(3):45–56

Levy S (2021) In the Plex: How Google Thinks, Works, and Shapes Our Lives. Simon & Schuster

Lind A (2001) Thinking Critically about Justice Judgments. Journal of Vocational Behavior 58(2):220–226. 10.1006/jvbe.2001.1793

Lin-Siegler X, Ahn JN, Chen J, Fang F-FA, Luna-Lucero M (2016) Even Einstein struggled: Effects of learning about great scientists' struggles on high school students' motivation to learn science. Journal of Educational Psychology 108(3):314–328. 10.1037/edu0000092

Loch CH, Sting FJ, Huchzermeier A, Decker C (2012) Finding the Profit In Fairness. Harvard Business Review 90(9):111–115

Lord CG, Ross L, Lepper MR (1979) Biased assimilation and attitude polarization: The effects of prior theories on subsequently considered evidence. Journal of Personality and Social Psychology 37(11):2098–2109. 10.1037/0022-3514.37.11.2098

Luca M (2021) Leaders: Stop Confusing Correlation with Causation. https://hbr.org/2021/11/leaders-stop-confusing-correlation-with-causation

Mack A (2003) Inattentional Blindness: Looking Without Seeing. Current Directions in Psychological Science 12(5):180–184. 10.1111/1467-8721.01256

Maital S (2010) A Rainbow of Honesty: How Alan Mulally Rescued Ford. https://timnovate.com/2010/10/13/a-rainbow-of-honesty-how-alan-mulally-rescued-ford/

Marchese D (2021) Former Pepsi C.E.O. Indra Nooyi on the Truth of Corporate Responsibility. https://www.nytimes.com/interactive/2021/10/04/magazine/indra-nooyi-interview.html

Marquardt M (2014) Leading with Questions: How Leaders Find the Right Solutions by Knowing What to Ask. Wiley & Sons

Marr B (2017) Data-Driven Decision Making: Beware Of The HIPPO Effect! https://www.forbes.com/sites/bernardmarr/2017/10/26/data-driven-decision-making-beware-of-the-hippo-effect/?sh=3e6be84c80f9

Marr J, Cable D (2013) Do Interviewers Sell Themselves Short? The Effects of Selling Orientation on Interviewers' Judgments, in: Academy of Management Journal, 57, 3, 624-651

McKinsey (2010) How we do it: Three executives reflect on strategic decision making. (cover story). McKinsey Quarterly(2):46–57

Memmert D (2006) The effects of eye movements, age, and expertise on inattentional blindness. Consciousness and Cognition 15(3):620–627. 10.1016/j.concog.2006.01.001

Michalak Johannes, Rohde Katharina, Troje Nikolaus F. (2015) How we walk affects what we remember: Gait modifications through biofeedback change negative affective memory bias. Journal of Behavior Therapy and Experimental Psychiatry; 46: 121–125

Nickerson RS (1998) Confirmation Bias: A Ubiquitous Phenomenon in Many Guises. Review of General Psychology 2(2):175–220. 10.1037/1089-2680.2.2.175

Nitzsch R von (2021) Entscheidungslehre: Wie Menschen entscheiden und wie sie entscheiden sollten. SpringerGabler

Nitzsch R von, Methling F (2021) Reflektiert Entscheiden: Kompetent mit Kopf und Bauch. Emotional und rational: mit diesen Tools treffen Sie gute und fundierte Entscheidungen, die beide Welten verbinden! Frankfurter Allgemeine Buch

Nutt P (2012) Why Decisions Fail: Avoiding the Blunders and Traps that Lead to Debacles. ReadHowYouWant

Nutt P, Wilson D (2010) Handbook of Decision Making. Wiley-Blackwell

Oh SY, Bailenson J, Krämer N, Li B (2016) Let the Avatar Brighten Your Smile: Effects of Enhancing Facial Expressions in Virtual Environments. PloS one 11(9):e0161794. 10.1371/journal.pone.0161794

Olson M, Bever D (2009) Stall Points: Most Companies Stop Growing-Yours Doesn't Have To. Yale University Press

Parks L, Guay RP (2009) Personality, Values, and Motivation. Personality and Individual Differences 47(7):675–684. 10.1016/j.paid.2009.06.002

Parmer B (2015) Corporate Empathy Is Not an Oxymoron. https://hbr.org/2015/01/corporate-empathy-is-not-an-oxymoron

Patt A, Zeckhauser R (2000) Action Bias and Environmental Decisions. J Risk Uncertainty 21(1):45–72. 10.1023/A:1026517309871

Peterson H (2014) Wal-Mart Founder: 'Most Everything I've Done I've Copied From Someone Else. https://www.businessinsider.com/wal-mart-history-of-copying-rivals-2014-12

Porath C, Pearson C (2013) The price of incivility. Harvard Business Review 91:114–121

Porter M, Lorsch J, Nohria N (2004) Seven Surprises for New CEOs 82(10):62–72

Reed D (2019) The Ultimate Guide to Asking Sales Questions. https://www.gong.io/blog/sales-questions/

Rogers KM (2018) Do Your Employees Feel Respected? Harvard Business Review 96(4):62–70

Rogers KM, Corley KG, Ashforth BE (2016) Seeing More than Orange: Organizational Respect and Positive Identity Transformation in a Prison Context. Administrative Science Quarterly 62(2):219–269. 10.1177/0001839216678842

Ross M (2019) Empathy Edge: Harnessing the Value of Compassion as an Engine for Success. Page Two

Ross M, Sicoly F (1979) Egocentric biases in availability and attribution. Journal of Personality and Social Psychology 37(3):322–336. 10.1037/0022-3514.37.3.322

Rossi J (2017) Here's Why Everyone Loves Costco's Customer Service So Much. https://www.wallstwatchdog.com/money-career/costco-best-customer-service-america/, zuletzt geprüft am 2. Mai 2022

Rozenblit L, Keil F (2002) The misunderstood limits of folk science: an illusion of explanatory depth. Cognitive Science 26(5):521–562. 10.1207/s15516709cog2605_1

Rozovsky J (2015) The five keys to a successful Google team. https://rework.withgoogle.com/blog/five-keys-to-a-successful-google-team/

Sala F (2000) Relationship between executives' spontaneous use of humor and effective leadership

Samuelson W, Zeckhauser R (1988) Status quo bias in decision making. J Risk Uncertainty 1(1):7–59. 10.1007/BF00055564

Sandy K (2020) The Influential Product Manager: How to Lead and Launch Successful Technology Products. Berrett-Koehler Publishers

Schaubroeck J, May DR, Brown FW (1994) Procedural justice explanations and employee reactions to economic hardship: A field experiment. The Journal of applied psychology 79(3):455–460. 10.1037/0021-9010.79.3.455

Schulman D (2016) Paypal's CEO on Creating Products for Underservced Markets. Harvard Business Review 94(12):35–38

Schultz H, Gordon J (2013) Onward: Wie Starbucks erfolgreich ums Überleben kämpfte, ohne seine Seele zu verlieren. Wiley-VCH

Scott BA, Garza AS, Conlon DE, Kim YJ (2014) Why Do Managers Act Fairly in the First Place? A Daily Investigation of »Hot« and »Cold« Motives and Discretion. Academy of Management Journal 57(6):1571–1591. 10.5465/amj.2012.0644

Seligman M, Binik Y (2021) The Safety Signal Hypothesis. In: Davis H, Hurwitz HMB (Hrsg) Operant-Pavlovian Interactions. Psychology revivals. Routledge, [S.l.]

Shontell A (2014) There's A Hidden Message On The Sign Outside Facebook's Campus – It Reminds Employees To Stay Motivated. https://www.businessinsider.com/why-suns-logo-is-on-the-back-of-facebooks-sign-2014-12

Sibony O (2020) You're About to Make a Terrible Mistake: How Biases Distort Decision-Making and What You Can Do to Fight Them. Little, Brown Spark

Siebert J, Keeney RL (2015) Creating More and Better Alternatives for Decisions Using Objectives. Operations Research 63(5):1144–1158. 10.1287/opre.2015.1411

Siegrist M, Cvetkovich G (2001) Better Negative than Positive? Evidence of a Bias for Negative Information about Possible Health Dangers. Risk Analysis 21(1):199–206. 10.1111/0272-4332.211102

Sinek S (2017) Leaders eat last: Why some teams pull together and others don't. Portfolio Penguin, London, UK

Sloan A (1990) My Years with General Motors. Currency; Reissue Edition

Sloman S, Fernbach P (2018) The Knowledge Illusion: The myth of individual thought and the power of collective wisdom. Pan

Soll J, Milkman, K., Payne, J. (2015) Outsmart your own biases

Staw BM, Hoang H (1995) Sunk Costs in the NBA: Why Draft Order Affects Playing Time and Survival in Professional Basketball. Administrative Science Quarterly 40(3):474–494. 10.2307/2393794

Strough J, Mehta CM, McFall JP, Schuller KL (2008) Are Older Adults Less Subject to the Sunk-Cost Fallacy Than Younger Adults? Psychological Science (Sage Publications Inc.) 19(7):650–652. 10.1111/j.1467-9280.2008.02138.x

Sull D, Sull C (2021) 10 Things Your Corporate Culture Needs to Get Right. MIT Sloan Management Review 63(1):1–7

Suttie J (2020) Overcoming the Brain's Negativity Bias, https://www.dailygood.org/story/2453/overcoming-the-brain-s-negativity-bias-jill-suttie/

Sutton R, Eisenhardt K, Jucker J (1986) Managing organizational decline: Lessons from Atari, *Organizational Dynamics*, 14(4), 17–29

Swanson A (2016) Why it feels so good to read about this Princeton professor's failures. https://www.washingtonpost.com/news/wonk/wp/2016/04/28/it-feels-really-good-to-read-about-this-princeton-professors-failures/

Thaler R, Tversky A, Kahneman D, Schwartz A (1997) The Effect of Myopia and Loss Aversion on Risk Taking: An Experimental Test. In: The Quarterly Journal of Economics. Band 112, Nr. 2, Mai 1997, 647–661

Torgerson DJ, Spencer A (1996) Marginal costs and benefits. BMJ 312(7022):35. 10.1136/bmj.312.7022.35

Uppal J (2021) In/Action: Rethinking the Path to Results. New Degree Press

Vaish A, Grossmann T, Woodward A (2008) Not all emotions are created equal: the negativity bias in social-emotional development. Psychological Bulletin 134(3):383–403. 10.1037/0033-2909.134.3.383

Varnum MEW, Blais C, Hampton RS, Brewer GA (2015) Social class affects neural empathic responses. Culture and Brain 3(2):122–130. 10.1007/s40167-015-0031-2

Viguerie P, Smit S, Baghai M (2008) The Granularity of Growth: How to Identify the Sources of Growth and Drive Enduring Company Performance. Wiley

Vlachoutsicos C (2012) Your Body Language Speaks for You in Meetings. https://hbr.org/2012/09/your-body-language-speaks-for

Ward M (2017) Demonstrating this trait could boost your chances of getting hired, new study suggests: https://www.cnbc.com/2017/08/09/showing-this-trait-in-an-interview-could-help-you-get-hired.html

Warrell M (2020) Emotional Contagion Is Potent: Use It To Spread Possibility, Not Pessimism. https://www.forbes.com/sites/margiewarrell/2020/05/05/emotional-contagion/?sh=27d21fc84f18

Watkins MD, Bazerman MH (2003) Predictable Surprises: The Disasters You Should Have Seen Coming. Harvard Business Review 81(3): 72–80

Welch J, Welch S (2007) Winning: The Ultimate Business How-To Book. Harper

Westen D (2008) The Political Brain: The Role of Emotion in Deciding the Fate of the Nation. PublicAffairs

Wezowski K (2017) 6 Ways to Look More Confident During a Presentation. https://hbr.org/2017/04/6-ways-to-look-more-confident-during-a-presentation

Whipple C (2015) What the CIA knew before 9/11: New details, https://www.politico.eu/article/attacks-will-be-spectacular-cia-war-on-terror-bush-bin-laden/

White A, O'Hare D (2022) In plane sight: Inattentional blindness affects visual detection of external targets in simulated flight. Applied ergonomics 98:103578. 10.1016/j.apergo.2021.103578

Wisniewski B, Zierer K, Hattie J (2020) The Power of Feedback Revisited: A Meta-Analysis of Educational Feedback Research, Frontiers in Psychology, 10, 3087

Zeffane R (2011) Communication, Commitment & Trust: Exploring the Triad. International Journal of Business and Management 6(6): 77–87

Zook C, Allen J (2010) Profit from the Core: A Return to Growth in Turbulent Times. Harvard Business Review Press

Anmerkungen

1 Goldsmith und Reiter (2013).
2 Porter et al. (2004).
3 Goldsmith und Reiter (2013).
4 Sull und Sull (2021).
5 Rogers (2018).
6 Keltner (2016).
7 Rogers (2018).
8 Kramer und Lewicki (2010).
9 Rossi (2017).
10 Rogers et al. (2016).
11 Porath und Pearson (2013).
12 Sinek (2017).
13 Dutton et al. (2016).
14 Dutton et al. (2010).
15 Porath und Pearson (2013).
16 Helsen et al. (2006).
17 Aminov (2019).
18 Thaler (1997).
19 Samuelson und Zeckhauser (1988).
20 Kahneman und Knetsch (1991).
21 Von Nitzsch und Methling (2021).
22 Johnson und Suskewicz (2020).
23 Gittel (2005).
24 Beckwith (2012).
25 Kim und Mauborgne (2014).
26 Covey (2021).
27 Nutt (2012).
28 Nutt (2012).
29 Sloan (1990).
30 Heath und Heath (2013).
31 Nutt (2012).
32 Frederick et al. (2009).
33 Siebert und Keeney (2015).
34 Peterson (2014).
35 Hiltzik (2000).
36 Eisenhardt und Tabrizi (1995).
37 Christensen (1997).
38 Dell und Fredman (2006).
39 Watkins und Bazerman (2003).
40 Whipple (2015).
41 Sibony (2020).
42 Ross und Sicoly (1979).
43 Rozenblit und Keil (2002).
44 Sloman und Fernbach (2018).
45 Chabris und Simons (2011).
46 White und O'Hare (2022).
47 Mack (2003).
48 Memmert (2006).
49 Von Nitzsch und Methling (2021).
50 Nutt (2012).
51 Kahneman (2012).
52 Von Nitzsch und Methling (2021).
53 Nutt und Wilson (2010).
54 Nutt und Wilson (2010).
55 Gawande (2011).
56 Levy (2021).
57 McKinsey (2010).
58 Von Nitzsch und Methling (2021).
59 Luca (2021).
60 Luca (2021).
61 Campbell et al. (2009).
62 Nutt (2012).
63 Grove (1995).
64 Kray und Gonzalez (1999).
65 Asch (1951).
66 Uppal (2021).
67 Bar-Eli et al. (2007).
68 Patt und Zeckhauser (2000).

69 Zook und Allen (2010).
70 Nickerson (1998).
71 Dooley (2013).
72 Lord et al. (1979).
73 Nutt und Wilson (2010).
74 von Nitzsch und Methling (2021).
75 Koller und Lovallo (2018).
76 Flyvbjerg et al. (2020).
77 von Nitzsch (2021).
78 Strough et al. (2008).
79 Staw und Hoang (1995).
80 Viguerie et al. (2008).
81 Nutt (2012).
82 Christensen et al. (2012).
83 Kashmiri und Brower (2016).
84 Torgerson und Spencer (1996).
85 Brown und Steenbeek (2001).
86 Chopra und Veeraiyan (2017).
87 Goffee und Jones (2005).
88 Goffee und Jones (2005).
89 Goffee und Jones (2005).
90 George (2004).
91 George et al. (2007).
92 Craig und Snook (2014).
93 Parks und Guay (2009).
94 Covey (2021).
95 George (2004).
96 Covey (2021).
97 Garcia und Miralles (2017).
98 Dell und Fredman (2006).
99 Harrison (2015).
100 Hall (2019).
101 George (2004).
102 Schultz und Gordon (2013).
103 Hall (2019).
104 Hall (2019).
105 Grove (1996).
106 Grove (2001).
107 Hall (2019).
108 Loch et al. (2012).
109 Greenberg (1986).
110 Adams und Freedman (1976).
111 Brockner (2006).
112 Janssen (2000).
113 Bianchi et al. (2014).
114 Bacha und Walker (2013).
115 Cremer et al. (2004).
116 Konovsky et al. (1987).
117 Lind (2001).
118 Brockner (2006).
119 Brockner (2006).
120 Scott et al. (2014).
121 Brockner (2006).
122 Edmondson (2011).
123 Brooks et al. (2019).
124 Ward (2017).
125 Lin-Siegler et al. (2016).
126 Wisniewski et al. (2020).
127 Kim und Miner (2007).
128 Cannon und Edmondson (2005).
129 Eskreis-Winkler und Fishbach (2020).
130 Maital (2010).
131 Swanson (2016).
132 Byrne (2014).
133 Olson und Bever (2009).
134 Levitt (1960).
135 Shontell (2014).
136 Edmondson (1999).
137 Edmondson und Lei (2014).
138 Leroy et al. (2012).
139 Edmondson (2011).
140 Ferrazzi (2012).
141 Vaish et al. (2008).
142 Siegrist und Cvetkovich (2001).
143 Cutruzzula (2019).
144 Cherry (2020).
145 Nutt (2012).
146 Berkovic (2017).
147 Klemp (2019) und Cherry (2020)
148 Suttie (2020).
149 Kim und Kim (2019).
150 Grenny (2019).
151 Eurich (2018).
152 Isaacson (2015).
153 Burkus (2013).
154 Grant (2018).
155 Ross (2019).
156 Ross (2019).
157 Parmer (2015).
158 Derksen et al. (2013).

159 Ross (2019).
160 Brinke et al. (2015).
161 Keltner (2016).
162 Heyes (2018) and Christensen et al. (2011).
163 Ertrug et al. (2022).
164 Levine et al. (2005).
165 Varnum et al. (2015).
166 Grove (1995).
167 Sinek (2017).
168 Marchese (2021).
169 Christensen et al. (2012).
170 Schulman (2016).
171 Henkel und Grant (2018).
172 Ross (2019).
173 Von Nitzsch (2021).
174 Sandy (2020).
175 Kaushik (2007).
176 Marr (2017).
177 Denning (2013).
178 DeRose (2013).
179 Sinek (2017).
180 Grove (1995).
181 Galford und Drapeau (2003).
182 Hurley (2006).
183 Kraus et al. (2015).
184 Friebel et al. (2020).
185 Zeffane (2011).
186 Kotter (1995).
187 Bies (2012).
188 Bies (2012).
189 Seligman und Binik (2021).
190 Sutton et al. (1986).
191 Welch und Welch (2007).
192 Eisenberger (2012).
193 Hurley (2006).
194 Schaubroeck et al. (1994).
195 Langer (2014).
196 Keltner (2016).
197 Ross (2019).
198 Gregerson (2018).
199 Brooks und John (2018).
200 Layne (2017).
201 Marquardt (2014).
202 Marr und Cable (2013).
203 Marquardt (2014).
204 Brooks und John (2018).
205 Grove (1995).
206 Brooks und John (2018).
207 Reed (2019).
208 Grove (1995).
209 Rozovsky (2015).
210 Graham (2013).
211 Goleman und Boyatzis (2008).
212 Dasborough et al. (2009).
213 Sala (2000).
214 Clarke et al. (2019).
215 Kelly (2003).
216 Vlachoutsicos (2012) und Wezowski (2017).
217 Goman (2015).
218 Ambady und Rosenthal (1993).
219 Koppensteiner und Stephan (2014).
220 Westen (2008).
221 Michalak et al. (2015).
222 Warrell (2020).
223 Oh et al. (2016).
224 Kurien (2010).
225 Cuddy (2011).